可解释机器学习

黑盒模型可解释性理解指南（第2版）

[德]Christoph Molnar　著

郭涛　译

Interpretable Machine Learning（Second Edition）

A Guide for Making Black Box Models Explainable

電子工業出版社

Publishing House of Electronics Industry

北京·BEIJING

内容简介

机器学习虽然在改进产品性能、产品流程和推进研究方面有很大的潜力，但仍面临一大障碍——计算机无法解释其预测结果。因此，本书旨在阐明如何使机器学习模型及其决策具有可解释性。

本书探索了可解释性的概念，介绍了许多简单的可解释模型，包括决策树、决策规则和线性回归等。本书的重点是模型不可知方法，用于解释黑盒模型（如特征重要性和累积局部效应），以及用 Shapley 值和局部代理模型解释单个实例的预测。此外，本书还介绍了深度神经网络的可解释性方法。

本书深入解释并批判性地讨论所有可解释性方法，如它们在黑盒下的运作机制，各自的优缺点，如何解释它们的输出结果。本书将帮助读者选择并正确应用最适用于特定机器学习项目的解释方法。

本书适合机器学习从业者、数据科学家、统计学家及任何对机器学习模型可解释性感兴趣的读者阅读。

Interpretable Machine Learning：A Guide for Making Black Box Models Explainable, 2nd Edition (979-8411463330)

Copyright © 2022 by Christoph Molnar

Chinese translation Copyright © 2024 by Publishing House of Electronics Industry

本书中文简体版专有出版权由 Christoph Molnar 授予电子工业出版社，未经许可，不得以任何方式复制或者抄袭本书的任何部分。

版权贸易合同登记号　图字：01-2023-0545

图书在版编目（CIP）数据

可解释机器学习：黑盒模型可解释性理解指南：第
2 版 /（德）克里斯托夫·莫尔纳（Christoph Molnar）
著；郭涛译. -- 北京：电子工业出版社，2024. 10.
ISBN 978-7-121-49014-9

Ⅰ．TP181-34

中国国家版本馆 CIP 数据核字第 2024BV8599 号

责任编辑：宋亚东
印　　刷：三河市鑫金马印装有限公司
装　　订：三河市鑫金马印装有限公司
出版发行：电子工业出版社
　　　　　北京市海淀区万寿路 173 信箱　　邮编：100036
开　　本：720×1000　1/16　印张：17　　字数：380 千字
版　　次：2021 年 2 月第 1 版
　　　　　2024 年 10 月第 2 版
印　　次：2024 年 10 月第 1 次印刷
定　　价：118.00 元

凡所购买电子工业出版社图书有缺损问题，请向购买书店调换。若书店售缺，请与本社发行部联系，联系及邮购电话：（010）88254888，88258888。

质量投诉请发邮件至 zlts@phei.com.cn，盗版侵权举报请发邮件至 dbqq@phei.com.cn。

本书咨询联系方式：syd@phei.com.cn。

作者序

撰写这本书是我在临床研究领域担任统计学家工作之余的一项副业。我每周工作四天，"休息日"则从事副业。可解释机器学习是我的副业之一。起初，我并没有写书的打算。相反，我只是想了解更多关于可解释机器学习的资源，打算寻找好的资源来学习。鉴于机器学习的受欢迎程度和可解释性的重要性，我以为市面上会有大量关于这个主题的书籍和教程，但我只在互联网上零散地找到了一些相关的研究论文和几篇博客文章，没有找到有价值的资料，更没有书籍、教程和综述性论文。这促使我撰写这本书，它应符合我在开始研究可解释机器学习时对学习资源的预期。我写这本书有两个目的：一是自己可以学习相关知识，二是与他人分享这些新知识。

在德国慕尼黑大学，我获得了统计学学士和硕士学位。通过在线课程、竞赛、副业和专业活动，我自学了大部分机器学习知识。我的统计学背景为我进入机器学习领域奠定了良好的基础，尤其是在可解释性领域。在统计学中，建立可解释的回归模型是一个重要的方面。我在获得统计学硕士学位后，决定不再攻读博士学位，因为我不喜欢写硕士论文——写作给我带来的压力太大了。于是，我在一家金融科技初创公司担任数据科学家，并在临床研究领域担任统计学家。经过三年的工作，我开始写这本书。几个月后，我开始攻读可解释机器学习的博士学位。在写这本书的过程中，我重新找到了写作的乐趣，它激发了我对研究的热情。

本书主要内容

本书涵盖了许多与可解释机器学习有关的技术。在开篇的几章中，我介绍了可解释性的概念，并阐明了可解释性的必要性。书中甚至穿插了一些短篇故事！本书讨论了解释的不同属性，以及人类对内在可解释性的看法。然后，讨论了内在可解释性机器学习模型，例如回归模型和决策树模型。本书的重点是模型不可知方法。模型不可知意味着这些方法可以被应用于任何机器学习模型，并且是在模型训练完成后应用的。由于这种模型的独立性，模型不可知方法非常灵活且强大。有些技术可以解释如何得出单个实例的预测，例如局部代理模型解释和 Shapley 值。其他技术则用于描述模型在整个数据集中的全局行为。在此处，将介绍部分依赖图、累积局部效应图、置换特征重要性等方法。还有一类是基于样本的特殊方法，这种方法将数据点用于解释。本书讨论的反事实解释、原型、有影响实例和对抗性示例都属于基于样本的方法。本书结尾提出了对可解释机器学习未来发展趋势的展望。

如何阅读本书

读者无须通读整本书，可以只专注于自己最感兴趣的方法。建议从引言和关于可解释性的章节开始阅读。大多数章节都采用类似的结构，重点介绍一种解释方法：首先概述该方法，然后尝试直观地解释该方法，而不依赖数学公式，最后研究该方法的理论，深入了解其工作原理。此处没有捷径，因为理论中会包含公式。我认为，最好使用实例来了解新方法。因此，每种方法都将应用到真实数据中。有人说，统计学家是非常挑剔的人，我也不例外。我在每章的最后对相应解释方法的优缺点进行了批判性讨论。本书并不是单纯推广各种方法，而是旨在帮助读者确定最适合自己的方法。每章的最后一节讨论了可用的软件实现方法。

许多科研界和产业界人士都高度关注机器学习领域。有时，媒体过度夸大了机器学习，但实际上机器学习中有很多真实而有影响力的应用。机器学习是一种强大的用于产品、研究和自动化的技术。如今，机器学习已广泛应用于检测欺诈性金融交易、电影推荐和图像分类等领域。机器学习模型的可解释性非常重要，它有助于开发人员调试和改进模型，建立对模型的信任，证明模型预测的合理性，并帮助他们获得新的见解。对机器学习可解释性需求的增加是机器学习应用频率增长的必然结果。本书已成为许多人的宝贵资源。教学人员使用本书向学生介绍可解释机器学习的概念。我收到了许多硕士生和博士生的电子邮件，他们告诉我本书是他们论文的起点和重要的参考资料之一。这本书帮助了生态学、金融学、心理学等领域的应用研究人员，他们使用机器学习来了解他们的数据。来自业界的数据科学家告诉我，他们在工作中使用了这本书，并推荐给了他们的同事。我很高兴地了解到许多人从这本书中受益，并成为模型解释方面的专家。

我将本书推荐给那些打算了解相关技术的从业者，以此帮助他们的机器学习模型更具有可解释性。此外，对于相关专业学生和研究人员（以及对该主题感兴趣的其他任何人），本书也大有裨益。要从本书中受益，你应该对机器学习有基本的了解。此外，还有必要具备大学入学水平的数学能力，以便能够理解书中的理论和公式。不过，即使没有数学基础，也应该能够理解每章开头对方法的直观描述。

希望你会喜欢这本书！

Christoph Molnar

读者服务

微信扫码回复：49014

● 加入本书读者交流群，与更多读者互动。

● 获取【百场业界大咖直播合集】(持续更新)，仅需 1 元。

第2版译者序

机器学习可解释性或者人工智能可解释性（Explainable AI，XAI）致力于提高机器学习系统的透明度和可理解性，从而建立用户的信任和信心。在这个过程中，学术界和产业界都进行了一系列探索，取得了初步成果，并达成了一定的共识。本书是在这种背景下形成的。作者 Christoph Molnar 从 2018 年开始撰写本书，本书于 2019 年正式出版。当时，可解释机器学习主题在学术界声名鹊起，受到了广泛的关注。2021 年，本书的中译本出版了，在国内掀起了对该领域的研究热潮，本书也好评不断。随着该领域的快速发展，作者也及时对内容进行了修订，形成了您眼前的第 2 版。相比第 1 版，第 2 版重构了整个章节框架和知识体系，使机器学习可解释性的理论体系更加全面、完善和深入。第 2 版可以分成四部分，第一部分（第 1～3 章），介绍可解释机器学习的基本概念、数据集；第二部分（第 4 章），从内在可解释性模型（即白盒方法）方面展开了讨论，主要包括线性回归、逻辑回归、决策树等一系列机器学习方法；第三部分（第 5～9 章），从模型不可知方法（即黑盒方法），如局部可解释性、全局可解释性以及深度学习模型可解释性展开了讨论；第四部分（第 10 章），对机器学习可解释性的未来进行了展望。本书从可解释机器学习的理论体系和实现，以及每种方法的优缺点展开了讨论。

值得一提的是，近年来，基于可解释机器学习的 Python 库极其丰富，主要包括 SHAP、LIME、Anchors 和 OmniXAI 等，对应的参考资料和论文也比较丰富，为该领域的进一步发展提供了支持。

在翻译本书的过程中，电子科技大学外国语学院的研究生尹秋委和吉林大学外国语学院的研究生吴禹林提供了大量的帮助，感谢她们对本书所做的工作。此外，我还要感谢电子工业出版社的编辑、校对和排版人员，感谢他们为了保证本书质量所做的一切努力。

由于本书涉及的内容广泛且深入，加上译者的翻译水平有限，本书难免存在不足之处，恳请各位读者不吝指正。

译者

机器学习的研究者们始终存在一种担忧——人类无法理解现在的复杂模型的决策。即便机器学习在图像、自然语言和语音等领域具有了极高的性能，但我们仍然对这些预测心存戒备。这正是因为我们不了解这些模型的预测依据是什么，也不知道它们会在什么时候出现错误。正因如此，这些复杂模型难以被部署到高风险决策的领域中，例如医疗、法律、军事、金融，等等。因此，我们亟需找到方法去解释这些模型，建立人与模型之间的信任。这便是可解释机器学习如此重要的原因。

为什么翻译本书

尽管可解释性的重要性不言而喻，但相关书籍却一直空缺。本书是少有的系统性地整理可解释性工作的图书。书中介绍的解释方法，既通过通俗易懂的语言直观地描述这种方法，也通过数学公式详细地介绍方法的理论，无论是对技术从业者还是对研究人员来说阅读本书均大有裨益。同时，书中将每种方法都在真实数据上进行了测试，我认为这是本书最大的特色，因为只有将方法落实到数据上进行实验，才能让人们真正理解这种方法。最后，书中对每种方法的优缺点都做了批判性讨论，这同样是非常值得阅读的地方。

本书的英文版 *Interpretable Machine Learning* 由 Christoph Molnar 所写，出版后就备受读者喜爱。让知识真正普及的方法一定是先让知识能传播，但这需要有人去推动才行。我看到这本书的原文后，觉得值得花时间去翻译，不仅因为可解释性领域的重要性以及它是第一本相关图书，而且因为它符合我对好书的定义。我认为一本好书既能让知识传递，又能让读者读完后豁然开朗。从那之后，我便开始专注于翻译，翻译过程耗时很久。在翻译过程中，我与 Christoph Molnar 一直保持交流。我沉浸于本书的翻译，既是因为可解释性是我研究和喜欢的领域，也是因为我热爱这件事，我喜欢将自己的时间和精力都专注在自己热爱的事情上。

出版过程与致谢

完成本书译稿后，我便将它放到了 GitHub 上。在刚放出内容时，便登上了 GitHub 热榜榜首，被诸多公众号和媒体转载。虽然我在翻译时力求忠于原文、表达简练，但译稿中难免有不足与错误，因此我对译稿进行了反复修订。在完成译稿的过程中，电子工业出版社博文视点的宋亚东编辑帮助了我，他的热情和敬业真的感染了我。他对译稿进行了全面细致的校对，提出了极多宝贵的意见，在此表示由衷的感谢。

感谢为本书做出贡献的刘蕊，在翻译过程中帮助了我。

感谢谢志鹏老师给我的指导和帮助。

感谢好友李映江全程给予我的支持和帮助。

感谢通过邮件等方式告诉我书中错误与疏漏之处的朋友们，因为有你们的帮助才能有本书最终的译稿。

由于水平有限，书中不足之处在所难免，敬请专家和读者批评指正。

朱明超

目录
CONTENTS

第 1 章
引 言

本书解释了如何使（有监督）机器学习模型具有可解释性。虽然各章包含一些数学公式，但即使不看公式，你也应该能够理解这些方法的原理。如果你是机器学习的初学者，建议参阅其他书籍和资源中的基础知识。关于机器学习的入门课程，我推荐 Hastie、Tibshirani 和 Friedman 于 2009 年合著的 *The Elements of Statistical Learning* 以及 Andrew Ng 在在线学习平台 coursera.com 上开设的"机器学习"课程。

如今，用于解释机器学习模型的新方法以惊人的速度涌现。要想掌握所有已发表的内容是不切实际的。因此，你在本书中无法看到最新颖、最花哨的方法，而只有机器学习可解释性的成熟方法和基本概念。这些基础知识可以帮助读者建立可解释的机器学习模型。理解这些基础知识有助于更好地理解和评估在 arxiv.org 上发表的关于可解释性的新论文——也许在阅读本书五分钟期间就会有新论文发表。

本书以一些（反乌托邦式的）短篇故事开头，这并不是理解本书所必需的内容，而旨在寓教于乐，从而启发思考。本书将探讨机器学习可解释性的概念，讨论可解释性的作用，以及有哪些不同类型的解释。全书使用的术语可在 1.3 节中查找，所讲解的大多数模型和方法都使用了真实数据示例，这些示例将在第 3 章中介绍。使机器学习具有可解释性的一种方法是使用可解释的模型，如线性模型或决策树，另一种方法是使用模型不可知解释工具，这些工具可应用于任何有监督机器学习模型。模型不可知方法可分为两种：描述模型平均行为的全局方法和解释单个预测的局部方法。第 5 章涉及部分依赖图和特征重要性等方法。模型不可知方法的工作原理是改变机器学习模型的输入，并测量和预测输出的变化。本书结尾以积极的态度展望了可解释机器学习的未来。

你可以通览整本书，也可以直接阅读自己感兴趣的内容。

希望你会喜欢这本书！

1.1 故事时间

我们将从一些短篇故事开始本章的内容。每篇故事都是对可解释机器学习较夸张的引入。

如果你时间有限，可以略过这些故事。如果你想娱乐一下，获得灵感（也可能适得其反），请继续阅读！

故事的形式灵感来自 Jack Clark 在他的"Import AI Newsletter"文章中发表的 Tech Tales。如果你喜欢这类故事，或者对人工智能感兴趣，我建议你注册账号进一步阅读。

1.1.1 闪电不会击中两次

2030 年：瑞士的一家医学实验室（图 1-1）。

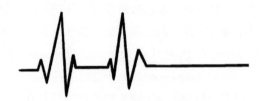

图 1-1　心电图示意图

"这绝对不是最糟糕的死法！"汤姆总结道，他试图从这场悲剧中找到一些有价值的东西。他从静脉注射杆上拆下了输液泵。

莉娜补充说："他只是死于人为导致的错误。"

"当然，吗啡药量都用错了！只会给我们制造更多的麻烦！"汤姆一边抱怨，一边拧开输液泵的背板。他拆下所有的螺钉后，抬起背板，把它放在一边，将一根线插入诊断端口。

"你刚才不会在抱怨工作吧？"莉娜意味深长地笑了笑。

"当然没有。从来没有！"汤姆带着讽刺的口吻感叹道。

汤姆启动了连接输液泵的计算机。

莉娜将线的另一端插入她的平板计算机。"好了，诊断程序正在运行，"她宣布，"我真的很好奇到底是哪里出了问题。"

"很肯定的是，因为这一针，我们的约翰先生进入了极乐世界。吗啡浓度太高了，天呐……这应该是第一次，对吧？通常情况下，坏掉的泵会排出少量或者根本排不出吗啡。但从来没有发生过这种情况，如此疯狂的一针。"汤姆解释道。

"我知道，你不用说服我……嘿，看这。"莉娜举起了她的平板计算机，"你看到这个峰值了吗？这就是混合止痛药的药效。你看！这条线显示的是参照水平。这个可怜的家伙的血液中混合了多种止痛药，可以杀死他不止 17 次。通过这里注射一针。还有这里……"她扫了一眼，"然后这里就是病人死亡的那一瞬间。"

"那么，你知道发生了什么吗，老板？"汤姆问他的主管莉娜。

"嗯……传感器似乎没问题。心率、血氧含量、血糖……收集的数据符合预期。血氧数据中有些缺失值，但这并不罕见。看这，传感器甚至还检测到病人的心率减慢，以及吗啡衍生物和其他止痛剂导致的皮质醇水平变低。"莉娜继续浏览这份诊断报告。

汤姆目不转睛地盯着屏幕。这是他首次调查真实的设备故障。

"好了，这是我们的第一条线索。系统未能向医院的通信频道发送警告。警告已被触发，但并没有提供及时的应急方案。这可能是我们的错，但也可能是医院的错。请将日志发送给 IT 团队。"莉娜对汤姆说。

汤姆点点头，眼睛仍然盯着屏幕。

莉娜继续说道："这很奇怪。警告也应该使输液泵关闭，但它显然没有这么做。这一定是一个错误。质量团队漏掉了什么东西。这很糟糕，也许与应急方案有关。"

"也就是说，输液泵的应急系统不知为何发生了故障，但为什么输液泵会疯狂地向约翰注射那么多止痛药呢？"汤姆不解地问。

"问得好。你说得没错。抛开应急故障不谈，输液泵根本就不应该注射那么多止痛药。由于皮质醇和其他警告信号都处于低水平，算法本应更早地自行停止。"莉娜解释道。

"也许是运气不好，就像被闪电击中一样，百万分之一的概率？"汤姆问莉娜。

"不，汤姆。如果你读过我发给你的文件，你就会知道，这个输液泵首先通过动物进行实验，后来又在人类身上进行了实验，学会了根据传感器输入注射最适量的止痛药。输液泵的算法可能不透明且复杂，但并不随机。这意味着，在同样的情况下，输液泵会以完全相同的方式运行。我们的病人会再次死亡。一定是多个传感器输入的组合或其发生了意外的相互作用，引发了输液泵的错误行为。因此，我们必须更深入地挖掘，找出事故发生的原因。"莉娜解释道。

"我明白了……"汤姆回答，陷入了沉思，"病人不是很快就要死了吗？因为癌症还是什么？"

莉娜一边看分析报告，一边点了点头。

汤姆起身走到窗前。他看着窗外，望向远处。"也许机器帮了他一个忙，让他摆脱了痛苦，不再受苦。也许它只是做了正确的事。就像闪电，甚至是一个好的闪电。我的意思是，这就像彩票，但不是随机的，而是出于某种原因。如果我是输液泵，我也会做同样的事情。"

莉娜终于抬起头，看着汤姆。

汤姆一直望着窗外。

两人都沉默了片刻。

莉娜再次低下头，继续分析："不，汤姆。这是一个错误……该死的错误。"

1.1.2　信任跌落

2050 年：新加坡的一座地铁站（图 1-2）。

图 1-2　拒绝访问示意图

她匆匆赶往碧山地铁站。她思绪万千，已经开始工作了。新神经架构的测试现在应该已经完成了。她牵头重新设计了政府的"个体纳税匹配度预测系统"，该系统可以预测某人是否会向税务局藏匿资金。她的团队提出了一个精妙的想法。如果成功，该系统不仅能为税务局提供服务，还能应用于反恐警报和商业登记等其他系统。有朝一日，政府甚至可以将预测结果整合到公民信任评分中。公民信任分数可用于判断一个人的可信度。这一估算结果会影响公民日常生活的方方面面，例如获得贷款或办理新护照需要等待多长时间。在下扶梯的过程中，她想象着将自己团队的系统整合到公民信任评分系统中会发生什么。

她像往常一样，用手扫过 RFID 读取器，但没有放慢行走速度。她心不在焉，设想与现实的不一致在她脑中敲响了警钟。

太迟了。

她的鼻子先撞上了地铁入口的闸门，整个人跌坐在地上。门本应该是打开的……但却没有。她惊呆了，站起来看着闸门旁边的屏幕。屏幕上出现了一个友善的笑脸，"请再试一次"。一个人经过，没有理会她，他的手扫过读取系统。门开了，他走了进去。然后门关上了。她摸了摸鼻子，很疼，但至少没有流血。她试图开门，但被拒绝了。这很奇怪。也许她的公共交通账户余额不足。她看了看智能手表，查看账户余额。

"登录被拒绝。请联系市民咨询局！"她的手表发来了一条通知。

一阵恶心感袭来，像有拳头打在她的肚子上。她怀疑发生了什么事。为了证实自己的猜测，她启动了手机游戏《狙击手协会》，这是一款单人称射击游戏。该应用程序直接自动关闭了，这证实了她的推测。她头晕目眩，再次坐在地上。

只有一种可能的解释：她的公民信任分数下降了，而且是大幅下降。小幅下降只会带来轻微的不便，例如不能乘坐头等舱，或者在获取官方文件时的等待时间更长。

公民信任分数低是很罕见的，这意味着一个人被认为对社会存在威胁。对付这类人的措施之一就是让他们远离地铁等公共场所。政府限制公民信任分数低的人进行金融交易，而且开始广泛监控这些公民在社交媒体上的行为，甚至限制某些特定内容，如暴力游戏。公民信任分数越低，提高分数的难度就越大，且分数很低的人通常再也无法恢复到原来的分数。

她想不出自己分数下降的原因，分数是基于机器学习得出的。公民信任评分系统就像一台运转良好的发动机，在社会中运转。公民信任评分系统的性能始终受到密切监控。自 21 世纪以来，机器学习日益完善。它变得非常高效，以至于人们完全信任"公民信任评分系统"，这是一个无懈可击的系统。

她绝望地笑了。"无懈可击的系统"，如果是这样就好了。这个系统很少失败，但现在它的确失败了。她一定是一个特例，是系统错误，从现在起她就是一个社会的弃儿。没有人敢质疑这个系统，它与政府、社会本身融为一体，不容置疑。在几个国家中，有些运动是被禁止的，这并不是因为它们本质上不好，而是因为它们会破坏现行制度的稳定。同样的道理也适用于现在更常见的算法。对算法的批评被禁止，因为这会危及现状。

算法信任是社会秩序的基础。为了共同利益，人们会默许罕见的错误公民信任分数。数以百计的其他预测系统和数据库也加入了评分，因此她不可能知道是什么原因导致分数下降了。她感觉自己的身体里和脚下好像有一个漆黑的大洞，她惊恐地望着那个大洞。

她的纳税匹配度系统最终被纳入公民信任评分系统，但她对此一无所知。

1.1.3　费米回形针

612 年 AMS（火星定居之后）：火星上的博物馆。

"历史太无聊了。"蓝发女孩梭拉对她的朋友小声说道。梭拉正懒散地用左手追着房间里嗡嗡作响的一台投影仪无人机。"历史很重要。"老师看着女孩们，悻悻地说。梭拉脸红了，她没想到老师会听到她的话。

"梭拉，你学到了什么？"老师问她。"古人用光了地球行星上所有的资源，然后就死了吗？"她小心地问。"不，他们使气候变得炎热，不是人造成的，而是计算机和机器。并且，它叫作地球（Planet Earth），不是地球行星（Earther Planet）。"另一个叫琳的女孩补充道。梭拉点头表示同意。老师略显自豪，微笑着点了点头："你们说得都对。你们知道为什么会出现这种情况吗？""因为人们目光短浅、贪婪吗？"梭拉问道。"人们无法阻止他们的机器！"琳大声地说道。

"你们俩说得都对，"老师做出了判断，"但事情远比这复杂。当时大多数人并不知道发生了什么。有些人看到了巨变，却无法扭转当时的局面。这一时期最有名的作品是一首由匿名作者所作的诗。这首诗最能反映当时的情况。仔细听！"

老师开始念起了诗。十几架小型无人机在孩子们面前调整了位置，将视频直接投射到孩子们的眼前。视频中，一个穿着西装的人站在一片只剩下树桩的森林里（图 1-3）。

图 1-3　用光地球资源的油画

他开始说话：

机器计算，机器预测。

我们前进，因为我们是其中的一部分。

我们追求一个已经训练的最优解。

最优解是一维的、局部的、不受约束的。

硅与血肉，追逐指数增长。

增长是我们的心态。

收集了所有奖励，

就忽视了副作用；

挖掘了所有硬币，

自然已经被抛在身后；

我们将陷入困境，

毕竟，指数增长就是泡沫。

公地悲剧上演，

爆发，

就在我们眼前。

冷酷的计算和冰冷的贪婪，

使地球充满热量。

一切都在消亡，

而我们在顺从。

就像戴着眼罩的马儿，在自己创造的竞赛中角逐，

向着文明的巨大过滤器。

我们无情地前进，

因为我们是机器的一部分。

拥抱熵。

"一段黑暗的记忆，"老师的话打破了教室里的寂静，"它将被上传到你们的图书馆。你们的作业是下周前背诵它。"梭拉叹了口气，她抓住了一架小无人机。无人机的 CPU 和发动机都在发热。梭拉喜欢用无人机暖手。

1.2 什么是机器学习

机器学习是计算机根据数据做出并改进预测或行为的一套方法。

例如，要预测一栋房子的价格，计算机可以从过去的房屋销售中学习该模式。本书的重点是有监督学习，它涵盖了所有的预测问题。在这类问题中，对于数据集，我们已经知道我们感兴趣的结果（如过去的房价），并希望学习如何预测新数据的结果。监督学习不包括聚类任务（无监督学习），在这种情况下，我们没有感兴趣的特定结果，但希望找到数据点的聚类。此外，强化学习也不包括在内。在强化学习中，智能体（Agent）通过在环境（Environment）中的动作（Action）（如计算机玩俄罗斯方块）来学习并优化某种奖励（Reward）。监督学习的目标是学习一个预测模型，将数据特征（如房屋面积、位置、楼层类型……）映射到输出（如房价）。如果输出是分类，则这项任务被称为分类；如果输出是数值，则这项任务被称为回归。机器学习算法通过估计参数（如权重）或学习结构（如树）来学习模型。该算法以最小化分数或损失函数作为导向。对于房屋价格示例，机器会尽量缩小估算房价与预测房价之间的差值。经过充分训练的机器学习模型就可以用来预测新的房价。

房价估算、产品推荐、路标检测、信用违约预测和欺诈检测：所有这些例子都有一个共同点——可以通过机器学习来实现。虽然任务不同，但是方法相同。

• 步骤 1：收集数据，越多越好。数据必须包含你想要预测的结果以及用于预测的其他信息。对于路标检测器（"图像中是否有路标？"），需要收集街道图像，并标注路标是否可见。对于信贷违约预测，需要过去的实际贷款数据、有关客户是否拖欠贷款的信息，以及有助于进行预测的数据，如收入、过去的信用违约情况。对于房价自动估算程序，可以从过去的房屋销售中收集数据，并收集有关房地产的信息，如面积、位置等。

• 步骤 2：将这些信息输入机器学习算法，生成路标检测模型、信用评分模型或房

价估算器。

•步骤 3： 将新数据输入模型。将模型集成到产品或流程中，如自动驾驶汽车、信用申请流程或房地产市场网站。

在许多任务中，机器都超越了人类，例如下象棋（或围棋）或预测天气。即使机器在某项任务中的表现与人类不相上下或稍逊一筹，但其在速度、可重复性和扩展性方面仍有很大的优势。机器学习模型一经实现，就能以比人类快得多的速度完成任务，可靠地提供一致的结果，可以无限复制。在另一台机器上复制机器学习模型的速度快、成本低。而训练一个人完成一项任务可能需要花费数十年的时间（尤其是这个人还很年轻），成本非常高昂。使用机器学习的一个主要缺点是，有关数据和机器实现的任务的见解被隐藏在日益复杂的模型中。要描述一个深度神经网络，需要数百万个参数，还无法了解模型的全部内容。其他模型，如随机森林，则由数百棵决策树组成，这些决策树"投票"决定预测结果。要了解决策是如何做出的，就必须研究数百棵决策树中每棵树的投票方式和结构。无论我们有多聪明，记忆力有多好，这都是行不通的。即使每个单一模型都可以解释，但是表现最好的模型往往是几个模型的混合体（也称集成学习），这很难解释。如果只关注性能，就会自动得到越来越不透明的模型。在机器学习竞赛中获胜的模型通常是模型集成，或者是非常复杂的模型，如提升树或深度神经网络。

1.3　术语

为避免因描述含糊不清而造成混淆，下面定义本书中使用的一些术语。

1．算法

算法（Algorithm）是机器为实现特定目标而遵循的一系列规则。算法可以被视为一份配方，其中定义了输入、输出，以及从输入到输出所需的所有步骤。烹饪食谱是一种算法，其中食材是输入，烹饪的食物是输出，准备过程和烹饪步骤则是算法指令。

2．机器学习

机器学习（Machine Learning）是一套使计算机从数据中学习以做出并改进预测（例如癌症、每周销售额、信用违约）的方法。如图 1-4 所示，机器学习是从"普通编程"到"间接编程"的范式转变，在"普通编程"中，所有指令都必须明确地交给计算机，"间接编程"则通过提供数据来实现。

3．学习器或机器学习算法

学习器（Learner）或**机器学习算法**（Machine Learning Algorithm）是用于从数据中

学习机器学习模型的程序。另一个名称是"诱导器"（Inducer），例如"树诱导器"。

图 1-4　机器学习使计算机从数据中学习

4．机器学习模型

机器学习模型（Machine Learning Model）是将输入映射到预测的学习程序。它可以是线性模型或神经网络的一组权重集。对于"模型"（Model）这个并不具体的词，还有其他名称，如预测器（Predictor）、分类器（Classifier）或回归模型（Regression Model），如图 1-5 所示。在公式中，经过训练的机器学习模型被称为 $\hat{f}$ 或 $\hat{f}(x)$。

5．黑盒模型

黑盒模型（Black Box Model）是一种不显示其内部机制的系统。在机器学习中，"黑盒"指的是无法通过观察参数（如神经网络）理解的模型，如图 1-6 所示。有时与"黑盒"相反的模型被称为**"白盒"**（White Box）模型，在本书中被称为"可解释模型"。可解释模型不可知方法将机器学习模型视为黑盒，即使这些模型本身可能不是黑盒。

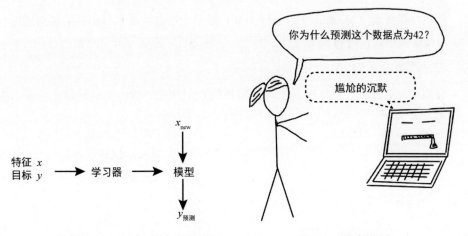

图 1-5　学习器从标注的训练数据中学习模型　　　　图 1-6　黑盒模型

6．可解释机器学习

可解释机器学习（Interpretable Machine Learning）是指能让人类理解机器学习系统的行为和预测的方法和模型。

7．数据集

数据集（Dataset）是一个包含机器所学习数据的表格。数据集包含待预测特征和预测目标。当用于训练模型时，数据集被称为训练数据。

8．实例

实例（Instance）是数据集中的一行。实例还有其他名称，包括数据点（Data Point）、样本（Example）、观察（Observation）。一个实例由特征值 $x^{(i)}$ 以及（若已知）目标结果 y_i 组成。

9．特征

特征（Feature）是用于预测或分类的输入。特征是数据集中的一列。本书假设特征是可解释的，这意味着很容易理解它们的含义，例如给定某天的温度或某人的身高。特征的可解释性是一个重要假设。但是，如果输入特征难以理解，模型的作用就更难理解了。包含所有特征的矩阵为 X，对于单个实例 $x^{(i)}$，所有实例的单个特征向量为 x_j，特征 j 和实例 i 对应的值为 $x_j^{(i)}$。

10．目标

目标（Target）是机器学习预测的信息。在数学公式中，对于单个实例，目标通常被称为 y 或 y_i。

11．机器学习任务

机器学习任务（Machine Learning Task）是一个包含特征和目标的数据集的组合。根据目标的类型，任务可以是分类、回归、生存分析、聚类或异常点检测等。

12．预测

预测（Prediction）是指机器学习模型根据给定特征"猜测"目标值。在本书中，模型预测用 $\hat{f}(x^{(i)})$ 或 $\hat{y}$ 表示。

第 2 章
可解释性

可解释性难以用数学方法定义。Miller[1] 给可解释性下了一个非数学定义，我很喜欢：**可解释性是人类理解决策原因的程度**。另一个定义是，**人类持续预测模型结果的程度** [2]。机器学习模型的可解释性越高，人们就越容易理解为什么机器会做出这些决策或预测。如果一个模型的决策更容易被人类理解，这个模型就具有更好的可解释性。我将交替使用 interpretable 和 explainable 这两个词。与 Miller 的观点相同，我认为区分可解释性（interpretability/explainability）和解释（explanation）① 这两个术语是有意义的。我将使用"解释"来阐释单个预测。请参阅本章，了解我们人类眼中符合标准的解释。

"可解释机器学习"是一个总称，描述了"从机器学习模型中提取与关系相关的知识，关系包含在数据中或由模型学习所得"。[3]

2.1 可解释性的重要性

如果一个机器学习模型表现出色，为什么不能直接相信这个模型，而不深究其做出某个决策的原因呢？"问题在于，分类准确性等单一指标并不能完整地描述大多数真实世界的任务"[4]。

1. 何时需要解释

让我们深入探讨可解释性如此重要的原因。在进行预测建模时，必须做出权衡：是否只想知道预测的结果？例如，客户流失的概率或某种药物对病人的疗效。还是想知道做出预测的原因，甚至用预测性能换取可解释性？在某些情况下，人们并不关注做出决策的原因，只要知道测试数据集的预测性能良好就足够了。但在另一些情况下，人们了解"为什么"有助于更深入地了解问题、数据，以及模型可能失败的原因。有些模型可能不需要解释，因为它们用于低风险环境中，这意味着错误不会造成严重

---

① AI 可解释性（interpretability/explainability）在学术界没有明确的定义，一般形成的共识是：AI 可解释性是一组方法和工具，可用于解释机器学习模型产生的结果，帮助人们理解机器学习模型；而解释（explanation）往往对机器学习模型结果进行解释。——译者注

后果（如电影推荐系统），或者这种方法已经被广泛研究和评估（如光学字符识别）。对可解释性的需求源于问题形式化的不完整性，这意味着对于某些问题或任务来说，仅仅获得预测结果（**是什么**）是不够的。模型还必须解释它是如何得出预测的（**为什么**），因为正确的预测只能部分解决原始问题。以下原因进一步解释了对可解释性和解释的需求。

- **人类的好奇心和学习能力**：人类有一个环境心智模型（Mental Model），当意外事件发生时，这个模型就会更新。这种更新是通过解释意外事件来实现的。例如，某人突然感到不舒服，于是问："为什么我感觉这么不舒服？"他得知自己每次吃那些红色浆果就会不舒服。他更新了自己的心智模型，认为是浆果导致了自己不舒服，因此应该避免食用。在研究中使用不透明的机器学习模型时，如果模型只给出预测而不给出解释，科学发现就会被完全掩盖。为了促进学习并满足人们对机器会产生某些预测或行为原因的好奇心，可解释性和解释是至关重要的。当然，人类并不需要对所有发生的事情都做出解释。对于大多数人来说，不了解计算机如何工作也没有关系。意外事件让我们充满好奇。例如，为什么我的计算机会意外关机？

- 与学习密切相关的是，人类希望**在世界中找到意义**。我们希望协调知识结构元素之间的矛盾或不一致。某人可能会问："为什么我的狗会咬我，明明它以前从未这样做过？"关于狗过去行为的知识与新产生的、不愉快的咬人经历之间存在矛盾。兽医的解释调和了狗与主人的矛盾："狗是在压力下咬人的。"机器的决定对人的生活影响越大，对机器行为的解释就越重要。例如，机器学习模型拒绝了贷款申请，而这可能完全出乎申请人的意料。他们只能通过某种解释来调和这种预期与现实的不一致。实际上，解释并不一定要完全说明情况，但应该说明其主要原因。另一个例子是算法产品推荐。就我个人而言，我经常思考为什么算法会将某些产品或电影推荐给我。在通常情况下，这是很清楚的：因为我最近买了一台洗衣机，所以互联网上的广告会跟踪我，我知道在接下来的日子里会推送给我洗衣机的广告。是的，如果我的购物车里已经有了一顶冬季帽子，那么推荐我买手套也是有道理的。算法推荐给我某部电影，是因为喜欢我喜欢的其他电影的用户也喜欢被推荐的这部电影。越来越多的互联网公司在推荐中加入了解释。根据经常购买的产品组合进行产品推荐就是一个很好的例子，如图 2-1 所示。

- 在许多科学学科中，使用的方法正在从定性向定量转变，例如社会学和心理学，还趋向于使用机器学习，例如生物学和基因组学。**科学的目标**是获取知识，但许多问题都是通过大数据集和黑盒机器学习模型解决的。模型本身成了知识的来源，而不是数据。

图 2-1　经常一起购买的产品

- 机器学习模型承担着现实世界中需要采取**安全措施**和测试的任务。假设一辆自动驾驶汽车根据深度学习系统自动检测骑自行车的人。你想百分之百地确定系统学习到的抽象概念没有错误，因为"汽车碾压骑自行车的人"这种局面是非常糟糕的。通过解释可能会发现，学习到的最重要的特征是识别自行车的两个轮子，这种解释有助于你考虑极端情况，比如自行车的挂包部分遮住了车轮。

- 在默认情况下，机器学习模型会从训练数据中获取偏差。这会让你的机器学习模型变成歧视少数群体的种族主义者。可解释性是检测机器学习模型**偏差**的有效调试工具。用于自动批准或拒绝信贷申请而训练的机器学习模型可能会歧视历史上被剥夺权利的少数群体。机器学习模型的主要目标是，只向最终会偿还贷款的人发放贷款。在这种情况下，问题表述的不完整性在于，不仅要尽量减少贷款违约，而且有义务不对特定人群加以区分。这是一个额外约束条件，包含在问题表述（以低风险和合规的方式发放贷款）中，而优化机器学习模型所得的损失函数并未涵盖这一约束条件。

- 将机器和算法融入日常生活的过程需要可解释性，以提高**社会认可度**。人们会将信念、欲望和意图等归因于认知。在一个著名的实验中，Heider 和 Simmel[5] 向玩家展示了一些有关图形的视频，其中一个圆形打开了一扇"门"，进入了一个"房间"（其实是一个矩形）。玩家在描述这些图形的动作时，就像描述人类智能体的动作一样，为这些图形赋予了意图，甚至情感和个性特征。机器人就是一个很好的例子，比如我的吸尘器，我给它取名为"Doge"。如果 Doge 被卡住了，我就会想"Doge 想要继续打扫，但被卡住了，所以向我求助"。后来，当 Doge 完成清洁并寻找插座充电时，我会想"Doge 有充电的意愿，并打算找到插座"。我还可以赋予它性格特点："Doge 有点笨，但笨得可爱。"这些都是我在发现 Doge 在尽职地吸尘时碰倒了一盆植物时的想法。能够解释其自身预测的机器或算法会得到社会更多的认可。另请参阅 2.6 节，该节认为解释是一个社会化的过程。

- 解释是用来**管理社会互动**的。通过创造对事物的共同意义，解释者影响解释接受者的行动、情感和信念。机器要想与我们互动，它可能需要塑造我们的情感和信念。机器必须"说服"我们，这样才能实现其预期目标。如果我的吸尘器机器人不能在一定程度上解释它的行为，我就不会完全接受它。例如，吸尘器发生了"意外"（比如又卡在浴室的地毯上……）时，会解释自己被卡住的原因，而不仅是停止工作又不发表任何评论，从而创造出一种共同意义。有趣的是，解释机器的目标（建立信任）和接受者的目标（理解预测或行为）之间可能存在偏差。如图 2-2 所示，Doge 被卡住的原因可能有：电池电量很低，其中一个轮子无法正常工作，有一个故障使机器人在有障碍物的情况下反复前往同一个地点。这些原因（还有其他一些原因）导致了机器人被卡住，但只是解释了有东西挡住了去路，这足以让我相信它的行为，并获得这次意外的共同意义。对了，Doge 又被卡在浴室里了。每次让 Doge 吸尘之前，都要把地毯移开。

图 2-2　我们的吸尘器 Doge 被卡住了。作为对意外的解释，
Doge 告诉我们，它需要在一个平整的地面上才能正常运作

- 只有当机器学习模型可以解释时，才能对其进行**调试和审核**。即使是在电影推荐等低风险环境中，解释能力在研发阶段和部署后也很有价值。之后，当模型被用于开发产品时，可能会出错。对错误预测的解释有助于了解错误的原因，它为如何修复系统指明了方向。例如，某个区分哈士奇与狼的分类器错将一些哈士奇分类为狼。使用可解释的机器学习方法，你会发现错误分类是图像上的雪造成的。该分类器学会了使用雪作为将图像分类为"狼"的特征，这可能有助于在训练数据集中区分狼和哈士奇，但在实际应用中并不适用。

如果可以确保机器学习模型能够解释决策，那么可以更容易地检查以下特征。

- **公平性**（Fairness）：确保预测是公正的，不会隐性或显性歧视少数群体。一个可解释的模型可以告诉你为什么它决定某个人不应该获得贷款，这样人类就更容易判断该决策是否基于学习到的人口统计（如种族）偏见。

- **隐私**（Privacy）：确保数据中的敏感信息受到保护。
- **可靠性**（Reliability）或**稳健性**（Robustness）：确保输入数据的微小变化不会导致预测结果发生巨大变化。
- **因果性**（Causality）：检查是否只取因果关系。
- **可信任性**（Trust）：与黑盒相比，人类更容易信任一个能解释其决策的系统。

2．何时不需要可解释性

以下几种情况说明了何时不需要甚至不希望机器学习模型具有可解释性。

- 如果模型**没有重大影响**，则不需要可解释性。假设一个名叫 Mike 的人正在做一个机器学习的副业，根据 Meta 数据预测他的朋友们下一个假期会去哪里。Mike 喜欢通过有根据地猜测朋友将去哪里度假来给他的朋友们惊喜。如果模型是错误的，也不会有什么大问题（最坏的情况也只是让 Mike 有点儿尴尬），如果 Mike 无法解释其模型的输出，也不会有什么问题。在这种情况下，缺乏可解释性是完全没有问题的。如果 Mike 开始围绕这些度假目的地建立预测业务，情况就会发生变化。如果模型是错误的，企业可能会亏损，或者由于学习到的种族偏见，模型对某些人的反应可能较差。一旦模型产生了重大影响，无论是经济影响还是社会影响，可解释性就会变得非常重要。

- 如果对**问题进行了深入的研究**，则不需要可解释性。有些应用已经得到了充分的研究，因此对模型有足够的实践经验，随着时间的推移，模型中的问题已经得到了解决。一个很好的例子就是光学字符识别的机器学习模型，它可以处理信封上的图像并提取地址。这些系统已有多年的使用经验，显然是行之有效的。此外，我们对获得有关信封上面文字任务的原理并不感兴趣。

- 可解释性可能会让人或程序**操纵系统**。用户欺骗系统的问题源于模型创建者和使用者的目标不一致。信用评分就是这样一个系统，因为银行希望确保贷款只发放给能够偿还贷款的申请人，而申请人的目标是获得贷款，即使银行不想提供贷款。目标之间的这种不匹配会刺激申请人与系统博弈，从而增加获得贷款的机会。如果申请人知道拥有两张以上的信用卡会对他的评分产生负面影响，那么他只需取消第三张信用卡以提高评分，并在贷款获批后申请一张新卡。虽然他的分数提高了，但实际偿还贷款的概率没有变化。只有当输入的是代理因果特征，但实际上并不导致结果变化时，系统才能被博弈。应尽量避免使用代理因果特征，因为它们会使模型具有可博弈性。例如，谷歌开发了一个名为"谷歌流感趋势"的系统来预测流感暴发。该系统将谷歌搜索与流感暴发联系起来——但是结果表现不佳。搜索查询的分布发生了变化，谷歌流感趋势系统错过了许多次流感暴发。实际上，谷歌搜索不会导致流感，因为当人们搜索"发烧"等症状时，这只是与实际流感暴发相关。在理想情况下，模型只使用因果特征，因为它们不具有可博弈性。

2.2 可解释性方法分类

可根据不同标准对机器学习可解释性方法进行分类。

1．内在可解释性还是事后可解释性

这一标准根据可解释性的实现方法进行区分，通过限制机器学习模型的复杂性（内在）实现，或通过应用在训练后分析模型的方法（事后）实现。**内在可解释性**（Intrinsic Interpretability）是指因结构简单而被认为具有可解释性的机器学习模型，例如短决策树或稀疏线性模型。**事后可解释性**（Post Hoc Interpretability）是指在模型训练后应用解释方法。例如，置换特征重要性就是一种事后可解释性方法。事后可解释性方法也可应用于内在可解释性模型。例如，可以为决策树计算置换特征重要性。本书各章的编排方式就是根据内在可解释性模型与事后（模型不可知）可解释性方法之间的区别确定的。

2．解释方法的结果

各种解释方法可根据其结果进行粗略区分。

- **特征摘要统计量**（Feature Summary Statistic）：许多解释方法为每个特征提供摘要统计量。有些方法为每个特征返回一个数字，如特征重要性，或者返回更复杂的结果，如成对特征交互作用强度，即每对特征被表示为一个数字。
- **特征摘要可视化**（Feature Summary Visualization）：大多数特征摘要统计量也可被可视化。有些特征摘要实际上只有在可视化的情况下才有意义，而表格不能满足要求。特征的部分依赖性就是这样一种情况。部分依赖图是显示特征和平均预测结果的曲线。显示部分依赖关系的最佳方式是实际绘制曲线，而不是打印坐标。
- **模型内部**（Model Internal）（如学习权重）：对内在可解释性模型的解释就属于这一类。例如，线性模型中的权重或决策树的学习树结构（用于划分特征和阈值）。在线性模型中，模型内部数据和特征摘要统计量之间的界限很模糊，因为权重既是模型内部数据又是特征摘要统计量。另一种输出模型内部数据的方法是将从卷积神经网络中学习到的特征检测器可视化。本质上，输出模型内部数据的可解释性方法是针对特定模型的（参见下一条标准）。

- **数据点**（Data Point）：这一类别包括返回数据点（已有的或新创建的）以实现模型可解释性的所有方法。其中一种方法被称为反事实解释（Counterfactual Explanation）。为了解释对某一数据实例的预测，该方法通过改变一些特征，使得预测结果以相关的方式发生变化（如预测类别的翻转），从而找到类似的数据点。另一个例子是识别预测类别的原型。要使输出新数据点的解释方法发挥作用，就必须对数据点本身进行解释。这对图像和文本非常有效，但对包含数百个特征的表格数据就不太有效了。
- **内在可解释性模型**（Intrinsically Interpretable Model）：解释黑盒模型的一种方法是使用可解释模型对其进行（全局或局部）近似。可解释模型本身是通过查看内部模型参数或特征摘要统计量来解释的。

3．特定模型还是模型不可知

特定模型（Model-specific）解释工具仅限于特定的模型类别。对线性模型中回归权重的解释就是针对特定模型的解释。本质上，内在可解释性模型的解释总是针对特定模型的。只用于解释神经网络等模型的工具也是针对特定模型的。相对应地，模型不可知（Model-agnostic）工具可用于任何机器学习模型，并在训练模型后应用（事后）。这些模型不可知方法通常通过分析特征输入和输出对来实现。根据定义，这些方法无法访问模型内部数据，例如权重或结构信息等。

4．局部还是全局

解释方法是解释局部（Local）预测还是解释全局（Global）模型行为？抑或是解释范围介于两者之间？请参见 2.3 节中有关范围的更多介绍。

2.3 可解释性的范围

算法会训练一个产生预测结果的模型，可以从算法透明度（Transparency）或可解释性的角度评估每个步骤。

2.3.1 算法透明度

如何利用算法创建模型？算法透明度是指算法如何从数据中学习模型，以及它能学习到哪些关系。如果使用卷积神经网络对图像进行分类，那么可以解释算法在底层学习边缘检测器和滤波器。尽管这是对算法工作原理的解释，但不是对最终学习到的具体模型的解释，也不是对如何做出单个预测的解释。算法透明度只需要了解算法，而不需要了解数据或所学模型。本书的重点是模型可解释性，而不是算法透明度。线性模型的最小二乘法等算法已经得到研究人员的深入研究和广泛认可，它们的特点是透明度高。由于深度学习方法通过具有数百万个权重的网络推动梯度，所以不太容易理解，且现在研究的重点是其内部工作原理，因此它们被认为透明度较低。

2.3.2　全局、整体模型的可解释性

如何对已训练的模型进行预测？如果可以立即理解整个模型，就可以将模型描述为可解释的[6]。要解释全局模型输出，需要已训练的模型、算法知识和数据。这种程度的可解释性是指，理解模型是如何基于对模型特征、权重、其他参数和结构等每个学习组件的整体看法做出决策的。哪些特征是重要的，它们之间发生了什么样的交互作用？全局模型的可解释性有助于基于特征理解目标结果分布。但在实践中，全局模型可解释性很难实现。任何具有大量参数或权重的模型都不适用于普通人的短期记忆。我认为，你不可能真正想象出一个具有五个特征的线性模型，因为这意味着要用脑力在五维空间中绘制估算的超平面。对于人类来说，任何超过三维的特征空间都是难以想象的。通常，当人们试图理解一个模型时，他们只考虑模型的一部分，如线性模型中的权重。

2.3.3　模型层面的全局模型可解释性

模型的各个部分如何影响预测结果？具有数百个特征的朴素贝叶斯模型对我们来说信息量太大了，很难将其保存在工作记忆中。即使能记住所有的权重，也无法快速预测新的数据点。此外，还需要在头脑中掌握所有特征的联合分布，以估算每个特征的重要性以及这些特征对预测的平均影响。这项任务根本不可能完成。但可以轻松理解单个权重。虽然全局模型的可解释性通常无法实现，但至少有机会在模型层面上理解某些模块。并非所有模型都可以在参数层面上可解释。对于线性模型来说，可解释的部分是权重，而对于树状模型来说，可解释的部分是划分节点（选定的特征加上分界点）和叶节点预测。例如，线性模型看起来似乎可以完美地在模型层面进行解释，但对单个权重的解释是与所有其他权重环环相扣的。对单一权重的解释总是伴随着其他输入特征（某个权重只影响了多个特征），而在许多实际应用中，情况并非如此。一个预测房屋价格的线性模型会同时考虑房屋面积和房间数量，但房间特征的权重可能为负值。之所以会出现这种情况，是因为已经存在了高度相关的房屋面积特征。在人们更偏好大房间的市场中，如果房屋面积相同，那么房间少的房屋可能比房间多的房屋更值钱。虽然只有结合模型中的其他特征，权重才有意义，但是线性模型中的权重仍然比深度神经网络的权重更好解释。

2.3.4　单个预测的局部可解释性

为什么模型会对某个实例做出某种预测？可以单独关注单个实例，检查模型对该输入的预测并解释原因。如果只看单个预测，那么原本复杂的模型行为可能会变得令人满意。从局部来看，预测可能只与某些特征呈线性或单调关系。例如，房屋的价值可能与其面积呈非线性关系。但是，如果只关注一个特定的 $100m^2$ 的房子，那么对于该数据子集来说，模型预测可能与房子面积呈线性关系。可以通过增加或减少 $10m^2$ 面积来模拟预测价格的变化，从而发现这一点。因此，局部可解释性可能比全局可解释性更准确。本书将在第 5 章中介绍可以使单个预测更具可解释性的方法。

2.3.5　一组预测的局部可解释性

为什么模型会对一组实例做出特定的预测？可以用全局模型解释方法（模型层面）或单个实例解释方法来解释模型对多个实例的预测。当使用全局方法时，可以将一组实例视为完整的数据集，并对该子集使用全局方法。单个解释方法可用于每个实例，然后列出或汇总整组实例的结果。

2.4　评估可解释性

对于机器学习的可解释性，目前还没有达成真正的共识，如何衡量也不明确。不过，在这方面已经有了一些初步研究，并试图制定一些评估方法。

Doshi-Velez 和 Kim 提出了评估可解释性的三个主要层面：

- **应用层面评估**（Application Level Evaluation）（实际任务）将解释置于产品中，由最终用户进行测试。例如，一个带有机器学习组件的骨折检测软件，可以在 X 射线片中定位和标记骨折位置。在应用层面，放射科医生将直接测试骨折检测软件，对模型进行评估。这需要一件良好的实验装置，并正确了解如何评估质量。为此，一个很好的基准是，人类在解释同样的决定时会有多好。

- **人类层面评估**（Human Level Evaluation）（简单任务）是一种简化的应用层面评估。不同之处在于，这些实验不是与领域专家一起进行评估的，而是与非专业人员一起进行评估的。这会降低实验成本（尤其是当领域专家是放射科医生时），也更容易找到更多的测试人员。例如，向用户展示不同的解释，然后由用户选择最佳的解释。

- **功能层面评估**（Function Level Evaluation）（代理任务）不需要人类。当所使用的模型类别已经由其他人在人类层面进行过评估时，这种方法最有效。例如，已知最终用户了解决策树，在这种情况下，可以用树的深度代表解释质量。树的深度越浅，可解释性越高。在此基础上，还需要添加一个约束条件，即决策树的预测性能应保持良好，与较大的决策树相比不会下降太多。

第 3 章的重点是在功能层面上评估单个预测的解释。在评估解释时，需要考虑哪些相关属性呢？

2.5 解释的特性

我们希望解释机器学习模型的预测结果，因此依赖于某种解释方法，即生成解释的算法。**解释通常以人类可理解的方式将实例的特征值与模型预测值联系起来**。其他类型的解释由一组数据实例组成（如 k 近邻模型）。例如，可以使用支持向量机预测癌症风险，并使用局部代理（Local Surrogate）方法解释预测，该方法可生成决策树作为解释，也可以使用线性回归模型代替支持向量机，因为线性回归模型已经配备了解释方法（权重解释）。

下面详细讨论解释方法和解释的特性 [7]。这些特性可用于判断解释方法或解释的好坏。目前还不清楚如何正确衡量这些特性，因此一个挑战是规范这些特性的计算方法。

1. 解释方法的特性

- **表达力**（Expressive Power）是指解释方法能够生成的解释的"语言"或结构。解释方法可以生成"IF-THEN"规则、决策树、加权和及自然语言等。

- **透明度**（Transparency）描述了解释方法对机器学习模型（如其参数）的依赖程度。例如，依赖于线性回归模型（特定模型）等内在可解释性模型的解释方法是高度透明的。而仅依赖于操作输入和观察预测结果的方法的透明度为零。根据不同的情况，可能需要不同程度的透明度。一方面，高透明度的优势在于解释方法可以依赖更多信息来生成解释，另一方面，低透明度的优势在于解释方法的可移植性更高。

- **可移植性**（Portability）描述了解释方法可用于机器学习模型的范围。低透明度方法具有更高的可移植性，因为它们将机器学习模型视为黑盒。代理模型可能是可移植性最高的解释方法。只适用于循环神经网络等方法的可移植性较低。

- **算法复杂性**（Algorithmic Complexity）描述了生成解释的方法的计算复杂性。当计算时间成为生成解释的瓶颈时，这一特性就极为重要。

2．单个解释的特性

- **准确性**（Accuracy）：解释预测未知数据的效果如何？如果用解释代替机器学习模型进行预测，那么高准确性尤为重要。如果机器学习模型的准确性也很差，而且它的目标只是解释黑盒模型的作用，那么准确性无关紧要。在这种情况下，只有保真度才是最重要的。

- **保真度**（Fidelity）：解释与黑盒模型预测的近似程度如何？保真度高是解释最重要的特性之一，因为保真度低的解释对解释机器学习模型毫无用处。准确性和保真度密切相关，如果黑盒模型具有较好的准确性，而解释的保真度高，那么解释也具有较好的准确性。有些解释只提供局部保真度，这意味着解释只能近似于数据子集的模型预测（如局部代理模型），甚至只能近似于单个数据实例（如 Shapley 值）。

- **一致性**（Consistency）：在对同一任务进行训练的模型以及产生相似预测结果的模型之间，其解释结果会有多大差异？例如，在同一任务上训练了支持向量机和线性回归模型，两者产生的预测结果非常相似。使用选择的方法计算解释，并分析解释的不同之处。如果解释非常相似，解释就是高度一致的。但一致性似乎有些难以处理，因为两个模型可能使用不同的特征，却能得到相似的预测结果（也被称为"罗生门效应"）。在这种情况下，高一致性并不可取，因为解释结果差异很大。如果模型确实依赖于相似的关系，那么高一致性是可取的。

- **稳定性**（Stability）：对相似实例的解释有多相似？一致性是比较不同模型之间的解释，而稳定性是对于固定模型的相似实例之间的解释。稳定性高意味着实例特征的细微变化不会对解释产生实质性的改变（除非这些细微变化也会完全改变预测）。缺乏稳定性或许是由解释方法的高方差造成的。换句话说，要解释的实例特征值若发生微小变化，则会对解释方法产生很大影响。缺乏稳定性也可能是由于解释方法中的非确定成分造成的，例如数据采样步长，就像局部代理模型所使用的那样。高稳定性总是可取的。

- **可理解性**（Comprehensibility）：人类对解释的理解程度如何？这看起来只是众多特性中的一个，却是我们讨论的重点。虽然这一特性很难定义和衡量，但极其重要。许多人认为，可理解性取决于受众。衡量可理解性包括衡量解释的大小（线性模型中权重不为零的特征数量、决策规则数量……）或测试人们根据解释预测机器学习模型行为的能力。还应该考虑解释中使用特征的可理解性。复杂的特征转换可能不如原始特征容易理解。

- **确定性**（Certainty）：解释是否反映了机器学习模型的确定性？许多机器学习模

型只给出预测，而没有关于预测正确的模型置信度的描述。如果模型预测一名患者患癌症的概率为 4%，那么是否可以确定另一名特征值不同的患者患癌症的概率也为 4%？一个包含模型确定性的解释非常有用。

- **重要程度**（Degree of Importance）：重要程度是解释对特征或部分解释的重要性的反映程度。例如，如果生成了一个决策规则作为对单个预测的解释，那么是否清楚该规则中哪个条件最重要？
- **新颖性**（Novelty）：解释是否反映了需要解释的数据实例来自远离训练数据分布的"新"区域？在这种情况下，模型可能不准确，解释也可能毫无用处。新颖性与确定性相关。由于缺乏数据，新颖性越高，模型的确定性就可能越低。
- **代表性**（Representativeness）：一个解释涵盖了多少实例？解释可以涵盖整个模型（如线性回归模型中对权重的解释），也可以只代表单个预测（如 Shapley 值）。

2.6 人性化的解释

让我们深入探究一下人类眼中"好的"解释是什么，以及可解释机器学习的含义。人文科学研究可以帮助我们找到答案。Miller 大量调查有关解释的出版物并撰写综述，本节便基于此编写。

本节主要有以下几点：对于某一事件的解释，人类更喜欢简短的解释（只有一两个原因），将当前情况与事件不会发生的情况进行对比。特别是对异常原因可以提供很好的解释。解释指的是解释者和被解释者之间的社会互动，因此社会背景大幅影响解释的实际内容。

当需要对某一预测或行为进行所有因素的解释时，需要的不是一个人性化的解释，而是一个完整的因果归因。如果所有影响因素都要列出，或者需要调试机器学习模型，那么需要因果归因。在这种情况下，请忽略以下几点。在其他情况下，如果解释的接受者是非专业人士或其时间有限，那么下面的章节会非常有意义。

2.6.1 什么是解释

解释是对"为什么"问题的回答。

- 为什么治疗对病人没有起作用？
- 为什么我的贷款申请会被拒绝？
- 为什么还没有外星人与我们联系？

前两个问题可以用"日常"解释来回答，而第三个问题则属于"更普遍的科学现象和哲学问题"。我们将重点关注"日常"类型的解释，因为这些解释与可解释机器学习相关。"如何"问题通常可以改写成"为什么"问题："我的贷款申请是如何被拒绝的？"可以变成"为什么我的贷款申请会被拒绝？"

在下文中，"解释"一词既指解释的社会和认知过程，也指这些过程的产物。解释者可以是人，也可以是机器。

2.6.2 什么是好的解释

本节进一步浓缩了 Miller 对于"好的"解释的总结，并添加了对可解释机器学习的启示。

1. 解释具有对比性 [8]

人类通常不会问"为什么会做出某种预测"，而会问"为什么会做出这种预测而不是另一种预测"。我们倾向于从反事实的角度思考问题，即"如果输入 X 不同，预测结果会如何？"对于房价预测，房主可能感兴趣的是，为什么预测的房价会比他们预期的房价高得多。如果我的贷款申请被拒，我并不关心支持或反对被拒的所有因素，我关心的是，为获得贷款，需要改变我的贷款申请中的哪些因素。我想知道，我的申请与可能被接受的申请之间的差距有多大。可解释机器学习的一个重要贡献是使人们了解对比解释的重要性。从大多数可解释模型可以提取出一种解释，这种解释隐含着对单个实例预测与人工数据实例或多个实例平均值预测的对比。医生可能会问："为什么药物对我的病人无效？"他们可能需要一种解释，将他们的病人与药物起作用的病人进行对比，而药物起作用的病人与未起作用的病人结果相似。对比性解释比完整的解释更容易理解。对于医生提出的药物无效的问题，完整的解释可能包括，病人已经患病 10 年，有 11 种基因过度表达，病人的身体很快就能将药物分解成无效的化学物质……对比性解释却简单得多：与对药物有反应的病人相比，无反应的病人具有某种基因组合，使得药物的疗效降低。好的解释应该能突出感兴趣对象与参照对象之间的最大差异。

对可解释机器学习的启示：人类并不想要对预测的完整解释，而是想比较与另一个实例预测（可以是人工预测）之间的差异。创建对比性解释取决于应用，因为它需要一个参照点来进行比较。这可能取决于要解释的数据点，也取决于接受解释的用户。房价预测网站的用户可能希望得到将房价预测与自己的房子、网站上的其他房子或附近的大多数房子进行对比的解释。自动创建对比性解释的解决方案还可能涉及在数据中寻找原型。

2. 解释具有选择性

人们并不期望解释能够涵盖一个事件的全部原因，而是习惯于从各种可能的原因中选择一两个原因作为解释。例如，打开电视新闻：

"由于某公司最新的软件更新出现了问题，因此该公司的产品受到消费者抵制，从而导致股价下跌。"

"Tsubasa 及其团队因为防守不力输掉了比赛，他们给了对手太多发挥战术的空间。"

"对现有机构和政府日益增加的不信任是选民投票率下降的主要因素。"

一个事件可以由多种原因来解释，这被称为罗生门效应。《罗生门》是一部日本电影，讲述了关于一位武士之死的各种相互矛盾的故事（解释）。对于机器学习模型来说，如果能从不同的特征中得出好的预测结果，那将是非常有利的。将具有不同特征（不同解释）的多个模型组合在一起的集成方法通常性能良好，因为对这些"故事"进行平均处理会使预测更加稳健和准确。但这也意味着，对于做出某种预测的原因，有不止一种选择性解释。

对可解释机器学习的启示：解释要非常简短，即使外在情况非常复杂，也只给出 1 ~ 3 个理由。局部代理模型方法在这方面做得很好。

3．解释是社会性的

解释是解释者和被解释者之间对话或互动的一部分。社会背景决定了解释的内容和性质。如果我想向一个技术人员解释为什么数字加密货币如此值钱，我会说"去中心化、分布式、基于区块链的账本，无法由中央实体控制，确保财产安全，这就是高要求和高价格的原因"。但如果是面对我的祖母，我会说"奶奶：加密货币有点儿像计算机黄金。人们喜欢黄金，也会为黄金投资，而年轻人喜欢计算机黄金，会为计算机黄金投资"。

对可解释机器学习的启示：关注机器学习应用的社会环境和目标受众。如何正确处理机器学习模型的社会部分因具体应用而异。可以向人文学科的专家（如心理学家和社会学家）寻求帮助。

4．解释的重点是异常

人们更关注解释事件的异常原因 [9]。这些原因发生的概率很小，但还是发生了。消除这些异常原因将在很大程度上改变结果（反事实解释）。人类将这类异常原因视为好的解释。Štrumbelj 和 Kononenko[10] 提供了一个例子：假设我们有一个教师和学生之间考试情况的数据集。学生参加一门课程，成功汇报后将直接通过课程。教师还可以向学生提问，以测试他们的知识水平。无法回答这些问题的学生将无法通过课程。学生的准备程度可能不同，因此正确回答教师问题（如果教师决定测试学生）的概率也不同。我们想预测学生是否能通过课程，并解释预测。如果教师不提出任何额外的问题，学生通过的概率就是 100%；否则，学生通过的概率取决于他们的准备程度以及正确回答问题的概率。

情况 1：教师经常会向学生提出额外的问题（例如，100 次中有 95 次）。一个没有准备的学生（答对问题的概率为 10%）不幸地遇上了额外的问题，但却没有回答正确。该学生为什么会挂科？对于这种情况，没有好好准备考试是学生的错。

情况 2：教师很少提出额外的问题（例如，100 次中只有 2 次）。对于一个没有学习过这些问题的学生来说，我们会预测他通过课程的概率很高，因为问题不太可能出现。当然，其中有一名学生没有准备问题，因此他答对问题的概率为 10%。他运气不佳，老师提出了一些问题，但学生无法回答，因此没能通过课程。原因是什么呢？我认为，现在更好的解释是"因为老师测试了学生"。老师测试的可能性较低，所以老师的行为异常。

对可解释机器学习的启示：如果一个预测的输入特征在任何意义上都是异常的（如分类特征中的一个罕见类别），并且该特征影响了预测，那么即使其他正常特征与异常特征对预测的影响相同，也应将该特征纳入解释。在房价预测例子中，异常特征可能是一栋带有两个阳台的相当昂贵的房子。即使根据某种归因方法发现两个阳台对价格的影响相当于高于平均水平的房屋面积、良好的邻里关系或新的装修，但是"两个阳台"这一异常特征仍可能是对房屋如此昂贵的最好解释。

5. 解释是真实的

好的解释在现实中（即在其他情况下）是真实的。但这并不是"好的"解释的最重要因素。例如，选择性似乎比真实性更重要。只选择一两个可能原因的解释很少能涵盖所有相关的原因。选择性忽略了部分真相。例如，并非只有一两个因素造成股市崩盘，事实是有数百万个因素影响着数百万人的行为，最终导致了股市崩盘。

对可解释机器学习的启示：解释应该尽可能真实地预测事件，这在机器学习中有时被称为保真度。因此，如果说第二个阳台会提高房子的价格，那么这也应该适用于其他房子（或至少适用于类似的房子）。对于人类来说，解释的保真度并不像其选择性、对比性和社会性那么重要。

6. 好的解释与被解释者的先验信念是一致的

人类往往会忽略与其先验信念不一致的信息，这种效应被称为确认偏差[11]。对于解释也不例外，人们往往会贬低或忽略与自己信念不一致的解释。信念因人而异，但也有基于群体的先验信念，例如政治世界观。

对可解释机器学习的启示：好的解释与先验信念是一致的。这很难整合到机器学习中，很可能会大幅影响预测性能。对于房屋面积对预测价格的影响，先验信念是房屋面积越大，价格越高。假设一个模型也显示了房屋面积对少数房屋预测价格的负面影响。模型已经学会了这一点，因为它提高了预测性能（由于一些复杂的交互作用），但这种行为与我们的先验信念相矛盾。可以强制执行单调性约束（一个特征只能在一个方向上影响预测），或者使用具有此类特性的线性模型。

7. 好的解释具有普遍性和可能性

一个原因可以解释许多事件是非常普遍的，可以被认为是一个好的解释。请注意，这与"异常原因是好的解释"这一说法相矛盾。在我看来，异常原因远远胜过普遍原因。根据定义，在特定情况下，异常原因是罕见的。在没有异常事件的情况下，普遍解释被认为是好的解释。还要记住，人们往往会误判联合事件的概率。例如，乔是一名图书管理员，他更可能是一个害羞的人，还是一个喜欢看书的害羞的人？一个很好的例子是"房子贵是因为它大"，这是对房子贵或便宜的一个非常普遍却很好的解释。

对可解释机器学习的启示：普遍性可以很容易地通过特征的支持度来衡量，支持度指的是解释适用的实例数除以实例总数。

第 3 章
数据集

在本书中，所有模型和技术都应用于网上免费提供的真实数据集。本书将针对不同的任务使用不同的数据集，包括回归、文本分类和分类。

3.1 自行车租赁（回归）

该数据集包含华盛顿特区自行车租赁公司 Capital-Bikeshare 提供的每日自行车租赁数量，以及天气数据和季节信息。这些数据由 Capital-Bikeshare 公司公开提供。Fanaee-T 和 Gama[12] 增加了天气数据和季节信息。其目的是根据天气和日期预测自行车的租赁数量。数据可从 UCI 机器学习仓库下载。

数据集添加了新的特征，本书的示例并未使用所有原始特征。以下是使用的特征：

- 自行车租赁数量，包括临时用户和注册用户。这个计数也用作回归任务的目标。
- 季节，包括春季、夏季、秋季或冬季。
- 当天是否为节假日的指标。
- 年份，表示 2011 年或 2012 年。
- 自 2011 年 1 月 1 日（数据采集的第一天）起的天数。引入此特征是为了考虑随时间变化的趋势。
- 当天是工作日还是周末的指标。

当天的天气情况。其中包括：

- 晴天、少云、多云转晴、阴天。
- 雾＋云、雾＋碎云、雾＋少云、雾。
- 小雪、小雨＋雷雨＋散云、小雨＋散云。
- 大雨＋冰雹＋雷雨＋雾、雪＋雾。
- 温度（单位：℃）。
- 相对湿度（0 ～ 100%）。
- 风速（单位：km/h）。

在本书的示例中，数据已稍作处理。你可以在本书的 GitHub 仓库[①] 中找到处理所用的 R 脚本和最终 RData 文件。

3.2　YouTube 垃圾评论（文本分类）

以文本分类为例，我们使用了来自 YouTube 五个不同视频的 1956 条评论。值得庆幸的是，在一篇关于垃圾评论分类的文章中使用该数据集的作者免费提供了这些数据[13]。

通过 YouTube API，从 2015 年上半年 YouTube 浏览量最高的 10 个视频中的 5 个收集到这些评论。这 5 个视频都是音乐视频，其中之一是韩国艺人 Psy 的《江南style》。其他四位歌手分别是 Katy Perry、LMFAO、Eminem 和 Shakira。

查看部分评论，这些评论被人工标记为垃圾评论或合理评论。垃圾评论用"1"表示，合理评论用"0"表示，如表 3-1 所示。

表 3-1　来自 YouTube 垃圾评论数据集的评论样本

评　　论	类别
Huh, anyway check out this you[tube] channel: kobyoshi02	1
Hey guys check out my new channel and our first vid THIS IS US THE MONKEYS!!! I'm the monkey in the white shirt,please leave a like comment and please subscribe!!!!	1
just for test I have to say murdev.com	1
me shaking my sexy ass on my channel enjoy ^_^	1
watch?v=vtaRGgvGtWQ Check this out .	1
Hey, check out my new website!! This site is about kids stuff. kidsmediausa . com	1
Subscribe to my channel	1
i turned it on mute as soon is i came on i just wanted to check the views…	0
You should check my channel for Funny VIDEOS!!	1
and u should.d check my channel and tell me what I should do next!	1

读者也可以访问 YouTube，查看评论区。但请不要本末倒置，猴子在海滩上偷喝游客鸡尾酒的视频并不是我们的重点。自 2015 年以来，谷歌垃圾邮件检测器也发生了很大变化。

如果你想查看这些数据，可以在本书的 GitHub 仓库中找到 RData 文件及带有一

---

① 在 GitHub 中搜索"christophM/interpretable-ml-book"。

些常见函数的 R 脚本。

3.3　宫颈癌风险因素（分类）

宫颈癌数据集包含用于预测妇女是否会患上宫颈癌的指标和风险因素。这些特征包括人口统计数据（如年龄）、生活方式和病史等。该数据可从 UCI 机器学习仓库下载，Fernandes、Cardoso 和 Fernandes[14] 对其进行了描述。

本书示例中使用的数据特征集包括：

- 年龄（岁）。
- 性伴侣数量。
- 首次性行为（年龄 / 岁）。
- 妊娠次数。
- 是否吸烟。
- 吸烟时长（年）。
- 是否服用激素避孕药。
- 激素避孕药服用时长（年）。
- 是否使用宫内节育器（Intrauterine Device，IUD）。
- 使用宫内节育器的年数。
- 患者是否曾患有性传播疾病（Sexually Transmitted Disease，STD）。
- STD 确诊次数。
- 首次 STD 确诊至今的时间。
- 最后一次 STD 确诊至今的时间。
- 活检结果为"健康"或"患癌"。目标结果。

活检检查是诊断宫颈癌的黄金标准。在本书的示例中，活检结果被用作目标结果。每列的缺失值都用模式（最常出现的值）来填充，这可能是一个糟糕的解决方案，因为真实答案可能与某个值缺失的概率相关。可能存在偏差，因为这些问题非常私密。但本书并不关注缺失数据估算，所以对示例进行模式估算就足够了。

要使用该数据集重现本书的示例，请在本书的 GitHub 仓库中查找预处理 R 脚本和最终 RData 文件。

第 4 章
可解释模型

实现可解释性的最简单方法是使用可以创建可解释模型的算法。线性回归、逻辑回归和决策树都是常用的可解释模型。

在下面的章节中将讨论这些模型。本书并不会详细介绍，而是只提供基础知识，因为已经有大量书籍、视频、教程和论文等资料可供学习。本书将重点讨论如何解释模型，详细讨论线性回归、逻辑回归、其他线性回归扩展、决策树、决策规则和RuleFit 算法。本书还列出了其他可解释模型。

除了 k 近邻算法，本书解释的所有可解释模型都可以从模型层面上进行解释。如果特征与目标之间的关联是线性建模，则该模型为线性模型。具有单调性约束的模型可确保特征与目标结果之间的关系在特征的整个范围内始终朝着同一方向发展：特征值的增加要么导致目标结果的增加，要么导致目标结果的减少。单调性有助于解释模型，因为它有助于理解两者之间的关系。有些模型自动包含特征之间的交互作用来预测目标结果。可以通过手动创建交互特征，在任何类型的模型中加入交互。交互可以提高预测性能，但过多或过复杂的交互会影响可解释性。有些模型只处理回归，有些模型只处理分类，还有一些模型两者都处理。

可以从表 4-1 列为回归（regr）或分类（class）的任务中选择合适的可解释模型。

表 4-1　适合回归或分类任务的可解释模型

算　　法	线　　性	单　调　性	交　　互	任　　务
线性回归	是	是	否	回归
逻辑回归	否	是	否	分类
决策树	否	部分	是	分类、回归
RuleFit	是	否	是	分类、回归
朴素贝叶斯	否	是	否	分类
k 近邻算法	否	否	否	分类、回归

可以认为逻辑回归和朴素贝叶斯都允许线性解释。然而，这只适用于目标概率的对数：假设其他特征保持不变，增加一个特征点会使目标概率的对数增加一定量。

4.1　线性回归

线性回归模型将目标预测为特征输入的加权和，其学习的线性关系简化了解释。长期以来，线性回归模型一直被统计学家、计算机科学家等处理定量问题的人员所使用。

线性模型可用于模拟回归目标 y 对某些特征 x 的依赖关系。学习到的关系是线性的，单个实例 i 写作：

$$y = \beta_0 + \beta_1 x_1 + \cdots + \beta_p x_p + \epsilon$$

一个实例的预测结果是其 p 个特征的加权和。β_i 表示学习到的特征权重或系数。总和中的第一个权重 (β_0) 被称为截距，不与特征相乘。ϵ 是仍然存在的误差，即预测结果与实际结果之间的差异。假设这些误差符合高斯分布，这意味着在负方向和正方向上都会产生误差，会产生很多较小的误差和少量较大的误差。

可以使用多种方法来估算最佳权重。通常使用最小二乘法来得到权重，使得实际结果与估算结果之间的平方差最小：

$$\hat{\beta} = \arg\min_{\beta_0,\ldots,\beta_p} \sum_{i=1}^{n} \left(y^{(i)} - \left(\beta_0 + \sum_{j=1}^{p} \beta_j x_j^{(i)} \right) \right)^2$$

本书不详细讨论如何得到最佳权重，感兴趣的读者可以阅读 *The Elements of Statistical Learning* [15] 一书的 3.2 节或其他有关线性回归模型的在线资源。

线性回归模型的最大优点是线性：它使估算过程变得简单，最重要的是，这些线性公式在模型层面的解释（权重）易于理解。这也是线性模型和所有类似模型在医学、社会学、心理学等学术领域和许多其他定量研究领域应用如此广泛的主要原因之一。例如，在医学领域，不仅要预测病人的临床结果，还要量化药物的影响，同时以可解释的方式考虑性别、年龄等特征。

估算的权重附带置信区间。置信区间是权重估计值的范围，它以一定的置信度涵盖"真实"权重。例如，权重为 2 的 95% 置信区间范围为 1 ～ 3。对这个区间的解释是：如果用新采样的数据重复估算 100 次，那么在假设线性回归模型是正确的数据模型的前提下，在 100 个案例中有 95 个案例的置信区间会包含真实的权重。

模型是否"正确"取决于数据中的关系是否符合某些假设，即线性、正态性、同方差性、独立性、固定特征和无多重共线性。

1. 线性

线性回归模型迫使预测成为特征的线性组合，这既是它最大的优势，也是最大的局限。线性使模型具有可解释性。线性效应易于量化和描述，它们是可加的，因此很容易将其分开。如果怀疑特征之间存在交互作用或特征与目标值之间存在非线性关联，可以添加交互项或使用回归样条。

2．正态性

本书假设，在给定特征的前提下，目标结果呈正态分布。若违反了这一假设，特征权重的估计置信区间无效。

3．同方差性（常方差）

假设误差项的方差在整个特征空间都是常数。举个例子，根据房屋面积（m^2）预测房屋的价值。可以估算一个线性模型，该模型假设无论房屋面积如何，预测响应周围的误差都具有相同的方差，这一假设经常与现实相违和。在房屋的例子中，由于价格较高，价格波动的空间较大，因此大房子预测价格周围误差项的方差较大。假设线性回归模型中的平均误差（预测价格与实际价格之间的差异）为 5 万欧元。如果假设存在同方差性，那么价格为 100 万欧元的房屋和价格仅为 4 万欧元的房屋的平均误差都为 5 万欧元。这显然是不合理的，因为这意味着预测房价为负值。

4．独立性

假设每个实例都独立于其他实例。如果进行重复测量，例如对每个病人进行多次血液化验，那么数据点就不是独立的。对于依赖性数据，需要特殊的线性回归模型，如混合效应模型或广义估计方程。如果使用"正态"线性回归模型，可能会从模型中得出错误的结论。

5．固定特征

输入特征被认为是"固定"的。固定意味着它们被视为"给定常数"，而不是统计变量。这意味着不存在测量误差，这是一个相当不现实的假设。然而，若没有这个假设，就必须拟合非常复杂的测量误差模型，以处理输入特征的测量误差。而在通常情况下，我们并不想这么做。

6．无多重共线性

通常不希望使用强相关的特征，因为这会扰乱权重的估计。在两个特征强相关的情况下，权重的估计就会出现问题，因为特征效应是可加的，无法确定将效应归因于哪个相关特征。

4.1.1　解释

线性回归模型中对权重的解释取决于相应特征的类型。

（1）**数字特征**。当数字特征增加一个单位时，根据其权重会改变估计结果。一个数字特征的例子是房屋的面积。

（2）**二元特征**。对于每个实例，该特征只能取两个可能值之一。例如，"房屋带花园"是一个二元特征。其中一个值作为参考类别（在某些编程语言中编码为 0），如"无花园"。将该特征从参考类别更改为其他类别，会根据该特征的权重改变估计结果。

（3）**具有多个类别的分类特征**。这是一种具有固定数量可能值的特征。例如，"地板类型"特征，可能包括"地毯""层压板""镶木地板"等类别。一种处理多类别的解决方案是独热编码，即每个类别都有自己的二元列。对于有 L 个类别的分类特征，只需要 $L-1$ 列，因为第 L 列会有冗余信息（例如，当第 1 列到第 $L-1$ 列对一个实例的值都是 0 时，可以知道这个实例的分类特征属于 L 类）。因此，每个类别的解释与二元特征的解释相同。某些语言（如 R 语言）允许以各种方式对分类特征进行编码，本章稍后将对此进行介绍。

（4）**截距 β_0**。截距是"常量特征"的权重，在所有实例中始终为 1。大多数软件包会自动添加这个"1"特征来估计截距。解释为：若实例的所有数字特征值都为 0，分类特征值都为参考类别，模型预测值就是截距权重。截距的解释通常并不重要，因为所有特征值都为 0 的实例往往毫无意义。只有在特征标准化（平均值为 0，标准差为 1）后，截距的解释才有意义。这样一来，截距就反映了所有特征值都为平均值的实例的预测结果。

线性回归模型中的特征解释可通过以下文本模板自动完成。

1. 数字特征的解释

在其他特征值保持不变的情况下，特征 x_k 增加一个单位，对 y 的预测值会增加 β_k 个单位。

2. 分类特征的解释

在其他特征值保持不变的情况下，将特征 x_k 从参考类别更改为其他类别会使 y 的预测值增加 β_k 个单位。

R^2 是解释线性模型的另一个重要指标。通过 R^2，可以了解模型能解释多少目标结果的总方差。R^2 越高，说明模型对数据的解释能力越强。R^2 的计算公式为

$$R^2 = 1 - \mathrm{SSE} / \mathrm{SST}$$

SSE 是误差项的平方和：

$$\mathrm{SSE} = \sum_{i=1}^{n} (y^{(i)} - \hat{y}^{(i)})^2$$

SST 是数据方差的平方和：

$$\mathrm{SST} = \sum_{i=1}^{n} (y^{(i)} - \overline{y})^2$$

SSE 显示在拟合线性模型后还存在多少方差，该方差是通过预测值和实际目标值之间的平方差来衡量的。SST 是目标结果的总方差。R^2 显示线性模型可以解释多少方差。R^2 通常介于 0 和 1 之间，0 表示模型完全不能解释数据，1 表示模型能解释数据中的所有方差。在不违反任何数学规则的情况下，R^2 也有可能出现负值。当 SSE 大于 SST 时，就会出现这种情况，这意味着模型没有获取到数据的趋势，且与使用目标平均值作为预测相比，数据的拟合程度更差。

但有一个问题，因为 R^2 会随着模型中特征数量的增加而增加，即使这些特征根本不包含目标值的任何信息。因此，最好使用调整后的 R^2，它代表模型中使用的特征数量。其计算方法如下：

$$\bar{R}^2 = 1 - (1 - R^2)\frac{n-1}{n-p-1}$$

式中，p 表示特征的数量；n 表示实例的数量。

对一个 R^2（调整后）很低的模型进行解释是没有意义的，因为这样的模型基本上无法解释大部分方差。对权重的任何解释都没有意义。

3. 特征重要性

在线性回归模型中，特征的重要性可以用其 t 统计量的绝对值来衡量。统计量 t 是估计权重与其标准差的比例：

$$t_{\hat{\beta}_j} = \frac{\hat{\beta}_j}{\mathrm{SE}(\hat{\beta}_j)}$$

这个公式说明了特征的重要性随着权重的增加而增加。估计权重的方差越大（或者对正确值的把握越小），特征就越不重要，这也是有道理的。

4.1.2 示例

在这个示例中，根据天气数据和日历信息，使用线性回归模型来预测某天租用自行车的数量。为了得到解释，这里将重点考虑估计的回归权重。特征包括数字特征和分类特征。表 4-2 显示了每个特征的估计权重、估计值的标准差和统计量 t 的绝对值。

表 4-2　每个特征的估计权重、估计值的标准差和统计量 t 的绝对值

特　　征	权　　重	标准差（SE）	统计量的绝对值（$|t|$）
截距	2399.4	238.3	10.1
季节（夏季）	899.3	122.3	7.4
季节（秋季）	138.2	161.7	0.9
季节（冬季）	425.6	110.8	3.8

（续表）

特　　征	权　　重	标准差（SE）	统计量的绝对值（$|t|$）
是否为假期（是）	−686.1	203.3	3.4
是否为工作日（是）	124.9	73.3	1.7
天气情况（雾）	−379.4	87.6	4.3
天气情况（雨 / 雪 / 暴风雨）	−1901.5	223.6	8.5
温度	110.7	7.0	15.7
相对湿度	−17.4	3.2	5.5
风速	−42.5	6.9	6.2
天数	4.9	0.2	28.5

　　数字特征（温度）的解释：在所有其他特征保持不变的情况下，温度每上升 1℃，自行车的预测数量就会增加 110.7 辆。

　　分类特征（天气情况）的解释：同样假设所有其他特征保持不变，且与好天气相比，在雨 / 雪 / 暴风雨天气下，自行车的预测数量减少 1901.5 辆；在多雾天气下，自行车的预测数量减少 379.4 辆。

　　所有的解释总是带有"所有其他特征保持不变"的前提。这是由线性回归模型的性质所决定的。预测目标是加权特征的线性组合。估计的线性公式是特征 / 目标空间中的一个超平面（在单一特征的情况下是一条简单的直线）。权重指定了超平面在每个方向上的斜率（梯度）。优点是，可加性将单个特征效应的解释与所有其他特征分隔开来。这是因为公式中的所有特征效应（权重乘以特征值）都是用加号相连的。缺点是，这种解释忽略了特征的联合分布。增加一个特征，但不改变另一个特征，这可能会导致不切实际或者是不可能的数据点。例如，如果不增加房屋面积，增加房间数量就可能不太现实。

4.1.3　可视化解释

　　各种可视化方法便于人类快速掌握线性回归模型。

1. 权重图

　　权重表的信息（权重和方差估计值）可通过权重图可视化显示。图 4-1 显示了之前线性回归模型的结果。

　　权重图显示，雨 / 雪 / 暴风雨天气对预测的自行车数量有很大的负面影响。工作日特征的权重接近于零，95% 置信区间中包含零，这意味着该效应在统计上并不显著。有些置信区间很短，估计值接近于零，但特征效应在统计上却很显著。温度就是其中的一个例子。权重图的问题在于特征是以不同的尺度进行衡量的。对天气而言，估计权重反映了好天气与雨 / 雪 / 暴风雨天气之间的差异；而对温度而言，估计权重只反映温度上升了 1℃。可以在拟合线性模型之前对特征进行缩放（平均值为 0，标准差为 1），使估计权重更具可比性。

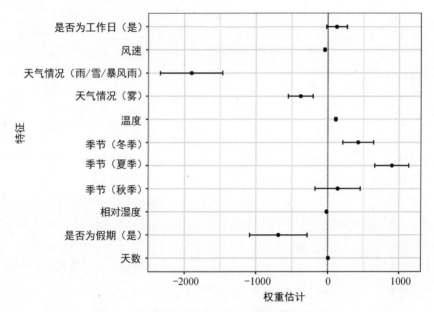

图 4-1　权重显示为点，95% 置信区间显示为线

2. 效应图

用线性回归模型的权重乘以实际特征值，可以进行更有意义的分析。权重取决于特征的比例。例如，有一个测量身高的特征，将测量单位从米转换为厘米，那么权重将有所不同。权重会改变，但数据中的实际效果不会改变。了解特征在数据中的分布也很重要，因为如果方差非常小，就意味着该特征对几乎所有实例都有类似的贡献。效应图有助于了解权重和特征对数据预测的贡献程度。计算效应，即每个特征的权重乘以实例的特征值：

$$\text{effect}_j^{(i)} = w_j x_j^{(i)}$$

效应可以通过箱线图直观地显示出来。箱线图中的一个方框包含一半数据的效应范围（25% ～ 75% 的效应量值）。方框中的垂直线为效应中值，即 50% 的实例对预测的效应低于该值，另一半高于该值。水平线延伸至 $\pm 1.5\text{IQR}/\sqrt{n}$，其中 IQR 为四分位数间距（75% 分位数减去 25% 分位数），点是异常值。在权重图中，每个类别都有自己的一行，而分类特征效应可以用一个箱线图来概括，如图 4-2 所示。

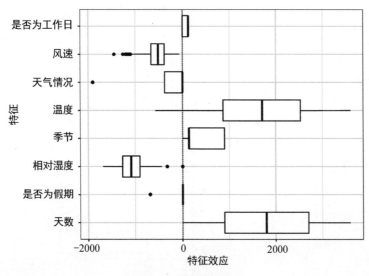

图 4-2　特征效应图

　　温度特征和天数特征对预期租用自行车数量贡献最大，它们反映了自行车租用的变化趋势。温度特征对预测的贡献范围很大。天数特征的贡献从零到正值都有，因为数据集中的第一天（2011 年 1 月 1 日）的趋势效应非常小，而且该特征的估计权重为正（4.93）。这意味着效应每天都在增加，直到数据集的最后一天（2012 年 12 月 31日）的效应最大。请注意，对于权重为负的效应，具有正效应的实例是那些特征值为负的实例。例如，若某天风速高就会导致风速负效应高。

4.1.4　解释单个预测

　　单个实例的各个特征对预测的贡献有多大？这可以通过计算该实例的效应来获得。对特定实例效应的解释只相对于每个特征的效应分布才有意义。例如，解释线性模型对自行车数据集中第 6 个实例的预测。该实例具有以下特征值，如表 4-3 所示。

表 4-3　数据集中第 6 个实例的特征值

特　　征	特　征　值	特　　征	特　征　值
季节	冬季	天气情况	晴
年份	2011	温度	1.60
月份	一月	相对湿度	51.82
是否为假期	否	风速	6.00
周几	周四	租赁数量	1606
是否为工作日	是	天数	5

要获得该实例的特征效应，必须将其特征值乘以线性回归模型中的相应权重。对于特征"工作日"的值"WORKING DAY"，效应为 124.9。对于 1.6℃的温度，特征效应为 177.6。将这些单独的效应作为叉号添加到效应图中，从而在数据中展示效应的分布。这样，就可以将单个效应与数据中的效应分布进行比较，如图 4-3 所示。

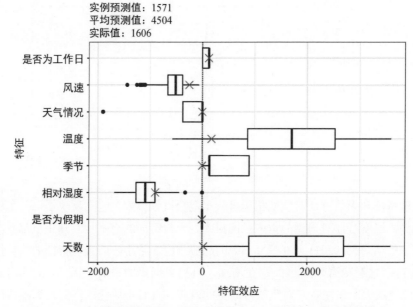

图 4-3　一个实例的效应图，显示了效应分布，并突出了该实例的效应

如果平均训练数据实例的预测，会得到平均值为 4504。相比之下，第 6 个实例的预测结果很小，因为实际预测的自行车租用数量只有 1571。效应图揭示了其中的原因。箱线图显示了数据集所有实例的效应分布，叉号显示了第 6 个实例的效应。第 6 个实例的温度效应较低，因为这一天的温度为 2℃，与其他大多数天数相比，温度偏低（请记住，温度特征的权重为正）。此外，与其他数据实例相比，趋势特征"天数"的效应较小，因为该实例来自 2011 年初（5 天），而且趋势特征的权重也是正值。

4.1.5　分类特征编码

有多种方法可用于编码分类特征，选择的方法会影响权重的解释。

线性回归模型的标准是虚拟编码，这适用于大多数情况。使用不同的编码方式可以归结为从具有分类特征的单个列中创建不同的（设计）矩阵。本节将介绍三种不同的编码方式（但还有更多），所使用的示例有六个实例和一个包含三个类别的分类特征。在前两个实例中，特征属于 A 类；在第三个和第四个实例中，特征属于 B 类；在最后两个实例中，特征属于 C 类。

1. 虚拟编码

在虚拟编码中，每个类别的权重是相应类别与参考类别之间预测结果的估计差异。线性模型的截距是参考类别的平均值（所有其他特征保持不变）。设计矩阵的第一列是截距，始终为 1。第二列表示实例 i 是否属于类别 B，第三列表示实例 i 是否属于类别 C。类别 A 不需要列来表示，否则会导致线性公式过于具体，无法找到权重的唯一解。只需要知道某个实例既不属于 B 类也不属于 C 类就够了。特征矩阵：

$$\begin{pmatrix} 1 & 0 & 0 \\ 1 & 0 & 0 \\ 1 & 1 & 0 \\ 1 & 1 & 0 \\ 1 & 0 & 1 \\ 1 & 0 & 1 \end{pmatrix}$$

2. 效应编码

在效应编码中，每个类别的权重是相应类别与总体平均值的估计 y 差（假设所有其他特征为零或属于参考类别）。第一列用于估计截距，与截距相关的权重 β_0 代表总体平均值。第二列的权重 β_1 代表总体平均值与类别 B 之间的差值。类别 B 的总效应为 $\beta_0 + \beta_1$。同样地，可以得到类别 C 的解释。对于参考类别 A，$-(\beta_1 + \beta_2)$ 是与总体平均值的差值，$\beta_0 - (\beta_1 + \beta_2)$ 表示该类别的总体效应。特征矩阵：

$$\begin{pmatrix} 1 & -1 & -1 \\ 1 & -1 & -1 \\ 1 & 1 & 0 \\ 1 & 1 & 0 \\ 1 & 0 & 1 \\ 1 & 0 & 1 \end{pmatrix}$$

3. 代号编码

在代号编码中，每个类别的 β 是每个类别 y 的估计平均值（假设所有其他特征值为零或属于参考类别）。请注意，这里省略了截距，以便为线性模型权重找到唯一解。另一种缓解多重共线性问题的方法是省略其中一个类别。

特征矩阵：

$$\begin{pmatrix} 1 & 0 & 0 \\ 1 & 0 & 0 \\ 0 & 1 & 0 \\ 0 & 1 & 0 \\ 0 & 0 & 1 \\ 0 & 0 & 1 \end{pmatrix}$$

4.1.6 线性模型能创造出好的解释吗

根据 2.6 节中介绍的好解释的属性，线性模型并不能创造出最好的解释。它们具有对比性，但参考实例是一个数据点，在这个数据点上，所有的数字特征都为零，而分类特征都属于其参考类别。这通常是一个虚构的、无意义的实例，不太可能出现在数据或现实中。但也有例外：如果所有的数字特征都以平均值为中心（特征减去特征的平均值），且所有的分类特征都是效应编码的，参考实例就是所有特征都取平均特征值的数据点。这也可能是一个不存在的数据点，但它至少更有可能或更有意义。在这种情况下，权重乘以特征值（特征效应）解释了相对于"平均值实例"对预测结果的贡献。好的解释的另一个特点是选择性，在线性模型中可以通过使用较少的特征或训练稀疏的线性模型来实现。但在默认情况下，线性模型不会产生有选择性的解释。但是，只要线性公式能适合建模特征与结果之间的关系，线性模型就能产生真实的解释。非线性因素和交互作用越多，线性模型就越不准确，解释也就越不真实。线性使解释的概括性更强、更简单。模型的线性性质是人们使用线性模型解释各种关系的主要因素。

4.1.7 稀疏线性模型

我选择的线性模型示例看起来都很美观整洁，不是吗？但实际上，可能不只有几个特征，而是成百上千个。那么线性回归模型呢？可解释性直线下降，甚至会发现特征多于实例，根本无法拟合标准线性模型。好在有办法在线性模型中引入稀疏性（特征少）。

1. Lasso

Lasso 指的是将稀疏性引入线性回归模型的一种自动、便捷的方法。最小绝对值收敛和选择算子（Least absolute shrinkage and selection operator，Lasso）应用于线性回归模型时，Lasso 会对所选特征权重进行特征选择和正则化。考虑一下权重优化的最小化问题：

$$\min_{\beta} \left(\frac{1}{n} \sum_{i=1}^{n} (y^{(i)} - \boldsymbol{x}_i^{\mathrm{T}} \boldsymbol{\beta})^2 \right)$$

Lasso 为这个优化问题增加了一个项

$$\min_{\beta} \left(\frac{1}{n} \sum_{i=1}^{n} (y^{(i)} - \boldsymbol{x}_i^{\mathrm{T}} \boldsymbol{\beta})^2 + \lambda \| \boldsymbol{\beta} \|_1 \right)$$

式中，项 $\| \boldsymbol{\beta} \|_1$ 表示特征向量的 L_1 范数，会导致对大权重的惩罚。由于使用了 L_1 范

数，因此许多权重的估计值为 0，而其他权重则缩小。参数 λ 控制正则化效应的强度，通常通过交叉验证来调整。特别是当 λ 较大时，许多权重都会变为 0。特征权重可以可视化为惩罚项 λ 的函数。每个特征权重用一条曲线表示，如图 4-4 所示。

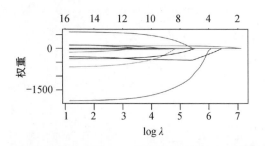

图 4-4　随着权重惩罚的增加，权重估计非零的特征越来越少。
这些曲线也称为正则化路径。图上方的数字是非零权重的数量

λ 应该选择什么值？如果将惩罚项视为一个调整参数，就可以通过交叉验证找到使模型误差最小的 λ 值。还可以将 λ 视为控制模型可解释性的参数。惩罚值越大，模型中存在的特征就越少（因为它们的权重为零），模型的可解释性就越好。

2. 使用 Lasso 的示例

我们将使用 Lasso 预测自行车租赁情况。事先设定模型中需要的特征数量。先将特征数量设为 2，如表 4-4 所示。

表 4-4　设置模型所需两个特征

特　　征	权　　重	特　　征	权　　重
季节（冬季）	0.00	天气情况（雾）	0.00
季节（春季）	0.00	天气情况（雨 / 雪 / 暴风雪）	0.00
季节（夏季）	0.00	温度	52.33
季节（秋季）	0.00	相对湿度	0.00
是否为假期（是）	0.00	风速	0.00
是否为工作日（是）	0.00	天数	2.15

在 Lasso 路径中，权重不为零的前两个特征是温度（“温度”）和时间趋势（“天数”）。

现在，选择 5 个特征，如表 4-5 所示。

表 4-5 设置模型所需 5 个特征

特　征	权　重	特　征	权　重
季节（冬季）	−389.99	天气情况（雾）	0.00
季节（春季）	0.00	天气情况（雨/雪/暴风雪）	−862.27
季节（夏季）	0.00	温度	85.58
季节（秋季）	0.00	相对湿度	−3.04
是否为假期（是）	0.00	风速	0.00
是否为工作日（是）	0.00	天数	3.82

请注意，"温度"和"天数"的权重与具有两个特征的模型不同。原因是，通过减小 λ，即使是已经"在模型中"的特征也会受到较少的惩罚，权重的绝对值可能更大。Lasso 权重的解释与线性回归模型中权重的解释一致。只需注意特征是否标准化，因为这会影响权重。在这个示例中，软件对特征进行了标准化处理，但权重会自动转换以匹配原始特征比例。

3. 线性模型稀疏性的其他方法

可以使用多种方法来减少线性模型中的特征数量。

（1）预处理方法

- 手动选择特征：可以使用专业知识选择或放弃某些特征。最大的缺点是无法实现自动化，而且需要求助于理解数据的人员。
- 单变量选择：相关系数就是一个例子。只考虑特征与目标之间相关性超过一定阈值的特征。其缺点是只能单独考虑单个特征。在线性模型考虑其他一些特征之前，有些特征可能不会显示出相关性。使用单变量选择方法就会漏掉这些特征。

（2）逐步选择法

- 正向选择：用一个特征拟合线性模型。对每个特征都执行类似操作。选择效果最好的模型（例如最高 R^2）。现在，对于其余特征，将每个特征添加到当前最佳模型中，拟合出不同的版本。选择效果最好的一个。重复操作，直到达到某个标准，例如模型中特征数最大。
- 反向选择：类似于正向选择。但不是添加特征，而是从包含所有特征的模型开始，尝试删除一个能最大提升性能的特征。重复此操作，直到达到某个停止标准。

推荐使用 Lasso，因为它可以实现自动化处理，同时考虑所有特征，并且可以通过 λ 进行控制。同样，Lasso 也适用于进行分类的逻辑回归模型。

4.1.8 优点

将预测结果建模为一个**加权和**，使得预测结果的生成更加透明。通过 Lasso，可以确保使用的特征数量较少。

许多人使用线性回归模型。这意味着在许多种情况下，线性回归模型都可以用于预测建模和推理。已有丰富的集体经验和专业知识，包括线性回归模型的教材和软件实现。线性回归可以在 R、Python、Java、Julia、Scala 和 JavaScript 等语言中找到。

在数学上，估算权重非常简单，**可以保证得到最佳权重**（前提是数据满足线性回归模型的所有假设）。

除了权重，还可以得到置信区间、检验和可靠的统计理论。线性回归模型还有很多扩展（可以参见 4.3 节）。

4.1.9 缺点

线性回归模型只能表示线性关系，即输入特征的加权和。**每个非线性或交互作用都必须人为创建**，并明确地作为输入特征提供给模型。

从预测性能角度来说，线性模型通常表现不佳，因为可以学习到的关系非常有限，通常将复杂的现实过于简单化。

权重的解释可能并**不直观**，它取决于所有其他特征。在线性模型中，与结果 y 和另一个特征高度正相关的特征可能会得到负权重，这是因为在给定另一个相关特征的条件下，它在高维空间中与 y 呈负相关关系。完全相关的特征甚至不可能为线性公式找到唯一解。举个例子：用一个模型预测房屋价格，同时还有一些特征，例如房间数量和房屋面积。房屋面积和房间数量呈高度相关：房屋面积越大，房间数量越多。如果将这两个特征都纳入线性模型，可能会出现这种情况：房屋面积是更好的预测器，并获得较大的正权重。房间数量最终可能会获得一个负权重，因为考虑到房屋面积相同，增加房间数量可能会降低它的价格，或者当相关性太强时，线性公式变得不稳定。

4.2 逻辑回归

逻辑回归建模分类问题有两种可能结果的概率，它是线性回归模型在分类问题上的扩展。

4.2.1 线性回归用于分类存在的问题

线性回归模型可以很好地用于回归，但不能用于分类。这是为什么呢？如果有两个类别，可以将其中一个类别标记为 0，另一个类别标记为 1，然后使用线性回归，如图 4-5 所示。

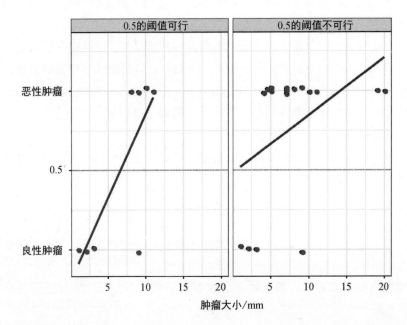

图 4-5　线性模型根据肿瘤的大小将其分为恶性肿瘤（1）或良性肿瘤（0）。线条表示线性模型的预测结果。对于左边的数据，可以使用 0.5 作为分类阈值。在引入更多的恶性肿瘤病例后，回归线发生了移动，0.5 的阈值不再能够区分类别。为减少过度绘图，各点略有变化

从技术上讲，这是可行的，而且大多数线性模型程序都会计算出权重。但这种方法存在一些问题：

- 线性模型并不输出概率，而是将类别视为数字（0 和 1），并拟合最佳超平面（对于单一特征来说，它指的是一条线），最小化点与超平面之间的距离。因此，它只是在各点之间进行插值，而不能将其解释为概率。
- 线性模型也会进行外推，并给出低于 0 和高于 1 的值。这是一个好迹象，说明可能有更好的分类方法。
- 由于预测的结果不是概率，而是点与点之间的线性插值，因此没有一个有意义的阈值可以区分一个类和另一个类。这个问题的示例可以参考 Stackoverflow。
- 线性模型无法扩展到多个类别的分类问题。必须用 2 标记下一个类别，然后是 3，依次类推。这些类别的顺序可能没有意义，但线性模型会对特征和类别预测之间的关系强制加一个约束。权重为正的特征值越高，它对标记编号更大的类别的预测所起的作用也就越大，即使相似编号的类别并不比其他类更接近也是如此。

4.2.2 理论

分类的一种解决方案是逻辑回归。逻辑回归模型不是拟合直线或超平面,而是使用逻辑函数将线性公式的输出值挤压到 0 和 1 之间。如图 4-6 所示的逻辑函数的定义如下:

$$\text{logistic}(\eta) = \frac{1}{1+\exp(-\eta)}$$

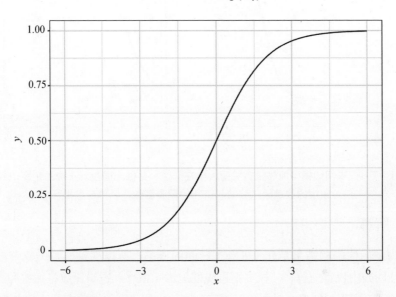

图 4-6 逻辑函数。它输出 0 和 1 之间的数字。当输入为 0 时,输出为 0.5

从线性回归到逻辑回归的步骤非常简单。在线性回归模型中,用一个线性公式来模拟结果与特征之间的关系:

$$\hat{y}^{(i)} = \beta_0 + \beta_1 x_1^{(i)} + \cdots + \beta_p x_p^{(i)}$$

对于分类,更倾向于 0 和 1 之间的概率,因此将公式的右边封装成逻辑函数。这样,输出结果就只能在 0 和 1 之间取值:

$$P(y^{(i)}=1) = \frac{1}{1+\exp(-(\beta_0 + \beta_1 x_1^{(i)} + \cdots + \beta_p x_p^{(i)}))}$$

如图 4-7 所示,再次回顾肿瘤大小的例子,但现在使用的不是线性回归模型,而是逻辑回归模型。

逻辑回归的分类效果更好,可以在两种情况下都使用 0.5 作为阈值。加入额外的点并不会真正影响估计曲线。

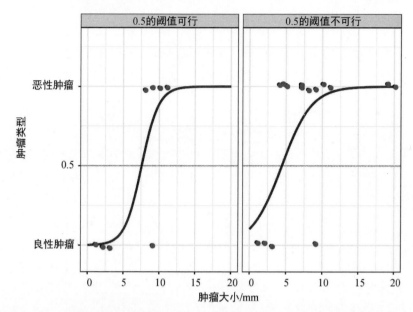

图 4-7　逻辑回归模型能够根据肿瘤大小在恶性和良性之间找到正确的判定边界。
图中的线是经过移动和挤压的逻辑函数，以拟合数据

4.2.3　解释

因为逻辑回归的结果是介于 0 和 1 之间的概率，所以逻辑回归中权重的解释不同于线性回归中权重的解释。权重不再线性地影响概率。逻辑函数将加权和转换为概率。因此，为了得到解释，需要重新制定公式，以便只有线性项在公式的右边：

$$\ln\left(\frac{P(y=1)}{1-P(y=1)}\right) = \log\left(\frac{P(y=1)}{P(y=0)}\right) = \beta_0 + \beta_1 x_1 + \cdots + \beta_p x_p$$

将 $\ln()$ 函数中的项称为"几率"（发生事件的概率除以未发生事件的概率），用对数封装后称为对数几率。

这个公式表明，逻辑回归模型是对数几率的线性模型。这似乎没有说明太多信息。现在只要稍微调整一下项，就可以知道当一个特征 x_j 变化 1 个单位时，预测结果会发生怎样的变化。为此，可以首先对公式两边应用 $\exp()$ 函数：

$$\frac{P(y=1)}{1-P(y=1)} = \text{odds} = \exp(\beta_0 + \beta_1 x_1 + \cdots + \beta_p x_p)$$

然后，比较将其中一个特征值增加 1 时的结果。但不关注差异，重点是两个预测的比率：

$$\frac{\text{odds}_{x_j+1}}{\text{odds}} = \frac{\exp(\beta_0 + \beta_1 x_1 + \cdots + \beta_j(x_j+1) + \cdots + \beta_p x_p)}{\exp(\beta_0 + \beta_1 x_1 + \cdots + \beta_j x_j + \cdots + \beta_p x_p)}$$

采用以下规则：

$$\frac{\exp(a)}{\exp(b)} = \exp(a-b)$$

删除了一些项：

$$\frac{\text{odds}_{x_j+1}}{\text{odds}} = \exp(\beta_j(x_j+1) - \beta_j x_j) = \exp(\beta_j)$$

最后，得到了一个简单的结果，即特征权重的 exp()。特征值每改变一个单位，几率比（乘法）就会改变 $\exp(\beta_j)$ 倍。也可以这样解释：x_i 每增加一个单位，对数几率比就会增加相应的权重值。大多数人解释几率比率，是因为思考某事物的 ln() 对大脑的负担太重。而且解释几率比率也不是易事。例如，如果几率为 2，这意味着 $y = 1$ 的几率是 $y = 0$ 的两倍。如果权重（对数几率比）为 0.7，那么相应特征每增加一个单位，几率乘以 exp(0.7)（约为 2），几率变为 4。但通常不用处理几率，只将权重解释为几率比率。因为实际在计算几率时，需要为每个特征设置一个值，而这只有在想查看数据集的一个特定实例时才有意义。

以下是不同特征类型的逻辑回归模型的解释：

- 数字特征：如果将特征 x_i 的值增加一个单位，估计几率改变 $\exp(\beta_j)$ 倍。
- 二元分类特征：特征的两个值中有一个是参考类别（在某些语言中，以 0 编码）。将特征 x_i 从参考类别变为另一类别，估计几率将改变 $\exp(\beta_j)$ 倍。
- 具有多个类别的分类特征：处理多个类别的一种解决方案是独热编码，即每个类别都有自己的列。对于有 L 个类别的分类特征，只需要 $L-1$ 列，否则参数过多。第 L 个类别是参考类别。可以使用任何其他可用于线性回归的编码。每个类别的解释等同于二元特征的解释。
- 截距 β_0：当所有数字特征为零且分类特征为参考类别时，估计的几率为 $\exp(\beta_0)$。截距权重的解释通常与此无关。

4.2.4　示例

根据一些风险因素使用逻辑回归模型预测宫颈癌。表 4-6 列出了估计权重、相关的几率比率和估计值的标准差。

表 4-6　宫颈癌数据集的逻辑回归模型拟合结果

特　征	权　重	几率比率	标　准　差
截距	−2.91	0.05	0.32
是否服用激素避孕药	−0.12	0.89	0.30
是否吸烟	0.26	1.30	0.37

（续表）

特　　征	权　　重	几　率　比　率	标　准　差
妊娠次数	0.04	1.04	0.10
STD不可知次数	0.82	2.27	0.33
是否有IUD	0.62	1.86	0.40

数字特征的解释：在其他特征不变的情况下，确诊性传播疾病（Sexually Transmitted Disease，STD）数量的增加会使"患癌症比未患癌症"的几率变化（增加）2.27 倍。请记住，相关性并不意味着因果关系。

分类特征（*y/n*）的解释为：在其他特征保持不变的情况下，与未服用激素避孕药的女性相比，服用激素避孕药的女性"患癌症比未患癌症"的几率要低 0.89 倍。

与线性模型一样，解释总是附带"所有其他特征保持不变"这一条件。

4.2.5　优点和缺点

线性回归模型的许多优点和缺点同样适用于逻辑回归模型。逻辑回归已被很多人广泛使用，但其表达能力有限（例如，必须手动添加交互作用），而其他模型可能具有更好的预测性能。

逻辑回归模型的另一个缺点是解释比较困难，因为权重的解释是乘法而不是加法。

逻辑回归可能存在完全分离的问题。如果有一个特征可以将两个类别**完全分开**，那么逻辑回归模型无法再训练。这是因为该特征的权重不会收敛，因为最佳权重是无限的。这确实有点遗憾，因为这样的特征确实很有用。但是，如果有一个简单的规则可以将两个类别分开，就不需要机器学习了。可以通过引入权重惩罚或定义权重的先验概率分布，从而解决完全分离的问题。

好处是，逻辑回归模型不仅是一个分类模型，还能给出概率。与只能提供最终分类的模型相比，这是一个很大的优势。知道一个实例属于某个分类概率是 99%，而不是 51%，会有很大的不同。

逻辑回归也可以从二元分类扩展到多类分类，这就是所谓的多项式回归。

4.2.6　软件

在所有示例中都使用了 R 语言中的 glm 函数。读者可以在任何可用于数据分析的编程语言（如 Python、Java、Stata、Matlab 等）中找到逻辑回归。

4.3　广义线性模型、广义加性模型及其他

线性回归模型的预测建模为特征的加权和，这是它最大优势和最大劣势。此外，线性模型还带有许多其他假设。坏消息是（其实也不算是坏消息），所有这些假设通常与现实情况不符：给定特征的结果可能具有非高斯分布，特征可能交互作用，特征与结果之间的关系可能是非线性的。好在统计学界已经为此进行了各种修改，线性回归模型已经完成了进化。

本章并未对扩展线性模型深入探讨，仅概述了广义线性模型（Generalized Linear Model，GLM）和广义加性模型（Generalized Additive Model，GAM）等扩展模型，旨在为读者提供一些直观感受。阅读之后，读者可以初步了解如何扩展线性模型。如果想先详细了解线性回归模型，建议阅读 4.1 节。

记住线性回归模型的公式：

$$y = \beta_0 + \beta_1 x_1 + \cdots + \beta_p x_p + \epsilon$$

线性回归模型假设，一个实例的结果 y 可以用其 p 个特征的加权和来表示，每个特征的误差 ϵ 遵循高斯分布。通过将数据强行纳入这个公式，可以获得很多模型的可解释性。特征效应是可加性的，这意味着不存在交互作用，而且关系是线性的，这意味着特征增加一个单位可以直接转化为预测结果的增加或减少。线性模型将特征与期望预测之间的关系压缩成一个数字，即估计权重。

但是，对于现实世界中的许多预测问题来说，简单的加权和限制性太大。本章将介绍经典线性回归模型的三个问题以及解决方法。还有许多问题可能具有与现实不符的假设，但我们将重点讨论图 4-8 中的三个问题。

所有这些问题都有解：

（1）**问题**：给定特征的目标结果 y 并非遵循高斯分布。

示例：假设要预测我在某天骑自行车的时间（分钟）。给定的特征有：这一天的类型、天气情况等。如果使用线性模型，可能会预测出负的时间，因为它假设高斯分布，高斯分布不会在 0 分钟时停止。另外，如果想用线性模型预测概率，可能会得到负概率或大于 1 的概率。

解决方案：使用广义线性模型。

（2）**问题**：特征交互。

示例：通常情况下，小雨会降低我骑自行车的欲望。但在夏天的通勤高峰期，我很期盼下雨，因为这样一来，所有只喜欢在天气好的时候骑自行车的人都会待在家里，我就可以独享自行车道了！这种时间和天气之间的交互作用无法用纯粹的可加模

型获取到。

　　解决方案：手动添加交互作用。

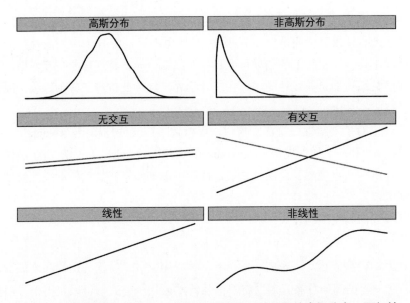

图 4-8　线性模型的三个假设（左侧）：给定特征的结果的高斯分布、可加性
（无交互作用）和线性关系。这些假设通常与现实（右侧）不符：结果可能是
非高斯分布、特征可能有交互作用、关系可能是非线性的

　　（3）问题：特征和 y 之间的真实关系不是线性的。

　　示例：在 0 ～ 25℃，温度对我骑车欲望的影响可能是线性的，这意味着温度从
0℃上升到 1℃与温度从 20℃上升到 21℃对骑车欲望的影响是一样的。但在温度较高
时，我骑车的动力就会趋于平稳，甚至减少——我不喜欢在天气太热的时候骑车。

　　解决方案：使用广义加性模型，特征转换。

　　本章将介绍这三个问题的解决方案，省略了线性模型的进一步扩展。试图在这里
涵盖所有内容是徒劳和无益的，这个主题在其他很多书中都已经有所涉及。不过，我
仍然简要概述了线性模型扩展的问题与解决方案，详见本章末尾。解决方案的名称可
用于搜索。

4.3.1　非高斯结果——广义线性模型

　　线性回归模型假设输入特征的结果服从高斯分布。这一假设排除了许多情况：结
果也可以是一个类别（患癌 / 健康）、一个计数（孩子的数量）、事件发生的时间（机器
发生故障的时间）或只有少数非常高值的扭曲结果（家庭收入）。可以扩展线性回归模
型以建模所有这些类型的结果，这种扩展称为广义线性模型。本章将用广义线性模型

来表示一般框架及该框架中的特定模型。任何广义线性模型的核心概念都是：保留特征的加权和，但允许非高斯结果分布，并通过一个可能非线性的函数将该分布的期望平均值与加权和连接起来。例如，逻辑回归模型假设结果服从伯努利分布，并使用逻辑函数将预期平均值与加权和联系起来。

通过链接函数 g，广义线性模型对特征的加权和与假设分布的平均值进行数学意义上的链接，链接函数 g 可根据结果类型自由选择：

$$g(E_Y(y \mid x)) = \beta_0 + \beta_1 x_1 + \cdots + \beta_p x_p$$

式中，广义线性模型由三个部分组成：链接函数 g、加权和 $x^{\mathrm{T}}\boldsymbol{\beta}$（有时称为线性预测器）及定义 E_Y 的指数族概率分布。

指数族是一组可以用相同（参数化）公式构成的分布，其中包括指数、分布的平均值和方差以及一些其他参数。在此不会深入探讨数学细节，因为该主题涵盖较多的内容。维基百科上有一份完备的指数族分布列表，读者可以为自己的广义线性模型选择该列表中的任何分布。根据想要预测的结果类型，选择一个合适的分布。如果结果是某一事物的计数（如家庭中儿童的数量），那么泊松分布可能是个不错的选择。如果结果总是正数（如两个事件之间的时间间隔），那么指数分布是一个不错的选择。

经典线性模型被视为广义线性模型的特例。在经典线性模型中，高斯分布的链接函数就是恒等函数。高斯分布的参数是平均值和方差参数。平均值描述了所期望的平均值，方差描述了围绕该平均值的数值变化程度。在线性模型中，链接函数将特征的加权和与高斯分布的平均值联系起来。

在广义线性模型框架下，这一概念可以推广到任何分布（来自指数族）和任意链接函数。如果 y 是一个计数，例如某人在某天喝了多少杯咖啡，那么可以使用泊松分布的广义线性模型，并将自然对数作为链接函数对 y 进行建模：

$$\ln(E_Y(y \mid x)) = x^{\mathrm{T}}\boldsymbol{\beta}$$

逻辑回归模型也是一种假设伯努利分布并使用对数函数作为链接函数的广义线性模型。逻辑回归中使用的二项式分布的平均值是 y 为 1 的概率：

$$x^{\mathrm{T}}\boldsymbol{\beta} = \ln\left(\frac{E_Y(y \mid x)}{1 - E_Y(y \mid x)}\right) = \ln\left(\frac{P(y = 1 \mid x)}{1 - P(y = 1 \mid x)}\right)$$

如果求解这个公式，使一边为 $P(y = 1)$，就得到了逻辑回归公式：

$$P(y = 1) = \frac{1}{1 + \exp(-x^{\mathrm{T}}\boldsymbol{\beta})}$$

指数族中的每种分布都有一个典型的链接函数，该函数可以通过数学方法从分布中推导出来。通过广义线性模型框架，可以独立于分布选择链接函数。如何选择正确的链接函数？没有完美的秘诀。不仅要考虑目标分布，还要考虑理论因素以及模型与实际数据的拟合程度。对于某些分布，典型链接函数可能会得出对该分布无效的值。就指数分布而言，典型链接函数是负倒数，这可能导致超出指数分布范围的负预测值。既然可以选择任何链接函数，简单的解决方案就是选择另一个符合分布域的函数。

1．示例

本书模拟了一个关于喝咖啡行为的数据集，以突出广义线性模型的必要性。假设收集了有关你每天喝咖啡行为的数据。如果你不喜欢喝咖啡，那就替换为茶。除了咖啡杯数，还记录了你当前的压力水平（1 ～ 10 分）、前一晚的睡眠质量（1 ～ 10 分）以及当天是 / 否工作。目标是根据压力、睡眠和工作特征来预测喝咖啡的数量。我们模拟了 200 天的数据，压力水平和睡眠质量在 1 ～ 10 均匀分布，是 / 否工作的概率为 50/50（多么美好的生活啊！）。然后，从泊松分布中获取每天的咖啡数量，将强度 λ（这也是泊松分布的期望值）建模为睡眠、压力和工作特征的函数。可以猜到这个故事的结局：“嘿，用线性模型对这些数据进行建模……哦，这行不通……让我们试试带有泊松分布的广义线性模型……想不到吧！现在成功了！”希望这不会影响你的解题兴致。

来看看目标变量——某天喝咖啡的数量（如图 4-9 所示）的分布情况。

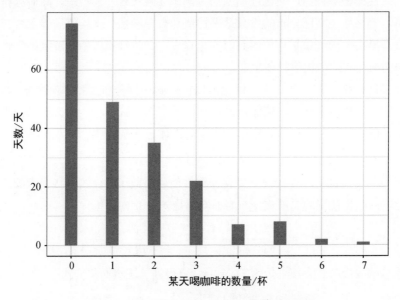

图 4-9　200 天内每天喝咖啡数量的模拟分布

在这 200 天中，你有 76 天没有喝咖啡。而在最极端的一天，你喝了 7 杯咖啡。使用一个线性模型，简单以睡眠质量、压力水平和是 / 否工作为特征来预测喝咖啡的数量。如果错误地假设数据服从高斯分布，会出现什么问题呢？错误的假设会使估计值失效，尤其是权重的置信区间。更明显的问题是，预测结果与真实结果的"允许"域不匹配，如图 4-10 所示。

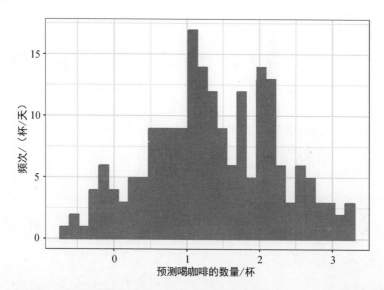

图 4-10　预测喝咖啡的数量取决于压力水平、睡眠质量和是 / 否工作。线性模型预测值为负

　　线性模型没有意义，因为它预测的咖啡数量为负值。这个问题可以通过广义线性模型来解决。可以改变链接函数和假设分布。其中一种方法是保留高斯分布，并使用一个总是能预测正值的链接函数，如对数链接函数（其反函数为指数函数），而不是恒等函数。更好的方法是：选择一个与数据生成过程相对应的分布和一个合适的链接函数。由于结果是一个计数，所以自然选择泊松分布，并用对数作为链接函数。在本例中，数据甚至是用泊松分布生成的，因此泊松广义线性模型是最佳选择。拟合的泊松广义线性模型得出如图 4-11 所示的预测值分布，没有负的咖啡数量，现在看起来好多了。

2. 解释广义线性模型权重

　　假设的分布和链接函数决定了如何解释估计的特征权重。在咖啡数量示例中，使用了带有泊松分布和对数链接的广义线性模型，这意味着期望预测与压力水平（str）、睡眠质量（slp）和是 / 否工作（wrk）特征之间存在以下关系

$$\ln(E(\text{coffee} \mid \text{str}, \text{slp}, \text{wrk})) = \beta_0 + \beta_{\text{str}} x_{\text{str}} + \beta_{\text{slp}} x_{\text{slp}} + \beta_{\text{wrk}} x_{\text{wrk}}$$

为了解释权重，对链接函数求逆，这样就可以解释特征对期望预测的影响，而不是对期望预测对数的影响

$$E(\text{coffee} \mid \text{str}, \text{slp}, \text{wrk}) = \exp(\beta_0 + \beta_{\text{str}} x_{\text{str}} + \beta_{\text{slp}} x_{\text{slp}} + \beta_{\text{wrk}} x_{\text{wrk}})$$

由于所有权重都在指数函数中，因此特征影响的解释不是加法，而是乘法，因为

$\exp(a+b)$ 是 $\exp(a)$ 乘以 $\exp(b)$。最后一个解释要素是示例的实际权重。表 4-7 列出了估计权重和 exp（权重）及 95% 的置信区间。

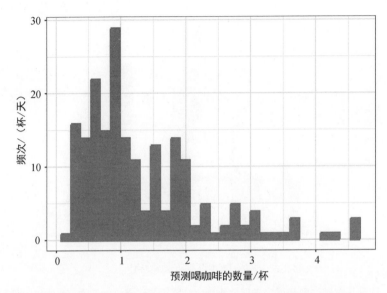

图 4-11　预测喝咖啡的数量取决于压力水平、睡眠质量和是 / 否工作日。
带有泊松假设和对数链接的广义线性模型是适合该数据集的模型

表 4-7　泊松分布模型中的权重

特　征	权　重	exp（权重）	[2.5%,97.5%]
截距	−0.16	0.85	[0.54,1.32]
压力水平	0.12	1.12	[1.07,1.18]
睡眠质量	−0.15	0.86	[0.82,0.90]
是/否为工作日（是）	0.80	2.23	[1.72,2.93]

　　压力水平每增加一个单位，预测喝咖啡的数量就会增加 1.12 倍。睡眠质量每提高一个单位，数量就会增加 0.86 倍。工作日的预测喝咖啡的数量平均是休息日的 2.23 倍。总之，压力越大、睡眠越少、工作越多，喝咖啡的数量就越多。

　　本节介绍广义线性模型的一些知识，当目标不服从高斯分布时，广义线性模型非常有用。接下来，将了解如何将两个特征之间的交互作用整合到线性回归模型中。

4.3.2　交互作用

　　线性回归模型假设一个特征的影响是相同的，与其他特征的值无关（无交互作用）。但数据中往往存在交互作用。在预测自行车租赁数量时，温度与是否为工作日之间可能存在交互作用。也许当人们必须工作时，温度对租赁自行车的数量影响不大，因为无论发生什么情况，人们都会骑着租赁的自行车去上班。在休息日，很多人会骑车游玩，但前提是天气足够暖和。因此，说到租赁自行车，会想到温度和是否为工作日之间存在交互作用。

如何使线性模型包含交互作用？在拟合线性模型之前，先在特征矩阵中添加一列，表示特征之间的交互作用，然后照常拟合模型。从某种程度上来说，这种解决方案非常合适，因为它不需要改变线性模型，只需要在数据中增加一列。在工作日和温度的例子中，将添加一个新特征，假设工作日为参考类别的条件下，该特征在非工作日为零，否则就具有温度特征的值，如表 4-8 所示。

表 4-8　"是否为工作日"和"天气情况"特征示例

是否为工作日	天气情况	是否为工作日	天气情况
是	25	否	30
否	12	是	5

线性模型使用的数据矩阵略有不同。表 4-9 显示了在不指定任何交互作用的情况下为模型准备的数据。在通常情况下，这种转换由统计软件自动完成。

表 4-9　线性模型仅考虑"是否为工作日"和"温度"特征

截　距	是否为工作日	温　度
1	1	25
1	0	12
1	0	30
1	1	5

表中，第一列是截距项；第二列表示分类特征，0 表示参考类别，1 表示其他类别；第三列表示温度。

如果希望线性模型考虑温度与工作日特征之间的交互作用，则必须添加一列交互作用项，如表 4-10 所示。

表 4-10　线性模型考虑"是否为工作日"和"温度"特征及交互作用

截距	是否为工作日	温度	工作日.温度
1	1	25	25
1	0	12	0
1	0	30	0
1	1	5	5

新增列"工作日 . 温度"获取工作日和温度特征之间的交互作用。如果某个实例的工作日特征属于参考类别（"N"表示非工作日），则这一新特征列的值为零；否则，该列的值为实例的温度特征值。有了这种编码方式，线性模型就可以学习到两种情况下的温度的不同线性影响。这就是两个特征之间的交互效应。在没有交互项的情况下，分类特征和数字特征的综合效应可以用一条针对不同类别垂直移动的线来描述。如果加入交互项，数字特征的影响（斜率）在每个类别中就会有不同的值。

两个分类特征的交互作用与此类似，创建了代表类别组合的附加特征。表 4-11 显示一些包含工作日和天气特征的人工数据。

表 4-11 "是否为工作日"和"天气情况"

是否为工作日	天气情况	是否为工作日	天气情况
是	2	否	1
否	0	是	2

接下来加入交互项，如表 4-12 所示。

表 4-12 "是否为工作日"和天气特征及交互示例

截距	是否为工作日	雾	雨/雪/暴风雪	工作日.雾	工作日.雨/雪/暴风雨
1	1	0	1	0	1
1	0	0	0	0	0
1	0	1	0	0	0
1	1	0	1	0	1

第一列用于估计截距；第二列是编码的工作日特征；第三列和第四列是天气特征，这需要两列，因为需要两个权重来获取三个类别的影响，其中一个是参考类别；其余各列反映的是交互作用。对于两个特征的每个类别（参考类别除外），创建一个新的特征列，如果两个特征都属于某个类别，则该列为 1，否则为 0。

对于两个数字特征，交互作用列更容易构造：只需将两个数字特征相乘即可。

有一些方法可以自动检测和添加交互项。其中一种可见 4.6 节。RuleFit 算法首先挖掘交互项，然后估计包含交互项的线性回归模型。

回顾在 4.1 节中已经建模过的自行车租赁预测任务。此处额外考虑了温度和工作日特征之间的交互作用。这将产生表 4-13 所示估计的权重和置信区间。

表 4-13　线性模型考虑交互作用时的权重和置信区间

特　　征	权　　重	标　准　差	2.5%	97.5%
截距	2185.8	250.2	1694.6	2677.1
季节（春季）	893.8	121.8	654.7	1132.9
季节（夏季）	137.1	161.0	−179.0	453.2
季节（秋季）	426.5	110.3	209.9	643.2
是否为假期（是）	−674.4	202.5	−1071.9	−276.9
是否为工作日（是）	451.9	141.7	173.7	730.1
天气情况（雾）	−382.1	87.2	−553.3	−211.0
天气情况（雨 / 雪 / 暴风雪）	−1898.2	222.7	−2335.4	−1461.0
温度	125.4	8.9	108.0	142.9
相对湿度	−17.5	3.2	−23.7	−11.3
风速	−42.1	6.9	−55.5	−28.6
天数	4.9	0.2	4.6	5.3
工作日.温度	−21.8	8.1	−37.7	−5.9

顺便说一下，这些数据并不是独立同分布的，因为任意相接近的两天并不是相互独立的。置信区间可能会产生误导，请谨慎对待。交互项改变了对相关特征权重的解释。如果是工作日，温度是否会产生负面影响？答案是否定的，不同于表格向未经训练的用户所暗示的。不能单独解释"工作日.温度"交互权重，因为这样的解释将是"在其他特征值不变的情况下，增加温度对工作日的交互影响会减少预测的自行车数量"。但是，交互效应只是增加了温度的主效应。假设今天是工作日，想知道如果今天的气温升高 1℃会发生什么情况。那么需要将"温度"和"工作日.温度"的权重相加，以确定估计值增加了多少。

从视觉上更容易理解交互。通过在分类特征和数字特征之间引入交互项，可以得到两个温度斜率，而不是一个。人们不必工作的日子（"非工作日"）的温度斜率可以直接从表中读出（125.4）。人们必须工作的日子（"工作日"）的温度斜率是两个温度权重的总和（125.4 − 21.8 = 103.6）。温度等于 0 时"非工作日"线的截距由线性模型的截距项（2185.8）决定。在温度等于 0 时，"工作日"线的截距由截距项 + 工作日的影响决定（2185.8 + 451.9 = 2637.7）。

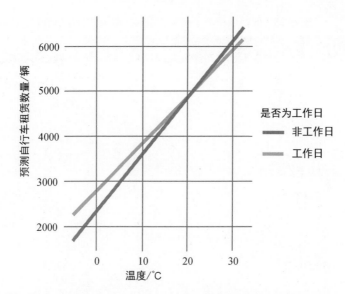

图 4-12　在线性模型中，温度和是否为工作日对预测自行车租赁数量的影响（包括交互作用）。
实际上得到了温度的两个斜率，工作日特征的每个类别都有一个斜率

4.3.3　非线性效应——广义加性模型

世界并不是线性的。线性模型中的线性指的是，无论某个实例在特定特征中的值是多少，增加一个单位的值总是会对预测结果产生相同的影响。假设温度在 10℃时增加 1℃，与温度在 40℃时增加 1℃，对自行车租赁数量的影响相同，这合理吗？直觉上，会认为温度从 10℃升高到 11℃会对自行车租赁产生积极影响，而从 40℃升高到 41℃则会产生消极影响。对于本书中的许多其他例子也是如此。温度特征对自行车租赁数量有线性的正向影响，但在某些时候会趋于平缓，甚至在高温时会产生负向影响。线性模型并不关心这些，它会通过最小化欧几里得距离尽力地找到最佳的线性平面。

可以使用以下技术之一建立非线性关系模型：

- 特征的简单转换（如对数）；
- 特征分类；
- 广义加性模型。

在详细介绍每种方法之前，先通过一个例子来认识这三种方法。利用自行车租赁数据集，仅使用温度特征训练了一个线性模型来预测自行车租赁数量。下面显示了标准线性模型、对温度进行对数转换的线性模型、将温度作为分类特征的线性模型以及使用回归样条曲线（GAM）的线性模型时的估计斜率，如图 4-13 所示。

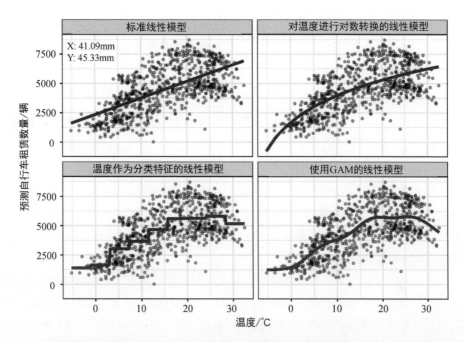

图 4-13 仅使用温度特征预测自行车租赁数量。普通的标准线性模型（左上）不能很好地拟合数据。一种解决方法是用对数（右上）转换特征、对其进行分类（左下）(这通常是个错误的决定)，或者使用广义加性模型，该模型可以自动拟合出一条平滑的温度曲线（右下）

1．特征转换

通常使用特征的对数作为转换形式。使用对数表示温度每上升 10 倍对自行车数量的线性影响相同，因此从 1℃ 变为 10℃ 与从 0.1℃ 变为 1℃ 的效果相同（听起来不对）。特征转换的其他例子还有平方根、平方函数和指数函数。使用特征转换意味着用特征的函数（如对数）替换数据中该特征的列，然后照常拟合线性模型。有些统计程序还允许在调用线性模型时指定转换。在转换特征时，可以发挥创造性。特征的解释会根据所选的转换而改变。如果使用对数转换，线性模型中的解释就会变成"如果特征的对数增加 1，预测结果就会增加相应的权重"。如果使用的是广义线性模型，其链接函数不是恒等函数，解释就会变得更加复杂，因为必须将两种转换都纳入解释中（除非它们相互抵消，如 log 和 exp，解释就会变得更容易）。

2．特征分类

实现非线性效应的另一种方法是将特征离散化，将其转化为分类特征。例如，可以将温度特征划分为 20 个区间，分别为 [-10，-5)、[-5，0)……依次类推。当使用分类温度而不是连续温度时，线性模型将估算出一个阶跃函数，因为每个区间都有自己的估算值。这种方法的问题在于需要更多的数据，更有可能出现过拟合，而且还不清楚如何对特征进行有意义的离散化（等距区间还是量化区间？多少个区间？）只有在有充分理由的情况下，才会使用离散化方法。例如，为了使模型与其他研究具有可比性。

3. 广义加性模型

为什么不"简单地"让（广义）线性模型学习非线性关系呢？广义加性模型不再限制关系必须是一个简单加权和，而是假设可以用每个特征的任意函数之和来建模。从数学角度看，广义线性模型的关系如下：

$$g(E_Y(y \mid x)) = \beta_0 + f_1(x_1) + f_2(x_2) + \cdots + f_p(x_p)$$

该公式类似于广义线性模型公式，不同之处在于，线性项 $\beta_j x_j$ 被一个更灵活的函数 $f_j(x_j)$ 取代。广义加性模型的核心仍然是特征效应的总和，但可以选择允许某些特征与输出之间存在非线性关系。线性效应也包含在该框架中，因为对于线性处理特征，可以将其 $f_j(x_j)$ 限制为 $x_j\beta_j$ 的形式。

最大的问题是如何学习非线性函数。答案就是"样条函数"（spline function）。样条函数是由较简单的基函数构成的函数，可用于近似其他更复杂的函数。这有点像用乐高积木堆砌出更复杂的东西。定义这些样条函数的方法多种多样，令人眼花缭乱。你可以自行了解更多定义基函数的方法。本书在此不作详细讨论，只想建立一种概念。理解样条曲线最有效的方法是将各个基函数可视化，并研究如何修改数据矩阵。例如，要使用样条函数建立温度模型，需要从数据中移除温度特征，然后用 4 列数据取而代之，每列代表一个样条函数。通常会有更多的样条函数，此处为便于说明，减少了数量。这些新的样条基特征的每个实例的值取决于实例的温度值。除了所有的线性效应，广义加性模型还会估算这些样条线权重。广义加性模型还为权重引入了一个惩罚项，以保持权重接近于零。这有效地降低了样条曲线的灵活性，减少了过拟合。然后通过交叉验证来调整平滑度参数，该参数通常用于控制曲线的灵活性。忽略惩罚项，使用样条曲线进行非线性建模就是花哨的特征工程。

在使用广义加性模型预测自行车租赁数量的示例中，只使用了温度，如表 4-14 所示。

表 4-14　样条函数的值矩阵

截　　距	样条.1	样条.2	样条.3	样条.4
1	0.93	−0.14	0.21	−0.83
1	0.83	−0.27	0.27	−0.72
1	1.32	0.71	−0.39	−1.63
1	1.32	0.70	−0.38	−1.61
1	1.29	0.58	−0.26	−1.47
1	1.32	0.68	−0.36	−1.59

每行代表数据中的一个单独实例（一天）。每列样条函数包含特定温度值下的样条函数值。图 4-14 显示了这些样条函数的外观。

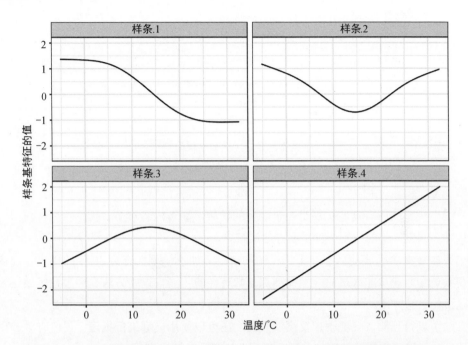

图 4-14　为了平滑模拟温度效应，使用了 4 个样条函数。每个温度值映射到（此处）4 个样条基特征值。如果一个实例的温度为 30℃，则第一个样条基特征值为 −1，第二个为 0.7，第三个为 −0.8，第四个为 1.7

如表 4-15 所示，广义加性模型为每个温度样条基特征分配权重。

表 4-15　样条函数的权重

特　　征	权　　重
截距	4504.35
样条.1	−989.34
样条.2	740.08
样条.3	2309.84
样条.4	558.27

实际的样条曲线是由估计权重加权得到的样条函数之和，如图 4-15 所示。

要解释平滑效应，需要对拟合曲线进行直观检查。样条曲线通常以平均预测值为中心，因此曲线上的一个点就是与平均预测值的差值。例如，在 0℃时，预测的自行车数量比平均预测值低 3000 辆。

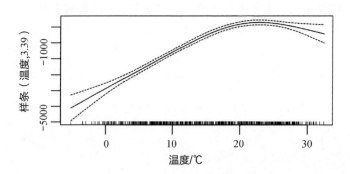

图 4-15　温度对预测自行车租赁数量的广义加性模型特征效应（温度为唯一特征）

4.3.4　优点

线性模型的所有这些扩展是一个庞大的领域，涵盖内容较多。无论在线性模型中遇到什么问题，**都能找到一种扩展方法来解决**。

大多数方法已经使用了几十年，例如，广义加性模型已有近 30 年的历史。许多研究人员和行业从业人员对线性模型都非常**有经验**，而且**这些方法在许多社区被认为是建模的首选方法**。

除了进行预测，只要不违反模型假设，还可以使用模型**进行推理**，得出有关数据的结论。可以得到权重的置信区间、显著性检验和预测区间等。

统计软件通常都有非常好的界面来拟合广义线性模型、广义加性模型等特殊的线性模型。

许多机器学习模型的不透明性在于：1）缺乏稀疏性，这意味着使用了许多特征；2）以非线性方式处理特征，这意味着需要不止一个权重来描述效果；3）特征间交互作用的建模。通常假设线性模型具有很好的可解释性，但这点往往与实际情况不符。本章描述的扩展提供了一种很好的方法，可以在保留部分可解释性的同时，**实现向更灵活的模型平稳过渡**。

4.3.5　缺点

如上所述，线性模型自成体系，这是其优势。**但扩展简单线性模型的方法之多，**会让初学者应接不暇。实际上，有多个平行宇宙，因为许多研究人员和从业人员都对方法单独命名，而这些方法的作用大致相同，这可能会非常令人困惑。

对线性模型的大多数修改都会**降低模型的可解释性**。在广义线性模型中，任何非恒等函数的链接函数都会使解释更复杂；交互作用也会使解释更复杂；非线性特征效应要么不那么直观（如对数变换），要么不能再用一个数字来概括（如样条函数）。

广义线性模型、广义加性模型等**依赖于对数据生成过程的假设**。如果违反了这些假设，则权重的解释就不再有效。

在很多种情况下，随机森林或梯度树提升等基于树的集成方法性能要优于最复杂的线性模型。这是我的经验之谈，也是通过观察 kaggle.com 等平台上的获奖模型所得出的结论。

4.3.6　软件

本章所有示例均使用 R 语言创建。对于广义加性模型，使用了 gam 软件包，但还有许多其他软件包。R 语言拥有数量惊人的软件包来扩展线性回归模型。R 语言是任何其他分析语言所无法比拟的，它拥有线性回归模型扩展的所有可以想象的扩展。可以在 Python 中找到广义加性模型等的实现（如 pyGAM[①]），但这些实现并不成熟。

4.3.7　进一步扩展

按照约定，此处列出了在使用线性模型时可能会遇到的问题，以及该问题的解决方案名称，便于将其复制到搜索引擎中。

（1）**问题**：数据违反了独立同分布的假设。

例如，对同一患者进行重复测量。

解决方案：混合模型或广义估计方程（Generalized Estimating Equation，GEE）。

（2）**问题**：模型存在异方差误差。

例如，在预测房屋价格时，昂贵房屋的模型误差通常较大，这违反了线性模型的同方差性。

解决方案：稳健回归。

（3）**问题**：模型严重受到异常值的影响。

解决方案：稳健回归。

（4）**问题**：预测事件发生的时间。

事件发生时间的数据通常带有删减测量，这意味着在某些情况下没有足够的时间来观察事件。例如，一家公司想要预测制冰机的故障，但只有两年的数据。有些机器在两年后仍完好无损，但以后可能会出现故障。

解决方案：参数生存模型、Cox 回归和生存分析。

（5）**问题**：需要预测的结果是一个类别。

解决方案：如果结果有两个类别，则使用逻辑回归模型，该模型可模拟类别的概率。如果有更多的类别，请搜索多项式回归。逻辑回归和多项式回归都是广义加性模型。

---

① 在 GitHub 中搜索"dswah/pyGAM"。

（6）**问题**：预测有序类别。

例如学校成绩。

解决方案：比例几率模型。

（7）**问题**：结果是一个计数，如家庭中孩子的数量。

解决方案：泊松回归，泊松模型也是一种广义线性模型。

（8）**问题**：频繁遇到计数值为 0 的情况。

解决方案：零膨胀泊松回归、栅栏模型。

（9）**问题**：不确定模型中需要包含哪些特征才能得出正确的因果结论。

例如，想知道一种药物对血压的影响。该药物会直接影响某个血液值，而该血液值会影响结果。是否应该将血液值纳入回归模型？

解决方案：因果推理、中介分析。

（10）**问题**：有缺失数据。

解决方案：多重估算。

（11）**问题**：想将先验知识纳入模型。

解决方案：贝叶斯。

（12）**问题**：最近情绪有点低落。

解决方案：搜索 "Amazon Alexa Gone Wild!!!" 完整版。

4.4 决策树

当特征与结果之间存在非线性关系或特征之间存在交互作用时，线性回归和逻辑回归模型就会失效。这就是决策树的用武之地。基于树的模型会根据特征中的某些临界值对数据进行多次划分。通过划分，数据集会形成不同的子集，每个实例都属于一个子集。最终子集称为终端节点或叶节点，中间子集称为内部节点或划分节点，如图 4-16 所示。为了预测每个叶节点的结果，使用该节点中训练数据的平均结果。树模型可以用于分类和回归。

有多种算法可以生成树，它们在树的可能结构（如每个节点的划分数）、如何找到划分的标准、何时停止划分以及如何估计叶节点内的简单模型等方面存在差异。分类与回归树（Classification and Regression Tree，CART）算法可能是非常流行的树归纳算法。我们将重点讨论 CART，但对其他大多数的树类型的解释都是相似的。推荐阅读 *The Elements of Statistical Learning* [16] 一书，以了解有关 CART 更详细的介绍。

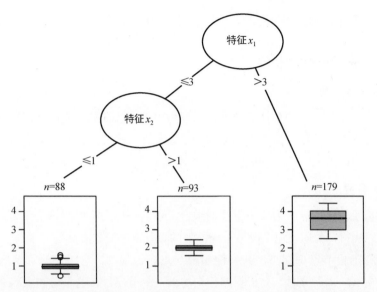

图 4-16 使用人工数据的决策树。特征 x_1 的值大于 3 的实例最终会进入节点 5。
所有其他实例根据特征 x_2 的值是否超过 1 被分配到节点 3 或节点 4

下面的公式描述了结果 y 与特征 x 之间的关系。

$$\hat{y} = \hat{f}(x) = \sum_{m=1}^{M} c_m I\{x \in R_m\}$$

每个实例正好属于一个叶节点（子集 R_m）。$I\{x \in R_m\}$ 是恒等函数，如果 x 位于子集 R_m 中，则返回 1，否则返回 0。若一个实例落入叶节点 R_l，则预测结果为 $\hat{y} = c_l$，其中 c_l 是叶节点 R_l 中所有训练实例的平均值。

但是子集从何而来呢？这很简单：CART 取一个特征，然后确定哪个分界点在回归任务中使 y 的方差最小，或在分类任务中使 y 的类别分布基尼指数最小。方差显示一个节点中的 y 值在其平均值附近的分布情况。基尼指数显示节点的"不纯"程度，例如，如果所有类别都有相同的频率，则节点不纯；如果只存在一个类别，则这个节点的纯度最大。当节点中的数据点具有非常相似的 y 值时，方差和基尼指数就会最小化。因此，最佳分界点使两个结果子集最大程度上不同于目标结果。对于分类特征，算法会尝试通过不同的类别分组来创建子集。在确定每个特征的最佳分界点后，算法会选择能产生方差或基尼指数最佳分区的特征进行划分，并将该划分结果添加到树中。该算法会在两个新节点中递归搜索和划分，直到达到停止标准。可能的标准有划分前节点中最小实例数或终端节点中最小实例数。

4.4.1 解释

解释很简单：从根节点开始，进入之后的节点，边表明要查看的子集。一旦到达叶节点，节点就会表明预测的结果。所有的边都用"AND"连接。

模板：如果特征 x 比阈值 c（小／大），AND……预测结果就是该节点中实例 y 的平均值。

1. 特征重要性

在决策树中，特征的整体重要性可以通过以下方法计算：遍历使用了该特征的所有划分，并衡量该特征与父节点相比减少了多少方差或基尼指数。所有特征重要性的总和按比例缩放为 100。这意味着每个重要性都可以解释为总体模型重要性的一部分。

2. 树分解

通过将决策路径分解为每个特征的组合，可以解释决策树的单个预测。可以通过决策树跟踪决策，并通过每个决策节点添加的贡献来解释预测。

决策树的根节点是起点。如果使用根节点进行预测，它将预测训练数据结果的平均值。在下一次划分时，会根据路径中的下一个节点，在这个总和上减去或加上一个项。为了得出最终的预测结果，必须遵循要解释的数据实例路径，并不断向公式添加项：

$$\hat{f}(x) = \bar{y} + \sum_{d=1}^{D}\text{split.contrib}(d,x) = \bar{y} + \sum_{j=1}^{p}\text{feat.contrib}(j,x)$$

单个实例的预测结果是，目标结果的平均值加上从根节点到该实例最终所在的终端节点发生的 D 个划分的所有贡献之和。不过，我们感兴趣的不是划分贡献，而是特征贡献。一个特征可能被用于不止一次划分，也可能根本没有被划分。可以将 p 个特征中每个特征的贡献相加，从而得出每个特征对预测的贡献的解释。

4.4.2 示例

再来看看自行车租赁数据。希望用一个决策树来预测某天自行车租赁数量，如图 4-17 所示。

第一次划分和第二次划分中的一个都是使用"趋势"特征进行的，该特征对开始收集数据以来的天数进行计数，涵盖了随着时间的推移自行车租赁服务变得越来越受欢迎的趋势。在第 105 天之前，预测自行车租赁数量约为 1800 辆，在第 106 天至第 434.5 天之间，预测自行车租赁数量约为 3900 辆。第 434.5 天之后，预测值为 4600（如果气温低于 11.662℃）或 6600（如果气温等于或高于 11.662℃）。

特征重要性表明一个特征有利于提高所有节点的纯度。这里使用的是方差，因为预测自行车租赁数量是一项回归任务。

可视化树显示，温度和时间趋势都被用于划分，看不出温度和时间这两个特征哪个更重要。特征重要性度量结果表明，趋势特征远比温度特征更重要，如图 4-18 所示。

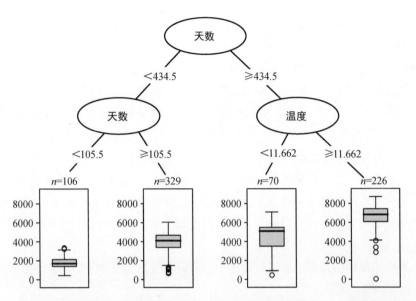

图 4-17　根据自行车租赁数据拟合的回归树。树的最大深度被设置为 2。选择趋势特征（天数）和温度进行划分。箱线图显示了终端节点中自行车租赁数量的分布情况

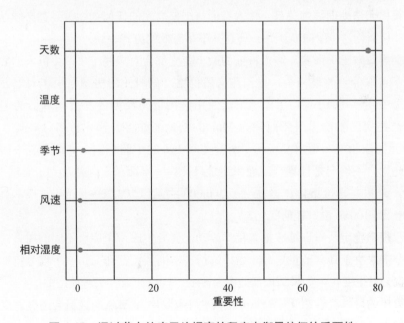

图 4-18　通过节点纯度平均提高的程度来衡量特征的重要性

4.4.3　优点

树状结构非常适合描述数据中特征**交互**。

这些数据最终会分成不同的组，与线性回归中的多维超平面上的点相比，这通常更容易理解。可以说，解释起来相当简单。

树状结构还具有**自然的可视化效果**，得益于它的节点和边。

根据 2.6 节的定义，树状结构可以**提供良好的解释**。树状结构会自动使人将单个实例的预测值视为反事实："如果某个特征大于或小于划分节点，预测值就会是 y_1 而不是 y_2"。树状解释具有对比性，因为总是可以将某个实例的预测值与相关的"如果"情景（由树定义）进行比较，而"如果"情景就是树的其他叶节点。如果树很短，比如只有一到三个划分，得到的解释就是有选择性的。一个深度为三的树最多需要三个特征和划分节点来创建对单个实例预测的解释。预测的真实性取决于树的预测性能。短树的解释非常简单并具有概括性，因为对于每个划分节点来说，实例属于某个叶节点，而且二元决策很容易理解。

决策树无须转换特征。在线性模型中，有时需要对特征取对数。决策树同样适用于特征的任何单调变换。

4.4.4　缺点

决策树无法处理线性关系。输入特征与结果之间的任何线性关系都必须通过划分来近似，从而创建一个阶跃函数。但这并不是有效的方式。

这会**导致缺乏平滑度**。输入特征的微小变化都会对预测结果产生巨大的影响，这通常是不可取的。假设一个，树预测房屋价格，该树使用房屋面积作为划分特征之一。划分发生在 100.5m^2。想象一下，使用该决策树模型的房价估算器的用户：测量了自己的房屋，得出房屋面积为 99m^2 的结论，并将其输入价格计算器，得到了 20 万欧元的预测值。用户发现忘记测量一间 2m^2 的小储藏室。储藏室有一面倾斜的墙，因此用户不确定是计算全部面积还是只计算一半面积。因此，决定尝试 100.0 和 101.0m^2。结果是，价格计算器输出了 200,000 欧元和 205,000 欧元，这很不直观，因为从 99m^2 到 100m^2 没有任何变化。

树也很**不稳定**。对训练数据集稍作改动，就会生成一个完全不同的树。这是因为每个划分都取决于其父节点划分。如果选择了不同的特征作为第一个划分特征，整个树结构就会发生变化。如果结构如此容易改变，就会让人失去对模型的信心。

决策树的可解释性很强——只要决策树很短。**终端节点的数量会随着深度的增加而迅速增加**。终端节点越多、树越深，就越难理解树的决策规则。深度为 1 表示有 2 个终端节点。深度为 2 表示最多有 4 个节点。深度为 3 表示最多有 8 个节点。树中终端节点的最大数量为 2 的深度次方。

4.4.5 软件

本章的示例使用了 rpart R 软件包实现 CART（分类和回归树）。许多编程语言都可以实现 CART，包括 Python。可以说，CART 是一种相当古老且有些过时的算法，现在有一些有趣的新算法可用于拟合树。在 *Machine Learning and Statistical Learning CRAN Task View* 的关键词 " Recursive Partitioning " 下，可以找到一些决策树 R 软件包的概述。

4.5 决策规则

决策规则是一个简单的 IF-THEN 语句，由一个条件（也称为前件）和一个预测组成。例如：如果今天下雨，AND 如果现在是四月（条件），THEN 明天就会下雨（预测）。一条决策规则或几条规则的组合都可以用来进行预测。

决策规则遵循一般结构：IF 条件满足，THEN 做出某种预测。决策规则可能是最容易解释的预测模型。它们的 IF-THEN 结构在语义上类似于自然语言和人类的思维方式，前提是条件是由可理解的特征建立的，条件的长度较短（少量连接的特征＝特征值对与 AND 的组合），并且没有太多的规则。在编程中，编写 IF-THEN 规则是非常自然的。机器学习的新特点是通过算法学习决策规则。

假设使用算法来学习预测房屋价格（价格低、中或高）的决策规则。该模型学习到的一个决策规则可能是：如果房屋面积大于 $100m^2$ 且有花园，它的价格就高。形式上表示为：IF 面积 >100 AND 是否有花园＝是 THEN 价格＝高。

分解一下决策规则：

- 面积 >100 是 IF 部分的第一个条件。
- 是否有花园＝视为 IF 部分的第二个条件。
- 这两个条件用 " AND " 连接，形成一个新条件。两个条件都必须为真，规则才会适用。
- 预测结果（THEN 部分）为价格＝高。

决策规则的条件中至少使用一个特征＝特征值语句，而用 " AND " 添加的语句没有上限。默认规则是一个例外，它没有明确的 IF 部分，在没有其他规则适用时也适用，但这一点稍后会详细说明。

决策规则的实用性通常用两个指标来概括：支持度和准确性。

规则的支持度或覆盖率：规则的条件适用于的实例百分比称为支持度。以预测房屋价格的规则 IF 面积＝大 AND 位置＝好 THEN 价格＝高为例。假设 1000 所房子中有 100 所面积大、位置好，该规则的支持度就是 10%。当计算支持度时，预测（THEN 部分）并不重要。

规则的准确性或置信度：规则的准确性衡量规则在预测规则条件适用的实例的正确类别时的准确程度。举个例子，假设在 100 所房子中，适用规则"面积 = 大 AND 位置 = 好 THEN 价格 = 高"的情况下，85 所房子价格 = 高，14 所房子价格 = 中，1 所房子价格 = 低，那么规则的准确性就是 85%。

通常来说，准确性和支持度之间需要权衡：通过在条件中添加更多特征，可以获得更好的准确性，但会牺牲支持度。

要创建一个预测房屋价格的分类器，可能不仅需要学习一条规则，而且需要 10 条或 20 条规则。这样一来，事情就会变得复杂，会遇到以下问题之一：

- **规则可能会重叠**：如果想预测一栋房子的价值，只有两条或两条以上的规则适用，它们给出的预测结果相互矛盾，那该怎么办？
- **没有规则适用**：如果想预测一栋房子的价值，但所有规则都不适用，又该怎么办？

组合多个规则有两种主要策略：决策列表（有序）和决策集合（无序）。这两种策略意味着对规则重叠问题的不同解决方案。

- **决策列表**为决策规则引入了顺序。如果第一个规则的条件对某个实例来说是有效的，则使用第一个规则的预测。如果不成立，则转到下一条规则，检查它是否适用，依次类推。决策列表只返回适用的列表中第一条规则的预测结果，从而解决了规则重叠的问题。
- **决策集合**类似于规则民主，只是某些规则可能具有更高的投票权。在集合中，规则要么是相互排斥的，要么有解决冲突的策略，如多数表决。多数表决可能会根据各规则的准确性或其他质量衡量标准进行加权。当适用多条规则时，可解释性可能会受到影响。

决策列表和决策集合都可能会遇到没有规则适用于某个实例的问题。这可以通过引入默认规则来解决。默认规则是在没有其他规则适用时适用的规则。默认规则的预测通常是其他规则未涵盖的数据点中最常见的类别。如果规则集合或列表覆盖了整个特征空间，则称为穷举规则。通过添加默认规则，规则集合或规则列表就会自动变得详尽无遗。

从数据中学习规则的方法有很多，本书无法涵盖所有，本章展示其中三种。所选算法涵盖了学习规则的通用思路，因此这三种算法代表了截然不同的方法。

- 从单一特征学习规则。OneR 的特点在于其简单性、可解释性并可以用作基准。
- 顺序覆盖是一种通用程序，可以迭代学习规则，并删除新规则所覆盖的数据点。许多规则学习算法都适用此过程。
- 贝叶斯规则列表使用贝叶斯统计将预挖掘出的频繁模式组合到决策列表中。使用预挖掘模式是许多规则学习算法常用的方法。

下面从最简单的方法开始，使用单一最佳特征来学习规则。

4.5.1　从单一特征学习规则

Holte[17] 提出的 OneR 算法是最简单的规则归纳算法之一。从所有特征中，OneR 挑选出一个最能体现结果的特征，并根据该特征创建决策规则。

尽管 OneR 这个名字代表"一条规则"，但该算法生成的规则并不止一条：实际上是为所选最佳特征的每个唯一特征值生成一条规则。一个更好的名字应该是 OneFeatureRules。

该算法简单快捷：

（1）通过选择适当的区间离散化连续特征。

（2）对于每个特征：

- 在特征值和（分类）结果之间创建一个交叉表。
- 针对每个特征值，创建一条规则，预测具有该特征值的实例中最常出现的类别（可从交叉表中读取）。
- 计算特征规则的总误差。

（3）选择总误差最小的特征。

OneR 总是覆盖数据集的所有实例，因为它使用了所选特征的所有级别。缺失值既可以作为附加特征值处理，也可以预先输入。

OneR 模型是一个只有一个划分的决策树。划分不一定像 CART 那样是二元的，而是取决于唯一特征值的数量。

下面来看一个 OneR 选择最佳特征的例子。表 4-16 显示了一个关于房屋的人工数据集，其中包含房屋的价格、位置、面积和是否允许养宠物等信息。希望学习一个简单的模型来预测房屋的价值。

表 4-16　构造房屋数量数据集预测房屋价格

位　　置	面　　积	是否允许养宠物	价　　格
好	小	是	高
好	大	否	高
好	大	否	高
差	中	否	中
好	中	仅猫	中
好	小	仅猫	中

（续表）

位　置	面　积	是否允许养宠物	价　格
差	中	是	中
差	小	是	低
差	中	是	低
差	小	否	低

OneR 在每个特征和结果之间创建交叉表，如表 4-17 ～表 4-19 所示。

表 4-17　位置和价格的交叉表

特　征	价格=低	价格=中	价格=高
位置=差	3	2	0
位置=好	0	2	3

表 4-18　面积和价格的交叉表

特　征	价格=低	价格=中	价格=高
面积=大	0	0	2
面积=中	1	3	0
面积=小	2	1	1

表 4-19　是否允许养宠物和价格的交叉表

特　征	价格=低	价格=中	价格=高
是否允许养宠物=否	1	1	2
是否允许养宠物=仅猫	0	2	0
是否允许养宠物=是	2	1	1

对于每个特征，都要逐行查看表格：每个特征值都是规则的 IF 部分；具有该特征值的实例最常见的类别是预测，即规则的 THEN 部分。例如，具有小、中、大三个等级的面积特征会产生三条规则。对于每个特征，都会计算所生成规则的总误差率，即误差的总和。位置特征有"差"和"好"两种可能的值，位置不好的房屋最常出现的值是低。当使用低作为预测值时，会犯两个错误，因为有两栋房屋的值为"中"。好地段房屋的预测值为高，同样会犯两个错误，因为有两栋房屋的值为"中"。使用位置特征的误差率为 4/10，使用面积特征的误差率为 3/10，使用是否允许养宠物特征的误差率为 4/10。面积特征生成的规则误差最小，将用于最终的 OneR 模型：

- IF 面积 = 小 THEN 价格 = 低；

- IF 面积 = 中 THEN 价格 = 中；
- IF 面积 = 大 THEN 价格 = 高。

OneR 倾向于具有多种可能级别的特征，因为这些特征更容易过拟合目标。设想一个数据集只包含噪声而不包含信号，这意味着所有特征都取随机值，对目标没有预测值。有些特征的级别比其他特征更多。级别多的特征现在更容易过拟合。对数据中的每个实例都有单独级别的特征，可以完美地预测整个训练数据集。解决方案是将数据分为训练集和验证集，在训练数据上学习规则，并评估在验证集上选择特征的总误差。

并列是另一个问题，即两个特征的总误差相同。OneR 解决并列问题的方法是选择误差最小的第一个特征，或者选择卡方检验 p 值最小的特征。

示例

下面使用宫颈癌分类任务的真实数据来测试 OneR 算法。所有的连续输入特征都离散化为 5 个量级，并创建了以下规则，如表 4-20 所示。

表 4-20　"年龄"离散化

年　　龄	预　　测
（12.9,27.2]	健康
（27.2,41.4]	健康
（41.4,55.6]	健康
（55.6,69.8]	健康
（69.8,84.1]	健康

OneR 选择年龄特征作为最佳预测特征。由于癌症罕见，因此对于每条规则来说，多数类别和预测标签总是"健康"，这一点非常无益。在这种不平衡的情况下，使用标签预测是没有意义的。"年龄"区间和"患癌 / 健康"之间的交叉表以及患癌症女性的百分比更有参考价值，如表 4-21 所示。

表 4-21　"年龄"与患癌的女性百分比之间的交叉表

特　　征	患　　癌	健　　康	患癌概率
年龄=(12.9,27.2]	26	477	0.05
年龄=(27.2,41.4]	25	290	0.08
年龄=(41.4,55.6]	4	31	0.11
年龄=(55.6,69.8]	0	1	0.00
年龄=(69.8,84.1]	0	4	0.00

在开始解释之前：由于每个特征和每个值的预测都是"健康"，因此所有特征的总误差率都是相同的。在默认情况下，会通过使用误差率最低的特征中的第一个特征来解决总误差中的并列（在这里，所有特征的误差率都是 55/858），而这个特征恰好就是年龄特征。

虽然 OneR 不支持回归任务，但可以通过将连续结果划分成多个区间，从而将回归任务转化为分类任务。使用 OneR 将自行车数量减少成四个四分位数（0 ～ 25%、25% ～ 50%、50% ～ 75% 和 75% ～ 100%），以此预测自行车租赁的数量。表 4-22 显示了拟合 OneR 模型后的选择特征。

表 4-22　OneR 模型选择的"月份"特征

月　　份	预　　测	月　　份	预　　测
一月	[22,3152]	七月	(5956,8714]
二月	[22,3152]	八月	(5956,8714]
三月	[22,3152]	九月	(5956,8714]
四月	(3152,4548]	十月	(5956,8714]
五月	(5956,8714]	十一月	(3152,4548]
六月	(4548,5956]	十二月	[22,3152]

所选特征是月份。月份特征有 12 个特征级别，比其他大多数特征的级别都要多，因此存在过拟合的风险。好在月份特征可以处理季节性趋势（例如，冬季租赁的自行车较少），而且预测结果似乎也很合理。

现在，将从简单的 OneR 算法转向更复杂的程序，为此使用由多个特征组成的条件更复杂的规则——顺序覆盖。

4.5.2　顺序覆盖

顺序覆盖（Sequential Covering）是一种通用程序，它重复学习单条规则来创建一个决策列表（或集合），逐条规则覆盖整个数据集。许多规则学习算法都是顺序覆盖算法的变体。本章会介绍主要的方法，并在示例中使用顺序覆盖算法的变体 RIPPER。

顺序覆盖的思路很简单：首先，找到适用于部分数据点的良好规则，删除该规则覆盖的所有数据点。无论数据点是否被正确分类，只要条件适用，数据点就会被覆盖。然后，对剩余的数据点重复进行规则学习并移除被覆盖的数据点，直到没有剩余的数据点或满足另一个停止条件。最后，得到一个决策列表。这种重复规则学习和移除覆盖数据点的方法被称为"分治"（separate-and-conquer）。

如图 4-19 所示，假设已经有了一种算法，可以创建一条覆盖部分数据的规则。针对两个类别（一个正，一个负）的顺序覆盖算法原理如下：

- 从一个空的规则列表（rlist）开始。
- 学习一条规则 r。
- 当规则列表低于某个质量阈值（或尚未覆盖正例）时，将规则 r 添加到 rlist 中，删除规则 r 涵盖的所有数据点，在剩余数据上学习另一条规则，返回决策列表。

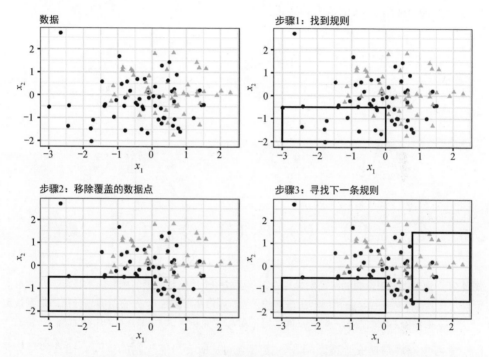

图 4-19　覆盖算法的原理是用单一规则依次覆盖特征空间，并移除已被这些规则覆盖的数据点。为可视化，特征 x_1 和 x_2 是连续的，但大多数规则学习算法需要分类特征

举个例子：有一项任务和一个数据集，要根据房屋的面积、位置和是否允许养宠物来预测房屋的价格。学习的第一条规则是 If 面积＝大 AND 位置＝好，THEN 价格＝高。然后，从数据集中删除所有位置好的大房子。利用剩下的数据，学习下一条规则。可能是 IF 位置＝好，THEN 价格＝中。请注意，这条规则是基于没有好地段的大房子的数据来学习的，只剩下好地段的中型房子和小型房子。

对于多类别设置，必须修改方法。首先，按照普遍性顺序对类别进行排序。顺序覆盖算法从最不常见的类别开始，学习该类别的规则，删除所有被覆盖的实例。然后，转到第二个最不常见的类别，依次类推。当前类别总是被视为正类别，而所有普遍性较高的类别都被合并为负类别。最后一类是默认规则。这也被称为分类中的"一对多"策略。

如何学习单一规则？ OneR 算法在这里毫无用处，因为它总是会覆盖整个特征空间。但还有很多其他的可能性，其中一种是通过波束搜索从决策树中学习单一规则：

- 学习决策树（使用 CART 或其他树学习算法）。
- 从根节点开始，递归选择最纯的节点（例如误分类率最低的节点）。
- 终端节点的多数类别被用作规则预测，通往该节点的路径被用作规则条件。

图 4-20 展示了树状结构中的波束搜索。

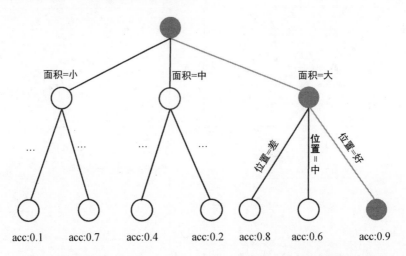

图 4-20　通过搜索决策树的路径来学习规则。生成一个决策树来预测感兴趣的目标。从根节点开始，贪婪地迭代路径，在局部产生最纯的子集（如最高准确性），并将所有划分值添加到规则条件中。最后得出：IF "位置 = 好" AND "面积 = 大"，THEN "价格 = 高"

学习单一规则是一个搜索问题，搜索空间是所有可能规则的空间。搜索的目标是根据某些条件找到最佳规则。有许多不同的搜索策略：爬山搜索、波束搜索、穷举搜索、最佳优先搜索、顺序搜索、随机搜索、自上而下搜索、自下而上搜索……

Cohen[18] 提出的重复增量剪枝以减少误差（Repeated Incremental Pruning to Produce Error Reduction，RIPPER）是顺序覆盖算法的一种变体。RIPPER 算法更为复杂，使用后处理阶段（规则剪枝）来优化决策列表（或集合）。RIPPER 可在有序模式或无序模式下运行，并生成决策列表或决策集合。

下面使用 RIPPER 来举例说明。在宫颈癌的分类任务中，使用 RIPPER 没有找到任何规则。

在预测自行车租赁数量的回归任务中，使用 RIPPER 时发现了一些规则。由于 RIPPER 只适用于分类，因此必须将自行车租赁数量转化为分类结果。为此，将自行车数量切分为四等分。例如，（4548, 5956）是预测自行车租赁数量在 4548 和 5956 之间的区间。表 4-23 显示了所学的决策树规则列表。

表 4-23　自行车租赁任务学习的决策树规则列表

规　　　则
（温度>=16）ADN（天数<=437）ADN（天气情况=好）ADN（温度<=24）ADN（天数>=131）=>租赁数量=（4548, 5956]
（温度<=13）ADN（天数<=111）=>租赁数量=[22, 3152]
（温度<=4）ADN（是否为工作日=否）=>租赁数量=[22, 3152]
（季节=冬天）ADN（天数<=368）=>租赁数量=[22, 3152]
（相对湿度>=72）ADN（风速>=16）ADN（天数<=381）ADN（温度<=17）=>租赁天数=[22,3152]
（温度<=6）ADN（天气情况=雾）=>租赁数量=[22, 3152]
（相对湿度>=91）=>租赁数量=[22, 3152]
（月份=11）ADN（天数>=327）=>租赁数量=[22, 3152]
（天数>=438）ADN（天气情况=好）ADN（相对湿度>=51）=>租赁数量=（5956, 8714]
（天数>=441）ADN（相对湿度<=73）ADN（温度>=15）=>租赁数量=（5956, 8714]
（天数>=441）ADN（风速<=10）=>租赁数量=（5956, 8714]
（天数>=455）ADN（相对湿度<=40）=>租赁数量=（5956, 8714]
=>租赁数量=（3152, 4548]

解释很简单：如果条件适用，就会预测右侧区间的自行车数量。最后一条规则是默认规则，适用于其他规则都不适用的情况。要预测一个新实例，请从列表顶部开始，检查是否有规则适用。当条件匹配时，规则右侧区间的内容就是对该实例的预测。默认规则可确保总有一个预测结果。

4.5.3　贝叶斯规则列表

本节将展示另一种学习决策列表的方法，它遵循了这一粗略的方法：

- 预先从数据中挖掘出频繁模式，这些模式可用作决策规则条件。
- 从预先挖掘出的规则中学习决策列表。

使用这种方法的具体名称称为贝叶斯规则列表[19]或简称 BRL。贝叶斯规则列表使用贝叶斯统计方法，从使用 FP 树算法[20]预挖掘的频繁模式中学习决策列表。

下面从贝叶斯规则列表的第一步开始介绍。

1. 频繁模式的预挖掘

频繁模式是指特征值的频繁（共同）出现。作为贝叶斯规则列表方法的预处理步骤，使用特征（在此步骤中不需要目标结果）并从中提取频繁出现的模式。模式可以是单一的特征值，如面积 = 中，也可以是特征值的组合，如面积 = 中 AND 位置 = 差。

一个模式的频繁用它在数据集中的支持度来衡量：

$$\text{Support}(x_j = A) = \frac{1}{n} \sum_{i=1}^{n} I(x_j^{(i)} = A)$$

式中，A 表示特征值；n 表示数据集的数据点数；I 表示指示函数，如果实例 i 的特征 x_j 具有 A 级，则返回 1，否则返回 0。

在一个房屋价格数据集中，如果 20% 的房屋没有阳台，而 80% 的房屋有一个或多个阳台，是否有阳台 = 否模式的支持度就是 20%。支持度也可以根据特征值的组合来衡量，例如是否有阳台 = 否 AND 是否允许养宠物 = 是。

有很多算法可以找到这种频繁模式，例如 Apriori 或 FP-Growth。使用哪种算法并不重要，只是找到模式的速度不同，但得到的模式总是一样的。

下面将大致介绍 Apriori 算法是如何找到频繁模式的。实际上，Apriori 算法由两部分组成，第一部分寻找频繁模式，第二部分从中建立关联规则。贝叶斯规则列表算法只对 Apriori 算法第一部分生成的频繁模式感兴趣。

在第一步中，Apriori 算法从支持度大于用户定义的最小支持度的所有特征值开始。如果用户说最小支持度应为 10%，而只有 5% 的房屋面积 = 大，就会删除该特征值，只保留面积 = 中 AND 面积 = 小作为模式。这并不意味着将该房屋从数据中删除，只是意味着面积 = 大 不会作为频繁模式返回。基于单一特征值的频繁模式，Apriori 算法会反复尝试找到阶数越来越高的特征值组合。模式是通过将特征 = 特征值语句与逻辑 AND 组合而成的（例如，面积 = 中 AND 位置 = 差 ）。如果生成的模式的支持度低于最小支持度，则会被删除。最后，就得到了所有的频繁模式。频繁模式子句的任何子集也是频繁的，这被称为 Apriori 属性。这合乎直觉：从模式中移除一个条件后，缩小后的模式只能覆盖更多或相同数量的数据点，而不能覆盖更少的数据点。例如，如果 20% 的房屋面积 = 中 AND 位置 = 好，那么只有面积 = 中的房屋的支持度为 20% 或更大。Apriori 属性用于减少需要检查的模式数量。只有在频繁模式的情况下，才需要检查高阶模式。

现在已经完成了贝叶斯规则列表方法的预挖掘条件。不过，在进入贝叶斯规则列表的第二步之前，先简要介绍基于预挖掘模式进行规则学习的另一种方法。其他方法建议将感兴趣的结果纳入频繁模式挖掘过程，同时执行 Apriori 算法的第二部分，即建立 IF-THEN 规则。由于该算法是无监督学习的，因此"THEN"部分也包含了不感兴趣的特征值。但可以通过 THEN 部分对只包含感兴趣的结果的规则进行筛选。这些规则已经构成了一个决策集，但也可以对规则进行置换、剪枝、删除或重组。

不过，在贝叶斯规则列表方法中使用的是频繁模式，并学习"THEN"部分，以及如何使用贝叶斯统计方法将这些模式排列成决策列表。

2. 学习贝叶斯规则列表

贝叶斯规则列表方法的目标是利用预挖掘条件来学习准确的决策列表，同时优先学习规则少、条件短的列表。为了实现这一目标，贝叶斯规则列表定义了决策列表的分布，并对条件长度（最好是较短的规则）和规则数量（最好是较短的列表）进行了先验分布。

通过列表的后验概率分布，可以在假设列表较短以及列表与数据拟合度较高的情况下，判断出决策列表的可能性。目标是找到使后验概率最大化的列表。由于无法直接从列表的分布中找到确切的最佳列表，贝叶斯规则列表建议采用以下方法：

1）从先验分布中随机抽取，生成初始决策列表。

2）通过添加、转换或删除规则迭代修改列表，确保得到的列表遵循列表的后验分布。

3）根据后验分布，从概率最高的采样列表中选择决策列表。

仔细查看该算法：该算法首先使用 FP-Growth 算法预挖掘特征值模式。贝叶斯规则列表对目标值的分布以及定义目标值分布的参数的分布做出了一系列假设（这就是贝叶斯统计）。如果你对贝叶斯统计不熟悉，请不要太在意下面的解释。重要的是要知道，贝叶斯方法是一种结合现有知识或要求（所谓先验分布），同时拟合数据的方法。就决策列表而言，贝叶斯方法是合理的，因为先验假设会促使决策列表的规则变得简单。

目标是从后验分布中对决策列表 d 进行采样：

$$\underbrace{p(d\,|\,x,y,A,\alpha,\lambda,\eta)}_{\text{后验}} \propto \underbrace{p(y\,|\,x,d,\alpha)}_{\text{似然}} \cdot \underbrace{p(d\,|\,A,\lambda,\eta)}_{\text{先验}}$$

式中，d 表示决策列表；x 表示特征；y 表示目标；A 表示预挖掘的条件集；λ 表示决策列表的先验预期长度；η 表示规则中的先验预期条件数；α 表示正类和负类的先验伪计数，最好固定为（1,1）。

$p(d\,|\,x,y,A,\alpha,\lambda,\eta)$ 量化了在给定观察数据和先验假设条件下决策列表的可能性。这与在决策列表和数据条件下结果 y 的可能性乘以在先验假设和预挖掘条件下列表的概率呈正比。

$p(y\,|\,x,d,\alpha)$ 是在给定决策列表和数据条件下观察到的 y 的似然性。贝叶斯规则列表假设 y 是由 Dirichlet-Multinomial 分布产生的。决策列表 d 对数据的解释能力越强，似然性就越大。

$p(d\,|\,A,\lambda,\eta)$ 是决策列表的先验分布，它用乘法结合了表示列表中规则数量的截断泊松分布（参数 λ）和表示规则条件中特征值数量的截断泊松分布（参数 η）。如果决策列表能很好地解释结果 y，并且根据先验假设成立，它的后验概率就很高。

贝叶斯统计中的估计总是有点棘手，因为通常无法直接计算出正确答案，而必须使用马尔可夫链蒙特卡洛方法得出备选结果，评估它们并更新后验估计。对于决策列表来说，这就更加棘手了，因为必须从决策列表的分布中抽取。贝叶斯规则列表的作者建议首先生成一个初始决策列表，然后对其进行迭代修改，从决策列表的后验分布（决策列表的马尔可夫链）中生成决策列表样本。结果可能依赖于初始决策列表，因此建议重复这一过程，以确保列表的多样性。软件实现中的默认值是 10 次。以下说明了如何得出初始决策列表：

- 使用 FP-Growth 预挖掘模式。
- 从截断的泊松分布中采样列表长度参数 m。
- 默认规则：采样目标值的 Dirichlet-Multinomial 分布参数 θ_0（即在其他规则都不适用时适用的规则）。

对于决策列表，规则 $j = 1, 2, \cdots, m$：

- 为规则 j 采样规则长度参数 l（条件数）。
- 从预挖掘的条件中采样长度为 l_j 的条件。
- 为 THEN 部分（即给定规则的目标结果分布）采样 Dirichlet-Multinomial 分布参数。

针对数据集中的每个观察值：

- 从决策列表中找出最先适用的规则（自上到下）。
- 从适用规则所建议的概率分布（二项分布）中得出预测结果。

下一步就是从这个初始样本开始生成许多新的列表，进而从决策列表的后验分布中获得许多样本。

采样新的决策列表的方法有：从初始列表开始，然后将一条规则随机移动到列表中的不同位置，或从预先挖掘的条件中将一条规则添加到当前决策列表，或从决策列表中删除一条规则。切换、添加或删除哪条规则都是随机选择的。在每步中，算法都会评估决策列表的后验概率（准确性和简短性的混合）。Metropolis Hastings 算法确保对具有高后验概率的决策列表进行采样。这一过程提供了决策列表分布中的许多样本。贝叶斯规则列表方法选取后验概率最高的样本决策列表。

3．示例

介绍完理论，再来看看贝叶斯规则列表方法的实际应用。这些示例使用的是 Yang 等人[21] 提出的一种更快的贝叶斯规则列表变体，称为可扩展贝叶斯规则列表（Scalable Bayesian Rule List，SBRL）。使用可扩展贝叶斯规则列表方法来预测患宫颈癌的风险。首先，必须将所有输入特征离散化，这样可扩展贝叶斯规则列表方法才能有效。为此，根据值的频率分位数对连续特征进行了分区，得到如表 4-24 所示规则列表。

表 4-24　利用贝叶斯规则列表方法得到的规则列表

规　　　则
IF（规则[259] {是否患有STD=是}）THEN 正类概率=0.160
ELSE（规则[82] IF {服用激素避孕药的时间=[0,10）}）THEN 正类概率=0.047
ELSE（默认规则）THEN 正类概率=0.278

请注意，得到的规则是合理的，因为"THEN"部分的预测结果不是类别结果，而是预测的癌症概率。

这些条件是从使用 FP-Growth 算法的预挖掘模式中挑选出来的。表 4-25 显示了可扩展贝叶斯规则列表方法在建立决策列表时可选择的条件库。作为用户，允许条件中特征值的最大数量为两个。以下是含有十种模式的样本。

表 4-25　可扩展贝叶斯规则列表建立的可选择的条件库

预挖掘规则
妊娠次数=[3.67, 7.33）
是否有IUD=否，是否有STD=是
性伴侣数量=[1, 10），上次STD诊断至今时间=[1, 8）
首次性行为时间=[10, 17.3），是否患有STD=否
是否吸烟=是，使用IUD时间=[0, 6.33）
服用激素避孕药的时间=[10, 20），STD诊断次数=[0, 1）
年龄=[13, 36.7）
是否服用激素避孕药=是，STD诊断次数=[0, 1）
性伴侣数量=[1, 10），STD诊断次数=[0, 1.33）
STD诊断次数=[1.33, 2.67），首次STD诊断至今时间=[1, 8）

接下来，将可扩展贝叶斯规则列表方法应用于自行车租赁预测任务。只有将预

测自行车数量的回归问题转换为二元分类任务时，该算法才能发挥作用。这里任意创建了一个分类任务，方法是创建一个标签，如果一天租赁的自行车数量超过 4000 辆，则标签为 1，否则为 0。

如表 4-26 所示为可扩展贝叶斯规则列表方法学习的决策规则。

表 4-26　可扩展贝叶斯规则列表方法学习的决策规则

规　　则
（规则[718] IF {年份=2011，温度=[-5.22,7.35）}）THEN 正类概率=0.01
ELSE （规则[823]IF{年份=2012，温度=[7.35,19.9）}）THEN 正类概率=0.88
ELSE （规则[816]IF{年份=2012，温度=[19.9,32.5]}）THEN 正类概率=0.99
ELSE （规则[351]IF{季节=春节}）THEN 正类概率=0.06
ELSE （规则[489]）IF{温度=[7.35,19.9）}THEN 正类概率=0.44
ELSE （默认规则）THEN 正类概率=0.80

预测 2012 年气温为 17℃的某一天自行车数量超过 4000 辆的概率。第一条规则不适用，因为它只适用于 2011 年。第二条规则适用，因为这一天是在 2012 年，而 17℃位于区间 [7.35,19.9）。预测租赁 4000 多辆自行车的概率约为 88%。

4.5.4　优点

本节讨论 IF-THEN 规则的一般优点。

IF-THEN 规则**易于解释**，它们可能是可解释模型中最容易解释的。这种说法只适用于规则数量较少、规则条件较短（最多不超过 3 个），以及规则组织为决策列表或非重叠决策集的形式的情况。

决策规则可以**像决策树一样富有表现力，同时也更加紧凑**。决策树通常也会受到复制子树的影响，也就是说，当左子节点和右子节点的划分结构相同时，就会出现复制子树。

使用 IF-THEN 规则进行**预测的速度很快**，因为只需检查几条二进制语句就能确定哪些规则适用。

决策规则对输入特征的单调变换具有**稳健性**，因为只有条件中的阈值会发生变化。它们还能抵御异常值，因为只有条件是否适用才是最重要的。

IF-THEN 规则通常生成稀疏模型，这意味着不包含很多特征。它们**只选择与模型相关的特征**。例如，线性模型默认会为每个输入特征分配一个权重。IF-THEN 规则可以直接忽略不相关的特征。

像 OneR 这样的简单规则可以作为更复杂算法的**基准**。

4.5.5　缺点

本节将讨论 IF-THEN 规则的一般缺点。

有关 IF-THEN 规则的研究和文献主要集中于分类方面，**几乎完全忽略了回归**。虽然可以将连续目标划分为若干区间，并将其转化为分类问题，但总是会丢失信息。一般来说，既能用于回归，又能用于分类的方法会更有吸引力。

通常情况下，特征还必须是分类的。也就是说，如果要使用数字特征，就必须对其进行分类。将连续特征划分为多个区间的方法有很多，但这并非易事，而且会遇到很多没有明确答案的问题。应该将特征划分为多少个区间？划分标准是什么？固定区间长度、量化还是其他？对连续特征进行分类是一个非同小可的问题，但经常被忽视，人们只是使用次好的方法（就像我在示例中做的）。

很多旧的规则学习算法容易出现过拟合。这里给出的算法至少都有一些保障措施来防止过拟合：OneR 受到限制，因为它只能使用一个特征（只有在特征层次过多或特征较多的情况下才会出现问题，这相当于多重测试问题），RIPPER 会进行剪枝，而贝叶斯规则列表会对决策列表施加先验分布。

决策规则不能很好地描述特征与输出之间的线性关系。决策树也存在此类问题。决策树和规则只能产生阶跃预测函数，其中预测的变化总是离散的阶跃，而不是平滑曲线。这与输入必须是分类的问题有关。在决策树中，通过划分来隐式分类输入。

4.5.6　软件和替代方案

OneR 在 R 软件包 OneR 中实现，本书的示例也使用了该软件。OneR 已在 Weka 机器学习库中实现，因此可以在 Java、R 和 Python 中使用。RIPPER 也是在 Weka 中实现的，在示例中，使用了 RWeka 软件包中 JRIP 的 R 实现。可扩展贝叶斯规则列表可作为 R 包（在示例中使用的就是 R 包）、用 Python[①] 或 C 语言实现[②]。此外，还推荐使用 imodels 软件包[③]，它在 Python 软件包中以统一的 scikit-learn 界面实现了基于规则的模型，如贝叶斯规则列表、CORELS、OneR、贪婪规则列表等。

此处无法列出学习决策规则集和列表的所有替代方案，但会推荐一些总结性研究。推荐 Fuernkranz 等人[22] 所著的 *Foundations of Rule Learning* 一书。这是一本关于学习规则的详尽著作，适合想要深入研究这一主题的读者阅读。它为规则学习提供了整体框架，并提出了许多规则学习算法。笔者还推荐查看 Weka 规则学习器，它实现了 RIPPER、M5Rules、OneR、PART 等多种规则。IF-THEN 规则可用于线性模型，

---

① 在 GitHub 中搜索 "datascienceinc/Skater"。

② 在 GitHub 中搜索 "Hongyuy/sbrlmod"。

③ 在 GitHub 中搜索 "csinva/imodels"。

4.6 节对此进行了介绍。

4.6 RuleFit

Friedman 和 Popescu[23] 提出的 RuleFit 算法学习稀疏线性模型，该模型包括决策规则形式的自动检测到的交互作用。

线性回归模型不考虑特征之间的交互作用。具有像线性模型一样简单且可解释的模型，还能整合特征间的交互作用，这难道不方便吗？RuleFit 填补了这一空白。RuleFit 利用原始特征和一些作为决策规则的新特征学习稀疏线性模型。这些新特征获取了原始特征之间的交互。RuleFit 从决策树中自动生成这些特征。通过将划分的决策组合成一条规则，决策树中的每条路径都可以转化为决策规则。节点预测会被丢弃，只有划分决策才可用于决策规则中，如图 4-21 所示。

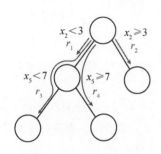

图 4-21　一个有 3 个终端节点的树可以生成 4 条规则

这些决策树从何而来？决策树被训练来预测感兴趣的结果。这就确保了划分对于预测任务是有意义的。任何能生成大量决策树的算法都可以用于 RuleFit，例如随机森林。每棵树都会分解成决策规则，这些规则会被用作稀疏线性回归模型（Lasso）的附加特征。

RuleFit 论文使用波士顿住房数据来说明这一点：目的是预测波士顿一个社区的房屋价格中位数。RuleFit 生成的规则之一是：IF 房间数量 > 6.64 AND 一氧化碳浓度 <0.67 THEN 1 ELSE 0。

RuleFit 还提供了特征重要性度量，有助于识别对预测非常重要的线性项和规则。根据回归模型的权重，可以计算出特征重要性。重要性度量可以针对原始特征进行汇总，其中特征可能为"原始"形式，也可能在许多决策规则中使用。

RuleFit 还引入了部分依赖图，通过改变特征来表示预测结果的平均变化。部分依赖图是一种模型不可知方法，可用于任何模型，本书关于部分依赖图的章节将对此进行解释。

4.6.1 解释和示例

由于 RuleFit 最终估计的是一个线性模型，因此其解释与"常规"线性模型相同。唯一不同的是，该模型具有来自决策规则的新特征。决策规则是二进制特征：值为 1 表示满足规则的所有条件，否则值为 0。对于 RuleFit 中的线性项，解释与线性回归模型相同：如果特征值增加一个单位，预测结果就会随相应特征值的权重而变化。

本例使用 RuleFit 预测给定日期的自行车租赁数量。表 4-27 显示了 RuleFit 生成的五条规则及其 Lasso 权重和重要性。本章稍后将对计算方法进行说明。

表 4-27　RuleFit 生成的五条规则及其 Lasso 权重和重要性

描　　　　述	权　　　重	重　要　性
天数> 111AND 天气情况∈（"晴"，"雾"）	795	303
37.25≤相对湿度≤90	−20	278
温度>13 AND 天数>554	676	239
4≤风速≤24	−41	204
天数>428 AND 温度>5	356	174

最重要的规则是"天数 > 111 AND 天气情况∈（"晴"，"雾"）"，相应权重为 795。其解释是：IF 天数 >111 AND 天气情况∈（"晴"，"雾"），那么当所有其他特征值保持固定的条件下，预测的自行车租赁数量会增加 795 辆。从最初的 8 个特征中总共创建了 278 条这样的规则。数量相当大！但是多亏了 Lasso，278 条规则中只有 59 条的权重非 0。

计算全局特征重要性后发现，温度和时间趋势是最重要的特征，如图 4-22 所示。

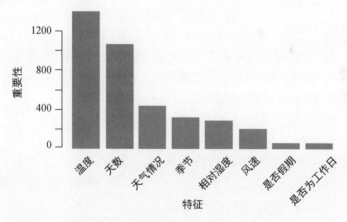

图 4-22　预测自行车租赁数量的 RuleFit 模型的特征重要性度量。
对预测最重要的特征是温度和时间趋势

特征重要性度量包括原始特征项的重要性和包含该特征的所有决策规则的重要性。

解释与线性模型类似：在其他特征保持不变的条件下，如果特征 x_j 变化一个单位，则预测结果变化 β_j。决策规则的权重解释是一个特例：如果决策规则 r_k 的所有条件都适用，则预测结果会改变 α_k（线性模型中规则 r_k 的学习权重）。

对于分类问题（使用逻辑回归而不是线性回归）：如果决策规则 r_k 的所有条件均适用，则事件发生与事件不发生的几率会改变 α_k。

4.6.2　理论

下面深入研究 RuleFit 算法的技术细节。RuleFit 算法由两个部分组成：第一个部分从决策树中创建"规则"，第二个部分以原始特征和新规则作为输入来拟合线性模型（因此得名"RuleFit"）。

1. 步骤 1：规则生成

规则是什么样的？算法生成的规则形式很简单。例如，IF $x_2 < 3$ AND $x_5 < 7$ THEN 1 ELSE 0。规则是通过分解决策树构建的：通往树中节点的任何路径都可以转换为决策规则。拟合规则所用的树来预测目标结果。因此，划分和由此产生的规则经过优化，可以预测感兴趣的结果。只需用"AND"将通向某个节点的二元决策串联起来，就能得到一条规则。最好能生成大量不同的、有意义的规则。通过对原始特征 X 进行回归或分类 y，梯度提升法拟合出决策树集成方法。每棵生成的树被转换成多个规则。不仅是提升树，任何树集成算法都可以用来生成 RuleFit 的树。可以用以下一般公式来表示树集成：

$$\hat{f}(x) = a_0 + \sum_{m=1}^{M} a_m \hat{f}_m(X)$$

式中，M 表示树的数量；$\hat{f}_m(X)$ 表示第 m 棵树的预测函数；a 表示权重。袋状集成方法、随机森林、AdaBoost 和 MART 均可产生树集成，可用于 RuleFit。

从集成方法的所有树中创建规则。每条规则 r_m 的形式如下：

$$r_m(x) = \prod_{j \in T_m} I(x_j \in s_{jm})$$

式中，T_m 表示第 m 个特征树中使用的特征集合；I 表示指标函数，当特征 x_j 在第 j 个特征的指定值 s 子集中（由树的划分指定）时，I 为 1，否则为 0。对于数值特征，s_{jm} 是特征值范围内的一个区间。区间有两种情况：

$$x_{s_{jm},\text{上界}} < x_j$$

$$x_j < x_{s_{jm},\text{下界}}$$

进一步划分该特征可能会导致区间更复杂。对于分类特征，子集 s 包含该特征的某些特定类别。

自行车租赁数据集的示例：

$$r_{17}(x) = I(x_{温度} < 15) \cdot I(x_{天气} \in \{晴, 雾\}) \cdot I(10 \leq x_{风速} < 20)$$

如果满足 3 个条件，则该规则返回 1，否则返回 0。RuleFit 可从树中提取所有可能的规则，而不仅仅是从叶节点中提取。因此，RuleFit 创建的另一条规则是

$$r_{18}(x) = I(x_{温度} < 15) \cdot I(x_{天气} \in \{晴, 雾\})$$

总之，由 M 棵树组成的集成方法（每棵树有 t_m 个终端节点）所创建的规则数量为

$$K = \sum_{m=1}^{M} 2(t_m - 1)$$

RuleFit 作者引入了一种技巧，那就是学习随机深度的树，以便生成许多不同长度的规则。请注意，丢弃每个节点中的预测值，仅保留引入节点的条件，然后从中创建一条规则。决策规则的加权在 RuleFit 的步骤 2 中完成。

用另一种方法来看待步骤 1：RuleFit 会根据原始特征生成一组新特征。这些特征是二进制的，可以代表原始特征之间相当复杂的交互作用。规则的选择是为了最大程度地完成预测任务。这些规则是根据协变量矩阵 X 自动生成的。可以直接将规则视为基于原始特征的新特征。

2. 步骤 2：稀疏线性模型

在步骤 1 中，会得到很多规则。由于第一步可以看作只是一个特征转换，因此还没有完成模型拟合。此外，还想减少规则的数量。除了规则，稀疏线性模型还将使用原始数据集中的所有"原始"特征。每条规则和每个原始特征都将成为线性模型中的特征，并获得权重估计值。添加原始特征是因为树无法表示 y 和 x 之间的简单线性关系。在训练稀疏线性模型之前，会对原始特征进行缩尾处理，使它们对异常值具有更强的稳健性：

$$l_j^*(x_j) = \min(\delta_j^+, \max(\delta_j^-, x_j))$$

式中，δ_j^- 和 δ_j^+ 表示特征 x_j 数据分布的 δ 分数值。δ 选择 0.05，则意味着特征任何位于最低值的 5% 或最高的 5% 的 x_j 值将分别设置为 5% 或 95% 的量化值。根据经验，可以选择 $\delta = 0.025$。此外，必须对线性项进行归一化，以便它们具有与典型决策规则相同的先验重要性：

$$l_j(x_j) = 0.4 \cdot l_j^*(x_j) / \mathrm{std}(l_j^*(x_j))$$

式中，0.4 是具有 $s_k \sim U(0,1)$ 均匀支持分布的规则的平均标准差。

将这两种特征结合起来，生成一个新的特征矩阵，并用 Lasso 训练一个稀疏线性模型，其结构如下：

$$\hat{f}(x) = \hat{\beta}_0 + \sum_{k=1}^{K} \hat{\alpha}_k r_k(x) + \sum_{j=1}^{p} \hat{\beta}_j l_j(x_j)$$

式中，$\hat{\alpha}$ 表示规则特征的估计权重；$\hat{\beta}$ 表示原始特征的权重。由于 RuleFit 使用 Lasso，

因此损失函数获得了附加约束，迫使某些权重的估计值为零：

$$(\{\hat{\alpha}\}_1^K, \{\hat{\beta}\}_0^p) = \text{argmin}_{\{\hat{\alpha}\}_1^K, \{\hat{\beta}\}_0^p} \sum_{i=1}^n L(y^{(i)}, f(x^{(i)})) + \lambda \cdot \left(\sum_{k=1}^K \alpha_k | + \sum_{j=1}^p b_j | \right)$$

结果是一个线性模型，该模型对所有原始特征和决策规则都具有线性效应。解释与线性模型的解释相同，唯一的区别是某些特征现在是二进制规则。

3. 步骤 3（可选）：特征重要性

对于原始特征的线性项，使用标准化预测变量来衡量特征的重要性：

$$I_j = | \hat{\beta}_j | \cdot \text{std}(l_j(x_j))$$

式中，$\hat{\beta}_j$ 表示 Lasso 模型的权重；$\text{std}(l_j(x_j))$ 表示线性项的标准差。

对于决策规则项，重要性的计算公式如下：

$$I_k = | \hat{\alpha}_k | \cdot \sqrt{s_k(1 - s_k)}$$

式中，$\hat{\alpha}_k$ 表示决策规则的关联 Lasso 权重；s_k 表示数据中特征的支持度，即决策规则适用的数据点的百分比（式中 $r_k(x) = 1$）：

$$s_k = \frac{1}{n} \sum_{i=1}^n r_k(x^{(i)})$$

特征既可能是线性项，也可能出现在许多决策规则中。如何衡量特征的总重要性呢？特征的重要性 $J_j(x)$ 可以针对每个预测进行测量：

$$J_j(x) = I_j(x) + \sum_{x_j \in r_k} I_k(x) / m_k$$

式中，I_j 是线性项的重要性；I_k 表示含有 x_j 的决策规则的重要性；m_k 表示构成规则 r_k 的特征数。通过向所有实例中添加特征重要性，可以得到全局特征重要性：

$$J_j(X) = \sum_{i=1}^n J_j(x^{(i)})$$

可以选择实例子集，并计算该组实例的特征重要性。

4.6.3　优点

因为 RuleFit 自动将**特征交互**项添加到线性模型中，所以它解决了线性模型中必须手动添加交互项的问题，并对建模非线性关系问题有所帮助。

RuleFit 可以处理分类和回归任务。

创建的规则易于解释，因为它们是二进制决策规则。规则要么适用于某个实例，要么不适用。只有当规则中的条件数量不太多时，才能保证良好的可解释性。包含 1 到 3 个条件的规则是合理的。这意味着树集成中树的最大深度为 3。

即使模型中有很多规则，它们也并不适用于每个实例。对于单个实例，只有少数规则适用（权重不为零），这就提高了局部可解释性。

RuleFit 提出了很多有用的诊断工具，这些工具模型不可知，可以在本书第 5 章进行详细了解：特征重要性、部分依赖图和特征交互。

4.6.4　缺点

有时 RuleFit 会创建许多规则，这些规则在 Lasso 模型中权重不为零。可解释性会随着模型中特征数量的增加而降低。一种解决方案是强制使特征效应为单调，即特征的增加必须导致预测的增加。

论文声称 RuleFit 的性能很好，通常接近随机森林的预测性能。但在亲自尝试的几个案例中，其性能却令人失望。读者可以针对自己的问题试一试，看看效果如何。

RuleFit 程序的最终产品是一个线性模型，带有额外的花哨特征（决策规则）。但由于是线性模型，权重解释仍然不够直观。它附带的条件与通常的线性回归模型相同："……所有特征固定不变"。当规则重叠时，情况就会变得更加棘手。例如，预测自行车租赁数量的一个决策规则（特征）可能是"温度 >10"，而另一个规则可能是"温度 > 15 AND 天气状况 = '晴'"。如果天气良好，温度高于 15℃，则温度自动大于 10℃。在第二条规则适用的情况下，第一条规则也同样适用。第二条规则的估计权重解释为"假设所有其他特征保持不变，当天气好且温度在 15℃以上时，预测的自行车租赁数量会增加 β_2"。但现在非常清楚的是，"所有其他特征固定不变"这一条件是有问题的，因为如果第二条规则适用，那么第一条规则也适用，这样的解释是无意义的。

4.6.5　软件和替代方案

Fokkema 和 Christoffersen[24] 用 R 语言实现了 RuleFit 算法，也可以在 GitHub[①] 上找到 Python 版本。

一个非常相似的框架是 skope-rules[②]，这是一个 Python 模块，也能从集成方法中提取规则。它的不同之处在于学习最终规则的方式：首先，skope-rules 会根据召回率和精确度阈值删除表现不佳的规则。然后，根据逻辑项的多样性（变量 + 较大 / 较小算子）和规则的性能（F_1 分数）进行选择，从而删除重复和相似的规则。这最后一步并不依赖于使用 Lasso，而是只考虑构成规则的袋外 F_1 分数和逻辑项。

imodels 软件包[③] 还包含其他规则集的实现，包括贝叶斯规则集、提升树规则集和 SLIPPER 规则集，作为具有统一 scikit-learn 接口的 Python 软件包。

---

① 在 GitHub 中搜索"christophM/rulefit"。

② 在 GitHub 中搜索"scikit-learn-contrib/skope-rules"。

③ 在 GitHub 中搜索"csinva/imodels"。

4.7 其他可解释模型

可解释模型的数量在不断增加且规模未知，它包括简单的模型，如线性模型、决策树和朴素贝叶斯模型，也包括更复杂的模型，这些模型结合或修改了不可解释的机器学习模型，以使其更具可解释性。目前，有关后一类模型的研究成果尤其多，难以概述其发展。本书在本章中仅介绍了朴素贝叶斯分类器和 k 近邻法。

4.7.1 朴素贝叶斯分类器

朴素贝叶斯分类器使用贝叶斯条件概率定理。对于每个特征，它根据特征值计算出类别概率。朴素贝叶斯分类器独立计算每个特征的类别概率，这相当于对特征的条件独立性做出强（朴素）假设。朴素贝叶斯是一种条件概率模型，其类别 C_k 的概率模型如下：

$$P(C_k \mid x) = \frac{1}{Z} P(C_k) \prod_{i=1}^{n} P(x_i \mid C_k)$$

式中，Z 是一个缩放参数，用于确保所有类别的概率之和为 1（否则它们将不是概率）。类的条件概率是类的概率乘以给定类的每个特征的概率，并用 Z 归一化。这个公式可以用贝叶斯定理推导出来。

由于独立性假设，朴素贝叶斯模型是一个可解释的模型。可以在模型层面上进行解释。由于可以解释条件概率，因此对于每个特征，它对特定类别预测的贡献都非常清楚。

4.7.2 k 近邻算法

k 近邻算法可用于回归和分类，并使用数据点的近邻进行预测。对于分类任务，k 近邻算法会指定一个实例的最近邻域中最常见的类别。对于回归任务，则取近邻结果的平均值。最棘手的部分是找到正确的 k 值，并决定如何测量实例之间的距离，从而最终定义邻域。

k 近邻算法与本书介绍的其他可解释模型不同，因为它是一种基于实例的学习算法。如何解释 k 近邻算法？首先，没有要学习的参数，因此在模型层面没有可解释性。此外，缺乏全局模型可解释性，因为该模型本质上是局部的，并且没有明确学习到全局权重或结构。也许在局部层面是可以解释的？要解释一个预测，可以检索用于预测的 k 个近邻。模型是否可解释，完全取决于能否"解释"数据集中的单个实例。如果一个实例包含成百上千个特征，那么它就不具有可解释性。但是，如果特征很少，或者有办法将实例缩减为最重要的特征，展示 k 近邻算法就能给出很好的解释。

第 5 章
模型不可知方法

将解释与机器学习模型分离（模型不可知解释方法）具有一些优势 [25]。相比于特定模型的解释方法，模型不可知方法的最大优势在于其灵活性。当解释方法可以应用于任何模型时，机器学习研究人员可以自由地使用他们喜欢的任何机器学习模型。建立在机器学习模型解释基础上的任何东西，如图形或用户界面，也变得独立于底层机器学习模型。通常情况下，要解决一项任务，需要评估多种类型的机器学习模型。并且在比较模型的可解释性时，使用模型不可知解释更容易，因为相同的方法可用于任何类型的模型。

模型不可知解释方法的替代方法是只使用可解释的模型，这通常有一个很大的缺点，即与其他机器学习模型相比，预测性能会丢失，而且会把自己限制在一种类型的模型上。另一种选择是使用特定模型解释方法。这种方法的缺点是，它也仅限于一种模型，而且很难切换到其他模型。

模型不可知解释系统的优势在于 [25]：

- **模型灵活性**：解释方法可以适用于任何机器学习模型，如随机森林和深度神经网络。
- **解释灵活性**：不局限于某种解释形式。在某些情况下，线性公式可能有效，而在另一些情况下，带有特征重要性的图形可能很有用。
- **表现形式的灵活性**：解释系统应能使用与解释模型不同的特征表示方式。对于使用抽象词嵌入向量的文本分类器来说，最好使用单个词进行解释。

从高层次来看模型不可知方法的可解释性。我们通过收集数据来描述世界，并通过学习用机器学习模型预测数据（针对任务）来进一步概括世界。可解释性帮助人类理解得更上一层，如图 5-1 所示。

底层是**世界层**。这可以是大自然本身，如人体生物学及其对药物的反应方式，也可以是更抽象的事物，如房地产市场。世界层包含一切可以观察到的、令人感兴趣的事物。归根结底，我们希望了解世界并与之互动。

第二层是**数据层**。我们必须对世界进行数字化处理，以便计算机能够处理，并存储信息。数据层包含图像、文本和表格数据等任何内容。

在数据层的基础上拟合机器学习模型，就得到了**黑盒模型层**。通过利用现实世界

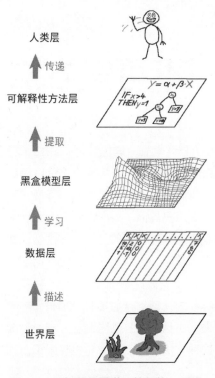

中的数据，机器学习算法进行学习，从而做出预测或找到结构。

黑盒模型层之上是**可解释性方法层**，它可以帮助处理机器学习模型的不透明性。对于特定诊断来说，最重要的特征是什么？为什么一笔金融交易被归类为欺诈？

顶层是"人类层"。各位读者就属于这一层，因为你正在阅读本书，并帮助为黑盒模型提供更好的解释！人类最终是解释的消费者。

这种多层抽象还有助于理解统计学家和机器学习从业者所使用用方法的不同。统计学家处理的是数据层，例如规划临床试验或设计调查。他们跳过黑盒模型层，直接进入可解释性方法层。机器学习专家也处理数据层，例如收集皮肤癌图像的标记样本或抓取维基百科。然后，他们会训练一个黑盒机器学习模型。人类跳过可解释性方法层，直接处理黑盒模型预测。可解释性机器学习融合了统计学家和机器学习专家的工作，这一点非常好。

图 5-1　可解释机器学习的架构。现实世界会经过许多层，最后以解释的形式传递给人类

当然，这幅图并不能囊括一切：数据可能来自模拟。黑盒模型也会输出预测，但这些预测可能连人类都无法获得，只能提供给其他机器，等等。但总体而言，这是一个有用的抽象概念，有助于理解可解释性是如何成为机器学习模型之上的新层的。

模型不可知解释方法可以进一步区分为局部方法和全局方法。本书也是根据这种区分来编排的。全局方法描述了特征对预测的平均影响。相比之下，局部方法旨在解释单个预测。

第6章
基于样本的解释

基于样本的解释方法选择数据集中的特定实例来解释机器学习模型的行为或解释底层数据分布。

基于样本的解释大多模型不可知，因为它们使任何机器学习模型都具有可解释性。模型不可知方法的不同之处在于，基于样本的方法是通过选择数据集的实例来解释模型，而不是通过创建特征摘要（如特征重要性或部分依赖性）来解释模型。只有当以人类可理解的方式表示数据实例时，基于样本的解释才有意义。这对图像非常有效，因为可以直接查看图像。一般来说，如果实例的特征值包含更多的上下文，即数据具有结构（如图像或文本），基于样本的方法就能很好地发挥作用。以有意义的方式表示表格数据更具挑战性，因为一个实例可能由成百上千个（结构性较差的）特征组成。列出所有特征值来描述一个实例通常是没有用的。如果只有少数几个特征，或者有办法概括一个实例，这种方法就会很有效。

基于样本的解释有助于人类构建机器学习模型的心智模型和训练机器学习模型所用数据。它尤其有助于理解复杂的数据分布。但基于样本的解释是什么意思呢？其实在工作和日常生活中经常会用到，先来看几个例子 [26]。

一位医生接诊了一位咳嗽异常且轻微发烧的病人。这位病人的症状让她想起了多年前另一位有类似症状的病人。她怀疑当前的这位病人可能患有同样的疾病，于是采集了血液样本来检测。

一位数据科学家正在为他的一位客户开展一个新项目：分析导致键盘生产机器出现故障的风险因素。该数据科学家记得他曾经参与过一个类似的项目，并重复使用了旧项目中的部分代码，因为他认为客户希望进行同样的分析。

一只小猫坐在一个着火的无人居住房屋的窗台上。消防部门已经赶到，一名消防员思考了一会儿，考虑是否可以冒险进入救出小猫。他记得自己作为消防员的职业生涯中遇到过类似的情况：老旧的木制房屋在缓慢燃烧一段时间后，往往会不稳定，容易倒塌。由于眼前情况相似，他决定不进入，因为房子倒塌的风险太大了。幸运的是，小猫从窗户跳了出去，安全着陆，没有人在大火中受到伤害。这是一个美满的结局。

这些故事说明了人类在样本或类比中的思考方式。基于样本的解释的模板是：事物 B 与事物 A 相似，且事物 A 导致了事物 Y，所以预测事物 B 也会导致事物 Y。隐晦地说，一些机器学习方法是基于样本的。决策树根据有助于预测目标的特征中数据点的相似性，将数据划分为若干节点。决策树通过查找相似的实例（在相同的终端节点中）并返回这些实例结果的平均值作为预测值，从而获得新数据实例的预测值。k 近邻（KNN）方法明确使用基于实例的预测。对于一个新实例，k 近邻模型会找出 k 个最近的邻域（例如，$k = 3$ 个最近的实例），并返回这些邻域结果的平均值作为预测结果。可以通过返回 k 个邻域来解释 k 近邻的预测，但仅当有一个好方法表示单个实例时才有意义。

以下解释方法都是基于样本的：

- 反事实解释显示如何变化一个实例才能显著改变其预测结果。通过创建反事实实例，可以了解模型是如何做出预测的，并能解释单个预测。
- 对抗性示例是用来欺骗机器学习模型的反事实。重点在于翻转预测，而不是解释预测。
- 原型是从数据中挑选出的具有代表性的实例，而批评则是这些原型不能很好代表的实例。[27]
- 有影响实例是对预测模型参数或预测本身影响最大的训练数据点。识别和分析有影响实例有助于发现数据问题、调试模型并更好地理解模型的行为。
- k 近邻模型：基于样本的（可解释的）机器学习模型。

第 7 章
全局模型不可知方法

全局方法描述机器学习模型的平均行为。与全局方法相对应的是局部方法。全局方法通常表示为基于数据分布的预测值。例如，部分依赖图（即特征效应图）是将所有其他特征边际化后的预测值。由于全局可解释性方法描述的是平均行为，因此当建模者想了解数据中的一般机制或调试模型时，这些方法就对他们来说特别有用。

本章将介绍以下全局模型不可知可解释性技术：
- 部分依赖图是一种特征效应方法。
- 累积局部效应图是另一种适用于依赖特征的特征效应方法。
- 特征交互作用（H 统计量）量化了预测在多大程度上是特征共同作用的结果。
- 函数分解是可解释性的核心思想，也用于将复杂预测函数分解成较小部分。
- 置换特征重要性衡量的是特征置换时损失增加的特征重要性。
- 全局代理模型用一个更简单的模型取代原始模型，以进行解释。
- 原型和批评是分布的代表性数据点，可用于提高可解释性。

7.1 部分依赖图

部分依赖图（Partial Dependence Plot，PDP）显示了一个或两个特征对机器学习模型预测结果的边际效应[28]。部分依赖图可以显示目标与特征之间的关系是线性、单调还是更复杂。例如，当应用于线性回归模型时，部分依赖图总是显示线性关系。

用于回归的部分依赖函数定义如下：

$$\hat{f}_S(\boldsymbol{x}_S) = E_{\boldsymbol{X}_C}[\hat{f}(\boldsymbol{x}_S, \boldsymbol{X}_C)] = \int \hat{f}(\boldsymbol{x}_S, \boldsymbol{X}_C) \mathrm{d}\mathbb{P}(\boldsymbol{X}_C)$$

式中，$\boldsymbol{x}_S$ 表示应绘制其部分依赖函数的特征；$\boldsymbol{X}_C$ 表示机器学习模型 $\hat{f}$ 使用的其他特征，在这里被视为随机变量。通常情况下，集合 S 只有一个或两个特征。我们想知道集合 S 中的特征对预测的影响。特征向量 $\boldsymbol{x}_S$ 和 $\boldsymbol{X}_C$ 共同组成特征空间 x。部分依赖图的原理是将机器学习模型的输出在集合 C 中的特征分布上边际化，从而使函数显示出我们感兴趣的集合 S 中的特征与预测结果的关系。通过对其他特征进行边际化，可以得到一个只依赖于集合 S 中特征的函数，包括与其他特征的交互作用。

部分依赖函数 $\hat{f}_S$ 是通过计算训练数据的平均值估算出来的，也称蒙特卡洛方法：

$$\hat{f}_S(\boldsymbol{x}_S) = \frac{1}{n}\sum_{i=1}^{n}\hat{f}(\boldsymbol{x}_S, \boldsymbol{x}_C^{(i)})$$

部分依赖函数显示，给定的集合 S 对预测的平均边际效应是多少。在这个公式中，$\boldsymbol{x}_C^{(i)}$ 是数据集中我们不感兴趣的特征的实际特征值，n 是数据集中的实例数。部分依赖图的一个假设是，集合 C 中的特征与集合 S 中的特征不相关。如果违反了这一假设，则部分依赖关系图计算出的平均值将包括不太可能或甚至完全不可能的数据点（参见缺点）。

对于分类任务，机器学习模型输出概率，部分依赖图显示的是在给定集合 S 中不同特征值的情况下某一类别的概率。处理多个类的一种简单方法是为每个类画一条线或一个图。

部分依赖图是一种全局方法：该方法考虑了所有实例，并给出了特征与预测结果之间的全局关系。

到目前为止，我们只考虑了数字特征。对于分类特征来说，部分依赖关系非常容易计算。对于每个类别，可以通过强制使所有数据实例具有相同的类别来获得部分依赖图的估计值。例如，如果查看自行车租赁数据集，并对季节的部分依赖图感兴趣，会得到四个数字，每个季节对应一个。为了计算"夏季"的值，需要将所有数据实例的季节替换为"夏季"，然后取平均预测值。

7.1.1 基于部分依赖图的特征重要性

Greenwell 等人 [29] 提出了一种简单的基于部分依赖图的特征重要性度量方法。其基本原理是，平缓的部分依赖图表示特征不重要，而部分依赖图变化越大，特征越重要。对于数字特征，重要性定义为每个独特特征值与平均曲线的偏差：

$$I(\boldsymbol{x}_S) = \sqrt{\frac{1}{K-1}\sum_{k=1}^{K}(\hat{f}_S(\boldsymbol{x}_S^{(k)}) - \frac{1}{K}\sum_{k=1}^{K}(\hat{f}_S(\boldsymbol{x}_S^{(k)}))^2}$$

请注意，这里的 $\boldsymbol{x}_S^{(k)}$ 是特征 $\boldsymbol{x}_S$ 的第 k 个唯一特征值。对于分类特征，即有

$$I(\boldsymbol{x}_S) = (\max_k(\hat{f}_S(\boldsymbol{x}_S^{(k)})) - \min_k(\hat{f}_S(\boldsymbol{x}_S^{(k)})))/4$$

即独特类别的部分依赖图范围除以 4。这种计算偏差的奇怪方法叫作范围规则。当只知道范围时，它有助于粗略估计偏差。分母 4 来自标准正态分布：在正态分布中，95% 的数据在平均值附近负 2 和正 2 倍标准差处。因此，范围除以 4 得出的粗略估计值很可能低估了实际方差。

在解释基于部分依赖图的特征重要性时应尤其谨慎。它只反映了特征的主要效应，忽略了可能存在的特征交互作用。对于其他方法（如置换特征重要性），某个特征可能非常重要，但部分依赖图可能是平缓的，因为该特征主要通过与其他特征的交互

作用来影响预测。这种测量方法的另一个缺点是，它是根据唯一特征值定义的。当计算重要性时，只有一个实例的唯一特征值与有许多实例的特征值具有相同的权重。

7.1.2 示例

在实际应用中，集合 S 通常只包含一个特征或最多两个特征，因为一个特征可以生成二维图，而两个特征可以生成三维图。多于此的情况会令人非常棘手。即使是在二维纸张或显示器上绘制三维图，也已经很有难度了。

回到回归的例子，要预测某一天将被租赁的自行车数量。首先，拟合一个机器学习模型，然后分析部分依赖关系。本例拟合了一个随机森林来预测自行车租赁数量，并使用部分依赖图来直观地显示模型学习到的关系。图 7-1 显示了天气特征对预测自行车租赁数量的影响。

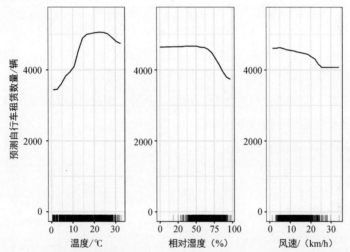

图 7-1　自行车租赁数量预测模型与温度、相对湿度和风速的部分依赖图。
从图中可以看出，温度差异最大。温度越高，自行车租赁数量越多。
这种趋势上升到 20℃，然后曲线趋于平稳，在 30℃时略有下降

对于温暖但不太热的天气，该模型预测平均会租赁大量的自行车。当相对湿度超过 60% 时，潜在的骑自行车的人会越来越不愿意租车。此外，风越大，喜欢骑自行车的人就越少，这也是合理的。有趣的是，当风速从 25km/h 增加到 35km/h，预测的自行车租赁数量并没有下降，但由于训练数据不多，因此机器学习模型可能无法对这一范围进行有意义的预测。至少从直觉上来讲，自行车租赁数量会随着风速的增加而减少，尤其是在风速非常大的情况下。

为了说明带有分类特征的部分依赖图，来看看季节特征对预测自行车租赁数量的影响，如图 7-2 所示。

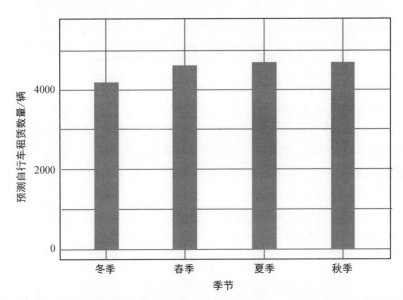

图 7-2　自行车租赁数量预测模型与季节的部分依赖图。出乎意料的是，所有季节对
模型预测的影响都差不多，只有冬季模型预测的自行车租赁数量较少

　　我们还计算了宫颈癌分类的部分依赖性。此处，根据风险因素拟合了一个随机森林来预测某位女性是否可能患上宫颈癌。计算并展示了患癌症概率对随机森林的不同特征的部分依赖性，如图 7-3 所示。

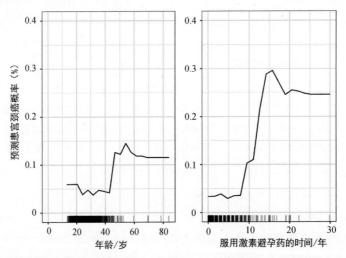

图 7-3　根据年龄和服用激素避孕药的年数得出的患癌症概率的部分依赖图。就年龄
而言，部分依赖图显示，直到 40 岁时患癌症的概率都很低，之后才增加。服用激素
避孕药的年数越多，预测患癌症的风险越高，尤其是 10 年以后。就这两个特征而言，
可获得大数值的数据点并不多，因此在这些区域，部分依赖图估计不太可靠

还可以直观地看到两个特征的部分依赖性，如图 7-4 所示。

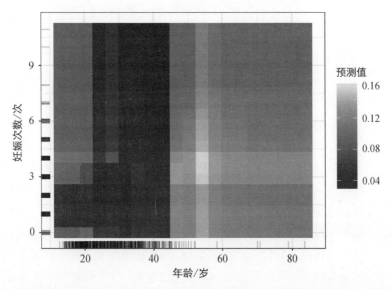

图 7-4　患癌症概率的部分依赖图以及年龄和妊娠次数的交互作用。该图显示了 45 岁时患癌症概率增加。在 25 岁以下的女性中，与妊娠 0 次或超过 2 次的女性相比，妊娠 1 次或 2 次的女性患癌症风险较低。但在得出结论时要小心：这可能只是相关性，而不是因果关系

7.1.3　优点

（1）部分依赖图的计算非常直观：如果固定所有数据点的一个特定特征值，那么该特征值的部分依赖函数就代表了在这个特征值下的平均预测值。即使是外行人，也通常很快就能理解部分依赖图的概念。

如果计算部分依赖图的特征与其他特征不相关，部分依赖图就完全代表了该特征对预测的平均影响。**在特征不相关的情况下，解释就很清楚了**：部分依赖图显示了当第 j 个特征发生变化时，数据集中的平均预测值会发生的变化。当特征相关时，情况就会变得复杂，请参见缺点。

（2）部分依赖图易于实现。

（3）部分依赖图的计算具有因果解释。我们对某个特征进行干预，并测量预测结果的变化，这样就分析了特征与预测之间的因果关系[30]。这种关系对模型来说是因果关系——因为明确地将结果建模为特征的函数——但对真实世界来说却不一定！

7.1.4　缺点

部分依赖函数中特征的**实际最大数量**只有两个。这并不归咎于部分依赖图，而是由于二维表示（纸张或屏幕），以及我们无法想象出三维以上的空间。

有些部分依赖图不显示**特征分布**。忽略分布可能会产生误导，因为可能会过度解读几乎没有数据的区域。通过显示 RUG（横坐标轴上数据点的指示器）或直方图可以轻松地解决这个问题。

独立性假设是部分依赖图存在的最大问题。假设计算部分依赖性的特征与其他特征不相关。例如，假设根据一个人的体重和身高预测他走路的速度。对于其中一个特征（如身高）的部分依赖性，假设其他特征（kg）与身高不相关，这种假设显然是错误的。在计算特定身高（如 200cm）下的部分依赖图时，对体重的边际分布进行平均，其中可能包括低于 50kg 的体重，这对于一个身高 2m 的人来说是不现实的。换句话说：当特征相关时，会在实际概率非常低的特征分布区域创建新的数据点（例如，身高 2m 但体重低于 50kg 的人不太可能出现）。解决这一问题的方法之一是使用条件分布而非边际分布绘制累积局部效应图（ALE 图）。

由于部分依赖图**仅显示平均边际效应**，因此异质性效应可能会被隐藏起来。假设对于某个特征，有一半数据点与预测值呈正相关，即特征值越大，预测值越大，而另一半数据点与预测值呈负相关，即特征值越小，预测值越大。部分依赖图的曲线可能是一条水平线，因为数据集的两部分影响可能会相互抵消。因此，可以得出结论：特征对预测没有影响。通过绘制个体条件期望曲线代替汇总线，可以发现异质性效应。

7.1.5　软件和替代方案

有很多 R 软件包可以实现部分依赖图。我在示例中使用了 iml 软件包，除此之外还有 pdp 或 DALEX 软件包。在 Python 中，scikit-learn 内置了部分依赖图，可以使用 PDPBox。

本书介绍的部分依赖图的替代方法是累积局部效应图和个体条件期望曲线。

7.2　累积局部效应图

累积局部效应 [31]（Accumulated Local Effect，ALE）描述了特征对机器学习模型预测的平均影响。累积局部效应图是部分依赖图的一种更快、无偏差的替代方案。

建议先阅读部分依赖图章节，因为部分依赖图更易理解，而且两种方法有相同的目标：都描述特征如何平均影响预测。在下面的章节中将说明，当特征相互关联时，部分依赖图会出现严重问题。

7.2.1　动机和直觉

如果机器学习模型的特征是相关的，部分依赖图就不可信。在计算与其他特征强相关的特征的部分依赖图时，需要对现实中不可能出现的人工数据实例进行平均预测。这会极大地影响估计的特征效应。试想一下，计算一个机器学习模型的部分依赖图，该模型根据房间数量和房屋面积来预测房屋的价格。感兴趣的是房屋面积对预测值的影响。在此提醒，绘制部分依赖图的方法是：选择特征；定义网格；对于每个网格值，用网格值替换特征值，求平均预测值；绘制曲线。在计算部分依赖图的第一个网格值（例如 $30m^2$）时，将所有实例的房屋面积替换为 $30m^2$，即使是拥有 10 个房间的房屋也是如此，但这样的房屋很不寻常。部分依赖图将这些不切实际的房屋纳入特征效应估算中，并假装一切正常。图 7-5 展示了两个强相关特征，以及部分依赖图如何平均预测不可能的实例。

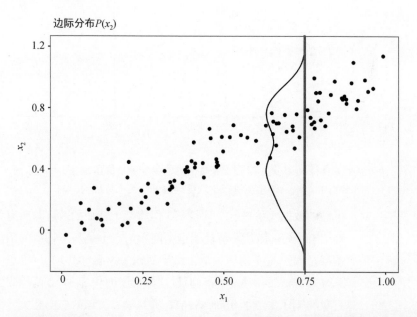

图 7-5　两个强相关特征 x_1 和 x_2。为了计算 0.75 时 x_1 的特征效应，部分依赖图将所有实例中的 x_1 替换为 0.75，错误地假设 x_1=0.75 时 x_2 的分布与 x_2 的边际分布相同（垂直线）。这将导致 x_1 和 x_2 出现不可能的组合（例如 x_1=0.75 时 x_2=0.2），而部分依赖图会使用这些组合来计算平均效应

　　如何做才能得到遵循特征相关性的特征效应预测值呢？可以对特征的条件分布求取平均值，也就是说，在 x_1 的网格值上，对具有相似 x_1 值的实例的预测进行平均。利用条件分布计算特征效应的解决方案称为边际图（Marginal Plot）或 M 图（这个名字很容易混淆，因为它们是基于条件分布而不是边际分布）。等等，要讨论累积局部效应图了？M 图并不是我们要找的解决方案。为什么 M 图不能解决问题？如果对所有 $30m^2$ 左右的房屋进行平均预测，就可以估算出房屋面积和房间数的综合影响，因为它们之间存在相关性。假设房屋面积对房屋的预测价格没有影响，只对房间数有影响。

由于房间数随房屋面积的增加而增加，因此 M 图仍然会显示房屋面积的大小会增加预测值。图 7-6 显示了两个强相关特征的 M 图。

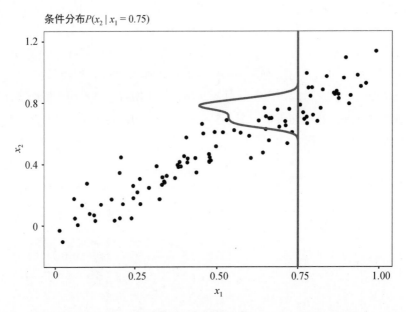

图 7-6　两个强相关特征 x_1 和 x_2。M 图是条件分布的平均值。这里是在 x_1=0.75 时 x_2 的条件分布。对局部预测进行平均会导致混合两个特征的影响

　　M 图避免对不可能的数据实例进行平均预测，但将某个特征的效应与所有相关特征的效应混合在一起。累积局部效应图解决了这个问题，它也是基于特征的条件分布来计算预测结果的差异，而不是平均值。对于房屋面积为 30m² 的影响，累积局部效应方法使用所有面积约为 30m² 的房屋，得到假设这些房屋面积为 31m² 的预测值减去 29m² 的预测值。这样就得到了房屋面积的纯效应，并且没有将该效应与相关特征的效应混合在一起。差异的使用会屏蔽其他特征的影响。图 7-7 提供了计算累积局部效应图的直观方法。

　　总结每种类型的图如何计算某一网格值 v 下某一特征的影响。

　　部分依赖图：展示当每个数据实例的该特征值为 v 时，模型的平均预测结果。忽略了 v 值是否对所有数据实例都有意义。

　　M 图：展示模型对该特征值接近 v 的数据实例的平均预测结果。这种影响可能是该特征造成的，也可能是由相关特征造成的。

　　累积局部效应图：在 v 附近的一个小"窗口"中，模型对该窗口内数据实例的预测是如何变化的。

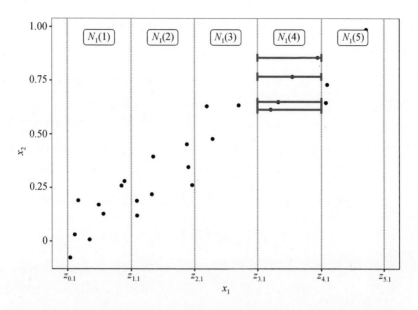

图 7-7　计算与 x_2 相关的特征 x_1 的累积局部效应。首先，将特征划分为若干区间（垂直线）。对于区间内的数据实例（点），计算用区间上下限（水平线）替换特征时的预测差值。这些差值随后会被累积并居中，形成累积局部效应曲线

7.2.2　理论

部分依赖图、M 图和累积局部效应图在数学上有何不同？这三种方法的共同点是，都将复杂的预测函数 f 简化为仅依赖一个（或两个）特征的函数。这三种方法都通过平均其他特征的效应来简化函数，但是计算的是预测平均值还是预测差异的平均值，以及平均是在边际分布还是条件分布下进行的，这些方面有所不同。

部分依赖图是对边际分布的预测进行平均：

$$\hat{f}_{S,\mathrm{PDP}}(x) = E_{X_C}[\hat{f}(\boldsymbol{x}_S, \boldsymbol{X}_C)]$$
$$= \int_{X_C} \hat{f}(\boldsymbol{x}_S, \boldsymbol{X}_C)\mathrm{d}\mathbb{P}(\boldsymbol{X}_C)$$

这是预测函数 f 在特征值 $\boldsymbol{x}_S$ 上的值，是 $\boldsymbol{X}_C$ 中所有特征值（这里视为随机变量）的平均值。平均意味着计算集合 C 中所有特征的边际期望值 E，也就是概率分布加权的预测值的积分。但要计算边际分布的期望值，只需获取所有数据实例，强制它们对集合 S 中的特征具有特定的网格值，然后对经过处理的数据集的预测进行平均。这一过程可确保对特征的边际分布进行平均。

M 图对条件分布的预测平均：

$$\hat{f}_{S,M}(\boldsymbol{x}_S) = E_{\boldsymbol{X}_C|\boldsymbol{X}_S}[\hat{f}(\boldsymbol{X}_S, \boldsymbol{X}_C) \,|\, \boldsymbol{X}_S = \boldsymbol{x}_S]$$

$$= \int_{\boldsymbol{X}_C} \hat{f}(\boldsymbol{x}_S, \boldsymbol{X}_C) \mathrm{d}\mathbb{P}(\boldsymbol{X}_C \,|\, \boldsymbol{X}_S = \boldsymbol{x}_S)$$

与部分依赖图相比，M 图唯一的变化是对感兴趣特征的每个网格值进行预测平均，而不是假设每个网格值的边际分布。在实践中，这意味着必须定义一个邻域，例如，在计算 $30\mathrm{m}^2$ 对预测房屋价格的影响时，可以平均计算 $28 \sim 32\mathrm{m}^2$ 所有房屋的预测值。

累积局部效应图对预测变化进行平均，并将其累积到网格中（稍后将详细介绍计算方法）：

$$\hat{f}_{S,\mathrm{ALE}}(\boldsymbol{x}_S) = \int_{z_{0,S}}^{x_S} E_{\boldsymbol{X}_C|\boldsymbol{X}_S=x_S}[\hat{f}^S(\boldsymbol{X}_S, \boldsymbol{X}_C) \,|\, \boldsymbol{X}_S = z_S]\mathrm{d}z_S - \mathrm{constant}$$

$$= \int_{z_{0,S}}^{x_S} \int_{x_C} \hat{f}^S(z_S, \boldsymbol{X}_C) \mathrm{d}\mathbb{P}(\boldsymbol{X}_C \,|\, \boldsymbol{X}_S = z_S)\mathrm{d}z_S - \mathrm{constant}$$

该公式显示了与 M 图的三个不同之处。第一个区别是平均的是预测值的变化，而不是预测值本身。变化被定义为偏导数（但在实际计算中，被区间内的预测差异所取代）：

$$\hat{f}^S(\boldsymbol{x}_S, \boldsymbol{x}_C) = \frac{\partial \hat{f}(\boldsymbol{x}_S, \boldsymbol{x}_C)}{\partial \boldsymbol{x}_S}$$

第二个区别是对 z 的额外积分。将集合 S 中特征范围内的局部偏导数累加起来，就得到了特征对预测的影响。在实际计算中，z 被网格区间所取代，我们在网格区间上计算预测值的变化。累积局部效应方法不是直接求预测值的平均值，而是计算特征 S 条件下的预测值差异，并对特征 S 的导数进行积分，以估计影响。这听起来很蠢。导数和积分通常是相互抵消的，就像先减后加一样。为什么在这里有意义呢？导数（或区间差分）可以隔离感兴趣特征的影响，从而阻断相关特征的影响。

累积局部效应图与 M 图的第三个区别是，要从结果中减去一个常数。这一步使累积局部效应图居中，从而使数据的平均效应为零。

还有一个问题：并非所有模型都有梯度，例如随机森林就没有梯度。但是，实际计算中没有使用梯度，而是使用区间。下面深入研究累积局部效应图的估算。

7.2.3 估算

首先，将介绍如何估算单个数字特征的累积局部效应图，随后介绍如何估算两个数字特征和单个分类特征的累积局部效应图。为了估计局部效应，将特征划分为多个区间，然后计算预测结果的差异。这一过程近似于导数，也适用于没有导数的模型。

首先，估算非中心效应：

$$\hat{\tilde{f}}_{j,\text{ALE}}(\boldsymbol{x}) = \sum_{k=1}^{k_j(\boldsymbol{x})} \frac{1}{n_j(k)} \sum_{i:x_j^{(i)} \in N_j(k)} [\hat{f}(z_{k,j}, \boldsymbol{x}_j^{(i)}) - \hat{f}(z_{k-1,j}, \boldsymbol{x}_j^{(i)})]$$

从右侧开始分解这个公式。**累积局部效应**这一名称很好地反映了该公式的所有组成部分。累积局部效应方法的核心是计算预测值的差异，即用网格值 z 替换感兴趣特征。预测的差异是特征在一定区间内对单个实例的效应。右边的总和是一个区间内所有实例的效应，在公式中显示为邻域 $N_j(k)$。将这一总和除以该区间内的实例数，就得到了该区间内预测结果的平均差异。这个区间内的平均值由累积局部效应名称中的"局部"一词涵盖。左侧的总和符号表示累积了所有区间的平均效应。例如，位于第三个区间的特征值的（非居中）累积局部效应是第一、第二和第三个区间的效应之和。累积局部效应中的"累积"一词就反映了这一点。

该效应居中，因此平均效应为零：

$$\hat{f}_{j,\text{ALE}}(\boldsymbol{x}) = \hat{\tilde{f}}_{j,\text{ALE}}(\boldsymbol{x}) - \frac{1}{n} \sum_{i=1}^{n} \hat{\tilde{f}}_{j,\text{ALE}}(\boldsymbol{x}_j^{(i)})$$

累积局部效应值可以解释为与数据的平均预测值相比，特征在某个值上的主效应。例如，当 $x_j = 3$ 时，累积局部效应估计值为 −2，表示当第 j 个特征值为 3 时，预测值比平均预测值低 2。

特征分布的分位数用作定义区间的网格。使用分位数可以确保每个区间内的数据实例数量相同。分位数的缺点是，区间的长度差异可能较大。如果感兴趣的特征非常倾斜，例如有很多的低值，而少数的高值，可能会导致某些累积局部效应图出现异常。

1．两个特征交互作用的累积局部效应图

累积局部效应图还可以显示两个特征的交互效应。计算原理与单一特征的交互效应相同，但使用的是矩形单元格而不是区间，因为必须在两个维度上累积效应。除了调整总体平均效应，还调整了两个特征的主效应。这意味着针对两个特征的累积局部效应估算的是二维效应，其中不包括特征的主效应。换句话说，两个特征的累积局部效应只显示两个特征的额外交互效应。由于二维累积局部效应图的计算公式冗长且难读，在此就不一一列举了。如果对计算感兴趣，请参阅论文中的式（13）～式（16）。下面将依靠可视化来建立对二维累积局部效应计算的直观理解。

在图 7-8 中，由于相关性，许多单元格是空的。在累积局部效应图中，这可以用灰色或变暗的方框来表示。另外，也可以用最近的非空单元格的累积局部效应估计值来替换空单元格中缺失的累积局部效应估计值。

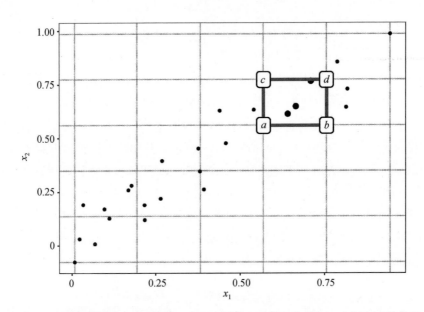

图 7-8 二维累积局部效应的计算。在两个特征上放置一个网格。在每个网格单元
中，计算其中所有实例的二维差值。首先用单元格边角的值替换 x_1 和 x_2 的值。如
果 a、b、c 和 d 代表被操作实例的"角"预测值（如图中所标），二维差值就是 $(d-c)-(b-a)$。每个单元格中的平均二维差值在网格中累积并居中

由于两个特征的累积局部效应估计值仅显示特征的二维效应，因此在解释时需要特别注意。二维效应是在考虑了特征的主效应后，特征的额外交互效应。假设两个特征没有交互作用，但每个特征都对预测结果有线性效应。在每个特征的一维累积局部效应图中，会看到一条直线作为估计的累积局部效应曲线。但是，当绘制二维累积局部效应估计值时，它们应该接近于零，因为二维效应只是交互作用的附加效应。累积局部效应图和部分依赖图在这方面有所不同：部分依赖图始终显示的是总效应，而累积局部效应图显示的是一维效应或二维效应。这些都是设计上的决定，与基础数学无关。可以将累积局部效应减去部分依赖图中的低阶效应，得到纯粹的主效应或二维效应，也可以不减去低阶效应，得到累积局部效应图的总效应估计值。

也可以用任意更高的阶数计算累积局部效应（三个或更多特征的交互作用），但正如部分依赖图章节所论述的，最多两个特征才有意义，因为更高阶的交互作用无法可视化，甚至无法进行有意义的解释。

2．分类特征的累积局部效应

根据定义，累积局部效应法需要特征值具有顺序性，因为该方法是按一定方向累积效应的。分类特征没有任何自然顺序。为了计算分类特征的累积局部效应图，必须以某种方式创建或找到一个顺序。类别的顺序会影响累积局部效应的计算和解释。

　　一种解决方案是基于其他特征的相似度来排列类别。两个类别之间的距离是每个特征距离的总和。特征距离比较的是两个类别的累积分布，也称为 Kolmogorov-Smirnov 距离（针对数值特征）或相对频率表（针对分类特征）。得到所有类别之间的距离后，使用多维缩放法将距离矩阵缩小为一维距离测量。这样就得到了基于相似性的类别排序。

　　为了更清楚地说明这一点，下面举例进行说明：假设有两个分类特征"季节"和"天气"，以及一个数字特征"温度"。对于第一个分类特征（季节），要计算累积局部效应。该特征有"春季""夏季""秋季""冬季"四个类别。首先计算"春季"和"夏季"类别之间的距离。该距离是温度和天气特征的距离之和。对于温度特征，选取季节为"春季"的所有实例，计算其经验累积分布函数，并对季节为"夏季"的实例进行同样的计算，然后测量它们之间的 Kolmogorov-Smirnov 距离。对于天气特征，计算所有"春季"实例中每种天气类型的概率，对"夏季"实例进行同样的计算，并对概率分布的绝对距离求和。如果"春季"和"夏季"的温度和天气差异很大，总的类别距离就会很大。对其他季节对重复上述步骤，并通过多维缩放将得到的距离矩阵缩减为单一维度。

7.2.4　示例

　　下面来看看累积局部效应图的实际应用。构建一个部分依赖图失效的场景，如图 7-9 所示，该场景由一个预测模型和两个强相关特征组成。预测模型主要是一个线性回归模型，但两个特征的组合的结果异常，且从未观察到这两个特征的实例。

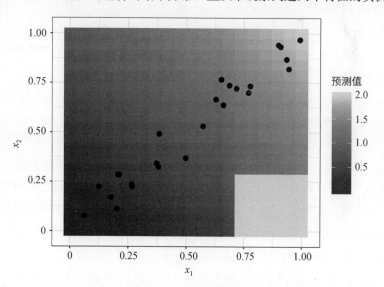

图 7-9　两个相关特征和预测结果。模型预测的是两个特征的总和（阴影背景），但如果 $x_1 > 0.7$ 且 $x_2 < 0.3$，则模型预测的结果总是 2。这一区域远离数据（点云）的分布，不会影响模型的性能，也不应该影响模型的解释

这到底是不是一个现实的、相关的场景呢？当训练模型时，学习算法会尽量减少现有训练数据实例的损失。奇怪的事情可能发生在训练数据分布之外，因为该模型不会因为在这些区域表现异常而受到惩罚。远离数据分布称为外推法，也可以用来欺骗机器学习模型，这将在 9.4 节中介绍。如图 7-10 所示，在现在的示例中，可以看到部分依赖图与累积局部效应图的不同之处。

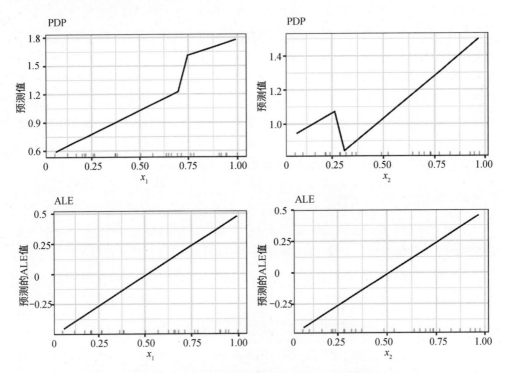

图 7-10 使用部分依赖图（上行）和累积局部效应图（下行）计算的特征效应比较。部分依赖图估计值受到模型在数据分布之外的奇特行为（图中的陡峭激增）的影响。累积局部效应图正确地识别出机器学习模型在特征和预测之间具有线性关系，忽略了没有数据的区域

但是，模型在 $x_1 > 0.7$ 且 $x_2 < 0.3$ 时的表现很奇怪，这难道不值得关注吗？答案是不确定的。由于这些数据实例在现实中也许是不可能出现的，或者至少是极不可能出现的，因此研究这些实例通常是无关紧要的。但是，如果怀疑测试分布可能略有不同，而且有些实例确实在这个范围内，可以在计算特征效应时将这个区域包括在内。但是，将尚未观察到数据的区域包括在内必须是一个有意识的决定，而不应该是所选方法（如部分依赖图）的副作用。如果怀疑模型日后将用于不同分布的数据，建议使用累积局部效应图并模拟所期望的数据分布。

来看一个真实的数据集，根据天气和日期预测自行车租赁数量，查看累积局部效

应图是否真的像承诺的那样有效。训练一个回归树来预测某天的自行车租赁数量，并使用累积局部效应图来分析温度、相对湿度和风速对预测的影响。看看累积局部效应图说明了什么，如图 7-11 所示。

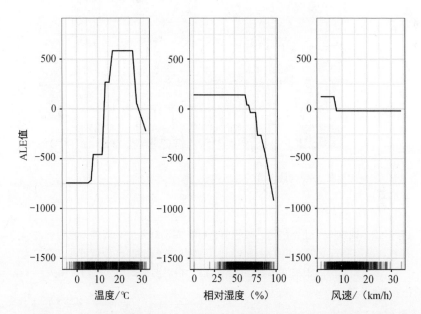

图 7-11　根据温度、相对湿度和风速绘制的自行车预测模型累积局部效应图。温度强烈影响预测。随着温度升高，预测值上升，但超过 25℃后，预测值又会下降。相对湿度有负面影响：当相对湿度高于 60% 时，相对湿度越高，预测值越低。风速对预测影响不大

下面来看温度、相对湿度和风速与所有其他特征之间的相关性。由于数据中还包含分类特征，因此不能只使用皮尔逊相关系数。只有当两个特征都是数值特征时，皮尔逊相关系数才起作用。相反，训练一个线性模型，根据输入的另一个特征来预测温度。然后，测量线性模型中另一个特征解释了多少方差，并取其平方根。如果另一个特征是数字特征，结果就等于标准皮尔逊相关系数的绝对值。但这种基于模型的"可解释方差"方法（ANalysis Of VAriance，ANOVA）即使在另一个特征是分类特征的情况下也有效。可解释方差度量值总是介于 0（无关联）和 1（根据另一个特征可以完美预测温度）之间。我们计算了温度、相对湿度和风速与所有其他特征的可解释方差。可解释方差（相关性）越高，则部分依赖图中的（潜在）问题越多。图 7-12 直观地显示了天气特征与其他特征的相关性。

这种相关性分析表明，部分依赖图可能会出现问题，尤其是对于温度特征，如图 7-13 所示。

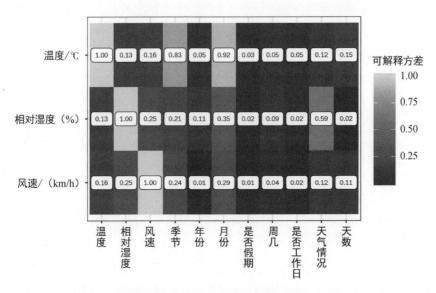

图 7-12　训练一个线性模型，以季节为特征来预测温度。温度、相对湿度和
风速与所有特征之间的相关性强度（以可解释方差衡量）。观察可知，温度与
季节和月份的相关性很高，这很合理。相对湿度则与天气情况相关

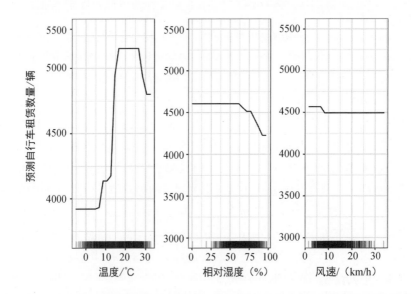

图 7-13　温度、相对湿度和风速的部分依赖图。与累积局部效应图相比，部分依赖图显示高温
或高湿度时预测自行车租赁数量的减少幅度较小。部分依赖图使用所有数据实例来计算高温的
影响，即使这些数据实例的季节为"冬季"。相比之下，累积局部效应图更加可靠

接下来，看看累积局部效应图应用于分类特征。月份是一个分类特征，要分析它对预测自行车租赁数量的影响。月份已经有了一定的顺序（1 月到 12 月），如果按照相似性对类别重新排序，然后再计算影响，会发生什么呢？基于其他特征（如温度或是否为节假日），按照每个月天数的相似性对月份进行排序，如图 7-14 所示。

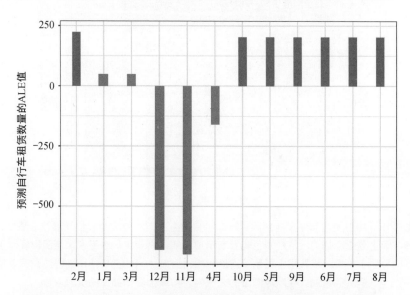

图 7-14　分类特征月份的累积局部效应图。根据其他特征在各月份的分布情况，月份按其相似度排序。与其他月份相比，1 月、3 月和 4 月，尤其是 12 月和 11 月，对预测自行车租赁数量的影响较小

由于许多特征都与天气有关，因此月份的顺序强烈反映了月份之间天气的相似度。所有较冷的月份都在左边（2 月至 4 月），较热的月份在右边（10 月至 8 月）。请注意，在计算相似度时也包含了非天气特征，例如，在计算月份间相似度时，节假日的相对频率与温度权重相同。

接下来考虑相对湿度和温度对预测自行车租赁数量的二维效应，如图 7-15 所示。请记住，二维效应是两个特征的额外交互效应，不包括主效应。这意味着，例如在二维累积局部效应图中，不会看到高湿度导致平均预测自行车租赁数量减少这一主效应。

请注意，相对湿度和温度的主效应表明，在酷热潮湿的天气中，预测的自行车租赁数量会减少。因此，在湿热天气中，温度和相对湿度的综合效应不是主效应的总和，而是大于主效应的总和。为了强调纯二维效应（刚才看到的二维累积局部效应图）与总效应之间的区别，来看看部分依赖图，如图 7-16 所示。部分依赖图显示的是总效应，它综合了平均预测、两个主效应和二维效应。

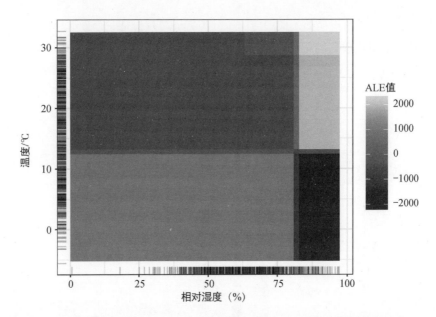

图 7-15　相对湿度和温度对预测自行车租赁数量的二维影响的累积局部效应图。在
已考虑主要效应的情况下，浅色阴影表示预测结果高于平均水平，深色阴影表示预
测结果低于平均水平。图中显示了温度和相对湿度之间的交互作用：湿热天气会使
预测值增加。在寒冷潮湿的天气中，数量会受到额外的负面影响

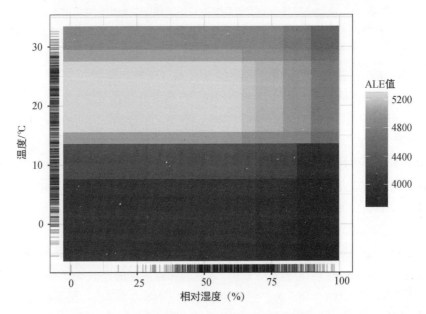

图 7-16　相对湿度和温度对预测自行车租赁数量总影响的部分依赖图。与只显示交
互作用的二维累积局部效应图不同，此图综合了每个特征的主效应及其交互作用

若只对交互作用感兴趣，则应查看二维效应，因为总效应将主要效应混合到了图中。但是若想了解各特征的综合效应，则应查看总效应（部分依赖图显示了总效应）。例如，如果想预测在 30℃ 和 80% 相对湿度条件下自行车租赁数量，可以直接从二维部分依赖图中读取。如果想从累积局部效应图中读取同样的信息，则需要查看三幅图：温度的累积局部效应图、相对湿度的累积局部效应图和温度 + 相对湿度的累积局部效应图，还需要知道总体平均预测值。在两个特征没有交互作用的情况下，两个特征的总效应图可能会产生误导，因为它可能看起来较为复杂，表明存在一些交互作用，但它只是两个主要效应的乘积。二维效应会立即显示不存在交互作用。

自行车示例暂且不提，下面来谈谈分类任务。我们训练一个随机森林，根据风险因素预测患宫颈癌的概率，得到两个特征的累积局部效应可视化，如图 7-17 所示。

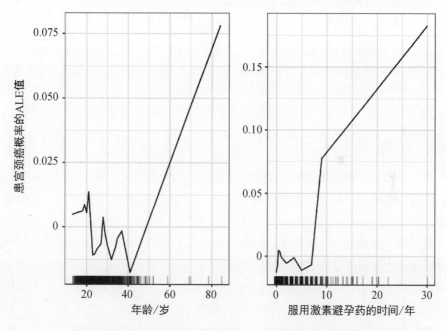

图 7-17　年龄和服用激素避孕药的时间对预测患宫颈癌概率影响的累积局部效应图。就年龄特征而言，累积局部效应图显示，在 40 岁之前预测的患癌症概率平均值较低，40 岁之后概率则有所上升。服用激素避孕药的年数与 8 年后较高的预测癌症风险相关

接下来是妊娠次数与年龄之间的交互作用，如图 7-18 所示。

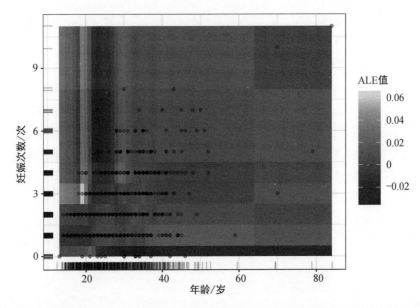

图 7-18　妊娠次数和年龄二维效应的累积局部效应图。对该图的解释有些不确定，显示出似乎是过拟合。例如，图中显示在 18 ～ 20 岁和妊娠 3 次以上时的模型行为很奇怪（患癌概率增加多达 5 个百分点）。数据中处于这种年龄和妊娠次数的女性并不多（实际数据显示为点），因此模型在训练过程中不会因少量数据的错误而受到严重惩罚

7.2.5　优点

累积局部效应图是无偏的，这意味着当特征相互关联时，累积局部效应图仍然有效。在这种情况下，部分依赖图将不起作用，因为它们会将不太可能的特征值组合边际化。

鉴于每个实例带一个间隔时，间隔数最大——等于实例数，因此累积局部效应图的**计算速度比部分依赖图更快**，其扩展速度为 $O(n)$。部分依赖图所需的网格点估算数量是其 n 倍。对于 20 个网格点，部分依赖图所需的预测次数是最差情况下累积局部效应图的 20 倍，在最差情况下，使用的区间数与实例数相同。

累积局部效应图的解释很清楚：在给定值的条件下，可以从累积局部效应图中读出更改特征对预测的相对影响。累积局部效应图以 0 为中心。这使得它们的可解释性更好，因为累积局部效应曲线上每个点的值都是与平均预测值的差值。二维累积局部效应图只显示交互：如果两个特征不交互，则该图不显示任何内容。

整个预测函数可以分解为较低维度的累积局部效应函数之和，这在 7.4 节中会有解释。

总之，在大多数情况下，**推荐使用累积局部效应图而不是部分依赖图**，因为特征

通常在某种程度上是相关的。

7.2.6　缺点

如果特征具有很强的相关性，**则不允许对跨区间效应进行解释**。考虑这种情况：特征高度相关，你正在观察一阶（一维）累积局部效应图的左端。累积局部效应曲线可能会引起以下误解：累积局部效应曲线显示了保持实例的其他特征值固定不变时，逐渐改变数据实例的相应特征值，预测结果的平均变化情况。效应是按区间（局部）计算的，因此对效应的解释只能是局部的。为方便起见，将区间效应累积起来，以显示一条平滑的曲线，但请记住，每个区间都是由不同的数据实例创建的。

当特征交互作用并相互关联时，累积局部效应的效果**可能与线性回归模型中指定的系数不相关**。Grömping（2020）[32] 指出，在具有两个相关特征和一个附加交互项（$\hat{f}(x) = \beta_0 + \beta_1 x_1 + \beta_2 x_2 + \beta_3 x_1 x_2$）的线性模型中，一维累积局部效应图并不是一条直线。相反，它们略微弯曲，因为它们包含了部分特征的乘法交互作用。要了解这里的内容，建议阅读 7.4 节。简而言之，累积局部效应对一维效应的定义不同于线性公式对它们的描述。这并不一定是错误的，因为当特征相互关联时，交互作用的归因就不那么清晰。但累积局部效应与线性系数不匹配肯定是不直观的。

当区间数较多时，累积局部效应图可能会变得有些不稳定（有许多小的起伏）。在这种情况下，减少区间数会使估计值更加稳定，但同时会隐藏预测模型的一些真实复杂性。对于区间数的设置，没有完美的解决方案。如果区间数太小，累积局部效应图可能不是很准确。如果区间数过多，曲线会变得不稳定。

与部分依赖图相比，累积局部效应图并不附带个体条件期望曲线。对于部分依赖图，个体条件期望曲线非常重要，因为它可以揭示特征效应的异质性，这意味着对于数据的子集而言，特征效应看起来是不同的。对于累积局部效应图，只能在每个区间检查实例之间的效果是否相同，但每个区间都有不同的实例，因此与个体条件期望曲线不同。

二维累积局部效应估计值在特征空间中具有不同的稳定性，但这无法直观地显示出来。其原因在于，每次估计单元中的局部效应都使用了不同数量的数据实例。因此，所有估计值的准确性都不同（但它们仍然是可能的最佳估计值）。对于主效应累积局部效应图，这个问题的严重性要小一些。由于使用了量化网格，所有区间的实例数量都是相同的，但在某些区域会有很多的短区间，累积局部效应曲线会由更多的估计值组成。但对于长区间（可能占整个曲线的很大一部分）来说，实例相对较少。例如，高龄的患宫颈癌预测累积局部效应曲线就出现了这种情况。

二维效应图可能难以解读，因为必须始终牢记主效应。将热力图解读为两个特征的总效应很有诱惑力，但这只是交互作用的附加效应。纯粹的二维效应有助于发现和探索交互作用，但要想解释效应的外观，将主效应整合到图中更有意义。

与部分依赖图相比，累积局部效应图的实现更加复杂，且不直观。尽管累积局部效应图在特征相关的情况下没有偏差，但**在特征强相关的情况下，解释仍然很困难**。因为它们之间具有很强的相关性，只有分析同时改变两个特征的效果才有意义，而不是单独分析。这一缺点并不是累积局部效应图所特有的，而是强相关特征的一个普遍问题。

如果特征不相关，计算时间也不是问题，那么部分依赖图略胜一筹，因为它们更容易理解，而且可以与个体条件期望曲线一起绘制。

上面列出的缺点已经很多了，但不要被劝退。作为经验法则：仍然建议使用累积局部效应图而不是部分依赖图。

7.2.7　软件和替代方案

累积局部效应图在 R 语言中的实现是由发明者本人在 ALEPlot R 软件包中实现的，还有一次是在 iml 软件包中实现的。累积局部效应还有两个 Python 实现，分别是 ALEPython 包[①] 和 Alibi。

7.3　特征交互作用

当预测模型中的特征相互交互时，预测结果不能用特征效应的总和来表示，因为一个特征的效应取决于另一个特征的值。亚里士多德的箴言"整体大于部分之和"适用于存在交互的情况。

7.3.1　特征交互概念

如果机器学习模型基于两个特征进行预测，那么可以将预测分解为四个项：常数项、第一个特征项、第二个特征项和两个特征之间的交互项。

两个特征之间的交互项是在考虑了单一特征效应后，改变特征所产生的预测变化。

例如，一个预测房屋价格的模型使用房屋面积（大或小）和位置（好或差）作为特征，可以得到四种可能的预测结果，如表 7-1 所示。

---

① 在 GitHub 中搜索"blent-ai/ALEPython"。

表 7-1　使用房屋"面积"和"位置"进行预测

位　置	面　积	预测价格/元
好	大	300,000
好	小	200,000
差	大	250,000
差	小	150,000

将模型预测分解为以下几个部分：常数项（150,000）、面积特征效应（大则 +100,000，小则 +0）和位置效应（好则 +50,000，差则 +0）。这一分解完全解释了模型预测。此处不存在交互效应，因为模型预测是面积和位置的单一特征效应的总和。当小房子变大后，无论位置如何，预测值都会增加 100,000。另外，无论房子面积如何，位置好和位置差的预测值都相差 50,000。

现在来看一个有交互作用的例子，如表 7-2 所示。

表 7-2　包含交互作用的可能预测

位　置	面　积	预测价格/元
好	大	400, 000
好	小	200, 000
差	大	250, 000
差	小	150, 000

将预测表分解为以下几个部分：常数项（150,000）、面积特征效应（大则 +100,000，小则 +0）和位置效应（好则 +50,000，差则 +0）。在这个表格中，需要一个额外的交互项：如果房子大且位置好，则 +100,000。这是房屋大小与位置之间的交互作用，因为在这种情况下，房屋面积大小的预测差异取决于位置。

估计交互作用强度的一种方法是测量预测的变化在多大程度上取决于特征之间的交互。这种测量方法称为 H 统计量，由 Friedman 和 Popescu[33] 提出。

7.3.2　理论：弗里德曼的 H 统计量

下面将讨论两种情况：第一种是双向交互测量，它显示模型中的两个特征是否以及在多大程度上相互影响；第二种是总交互测量，它显示模型中的一个特征是否以及在多大程度上与所有其他特征相互影响。理论上，可以测量任何数量的特征之间的任意交互作用，但这两种情况是最值得探究的。

如果两个特征之间没有交互作用，可以将部分依赖函数分解如下（假设部分依赖函数的中心为 0）：

$$PD_{jk}(x_j, x_k) = PD_j(x_j) + PD_k(x_k)$$

式中，$PD_{jk}(x_j, x_k)$ 表示两个特征的双向部分依赖函数；$PD_j(x_j)$ 和 $PD_k(x_k)$ 表示单个特征的部分依赖函数。

同样地，如果一个特征与任何其他特征没有交互，可以将预测函数 $\hat{f}(x)$ 表示为部分依赖函数之和，其中第一个被加数只取决于 j，第二个被加数取决于除 j 之外的所有其他特征：

$$\hat{f}(x) = PD_j(x_j) + PD_{-j}(x_{-j})$$

式中，$PD_{-j}(x_{-j})$ 表示部分依赖函数，取决于除第 j 个特征之外的所有特征。

这种分解表达了没有交互作用（特征 j 和 k 之间，或分别是 j 和所有其他特征之间）的部分依赖（或完全预测）函数。下一步，将测量观察到的部分依赖函数与分解后的无交互函数之间的差异。计算部分依赖函数（用于衡量两个特征之间的交互作用）或整个函数（用于衡量一个特征与所有其他特征之间的交互作用）输出的方差。交互作用所解释的方差（观察到的 PD 与无交互作用 PD 之间的差异）被用作交互作用强度统计量。如果完全没有交互作用，则统计量为 0；如果 PD_{jk} 或 $\hat{f}$ 的方差都由部分依赖函数的总和来解释，则统计量为 1。两个特征之间的交互统计量为 1 意味着每个单一的 PD 函数是恒定的，对预测的影响仅来自交互作用。H 统计量也可能大于 1，这就更难解释了。当双向交互作用的方差大于二维部分依赖图的方差时，就会出现这种情况。

在数学上，Friedman 和 Popescu 提出的特征 j 与特征 k 之间交互作用的 H 统计量为

$$H_{jk}^2 = \frac{\sum_{i=1}^{n}[PD_{jk}(x_j^{(i)}, x_k^{(i)}) - PD_j(x_j^i) - PD_k(x_k^{(i)})]^2}{\sum_{i=1}^{n} PD_{jk}^2(x_j^{(i)}, x_k^{(i)})}$$

这同样适用于测量特征 j 是否与其他特征存在交互作用：

$$H_j^2 = \frac{\sum_{i=1}^{n}[\hat{f}(x^{(i)}) - PD_j(x_j^{(i)}) - PD_{-j}(x_{-j}^{(i)})]^2}{\sum_{i=1}^{n} \hat{f}^2(x^{(i)})}$$

H 统计量的估算成本很高，因为需要遍历所有的数据点，并且在每个点上都要估算部分依赖关系，而这又需要对所有 n 个数据点进行估算。在最坏的情况下，需要 $2n^2$ 次调用机器学习模型的预测函数来计算双向 H 统计量（j 对 k），$3n^2$ 次调用来计算总 H 统计量（j 对所有）。为了加快计算速度，可以从 n 个数据点中采样。这样做的缺

点是会增加部分依赖性估计值的方差，从而使 H 统计量不稳定。因此，如果使用采样来减轻计算负担，请确保采样到足够多的数据点。

Friedman 和 Popescu 还提出了一个检验统计量来评估 H 统计量是否与零有显著差异。零假设是不存在交互作用的。要生成零假设下的交互作用统计量，必须能够调整模型，使特征 j 和特征 k 或所有其他特征之间没有交互作用。但并非所有类型的模型都能做到这一点。因此，这种检验是针对特定模型的，而不是模型不可知的，因此这里不做介绍。

如果预测是一种概率，那么交互作用强度统计量也可以应用于分类设置中。

7.3.3　示例

下面介绍特征交互怎样应用于实践中。测量一个支持向量机中特征的交互作用强度，该机器根据天气和天数特征预测自行车的租赁数量。图 7-19 显示了特征交互的 H 统计量。

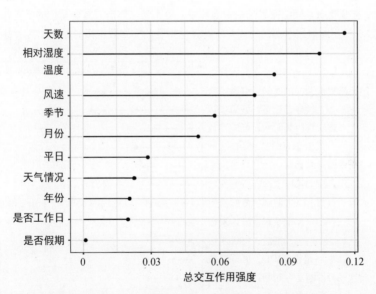

图 7-19　支持向量机预测自行车租赁数量时每个特征与所有其他特征的交互作用强度（H 统计量）。总体而言，特征之间的交互效应非常弱（低于每个特征可解释方差的 10%）

在图 7-20 中，计算分类问题的交互统计量。在给定一些风险因素的情况下，分析了为预测患宫颈癌而训练的随机森林中特征之间的交互作用。

在查看每个特征与所有其他特征的交互作用后，可以选择其中一个特征，深入研究所选特征与其他特征之间的所有双向交互作用，如图 7-21 所示。

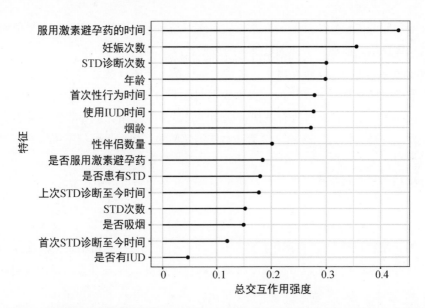

图 7-20　在预测患宫颈癌概率的随机森林中，每个特征与所有其他特征的交互作用强度（*H* 统计量）。服用激素避孕药的时间与所有其他特征的交互效应相对最大，其次是妊娠次数

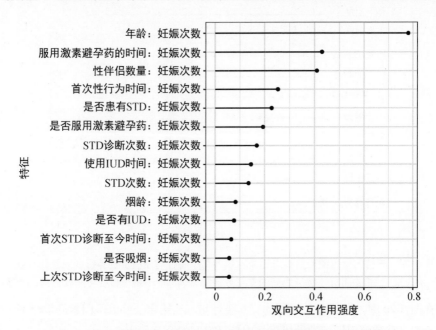

图 7-21　妊娠次数与其他特征之间的双向交互作用强度（*H* 统计量）。
妊娠次数与年龄之间有很强的交互作用

7.3.4　优点

由于部分依赖分解，交互作用 H 统计量有**基础理论**支撑。

H 统计量**有意义的解释**：交互作用定义为由交互作用解释的方差份额。

由于统计量是**无量纲**的，因此它在不同特征甚至模型之间都具有可比性。

统计量可以**检测到所有类型的交互作用**，无论它们的具体形式如何。

使用 H 统计量还可以分析任意**更高阶的交互**，例如三个或更多特征之间的交互作用强度。

7.3.5　缺点

很直观的一点：交互作用 H 统计量的计算时间较长，因为它的**计算成本很高**。

计算涉及边际分布的估计。如果不使用所有的数据点，这些**估计值也会有一定的方差**。这意味着当对数据点进行采样时，每次得到的估计值也会有所不同，**结果可能会不稳定**。建议重复计算 H 统计量，看是否有足够的数据来得到稳定的结果。

尚不清楚交互作用是否显著大于 0。需要进行统计检验，**但这种检验（目前）不可用于模型不可知的情况**。

关于检验问题，很难说 H 统计量何时大到足以判断交互作用"强"。

此外，H 统计量可能大于 1，这也给解释带来了困难。

当两个特征的总效应很弱，但主要由交互作用构成时，H 统计量就会非常大。这些虚假的交互作用要求 H 统计量的分母较小，而当特征相互关联时，情况就会更糟。虚假的交互作用很容易被过度解读为强烈的交互效应，而实际上这两个特征在模型中的作用都很小。一种可行的补救方法是，将 H 统计量的非归一化版本（即 H 统计量分子的平方根）可视化[34]。这将 H 统计量放大到相同的水平，至少对回归而言是如此，而且尽量忽视虚假交互作用。

$$H_{jk}^{*} = \sqrt{\sum_{i=1}^{n}[\mathrm{PD}_{jk}(x_j^{(i)}, x_k^{(i)}) - \mathrm{PD}_j(x_j^{(i)}) - \mathrm{PD}_k(x_k^{(i)})]^2}$$

H 统计量可以显示交互作用的强度，但并不能表示出交互作用是怎样的。这时，部分依赖图就将发挥作用。一个可参考的工作流程是测量交互作用强度，然后对感兴趣的交互作用绘制二维部分依赖图。

如果输入像素，H 统计量就无法有效使用。因此，该技术对图像分类器并无用处。

交互统计量的工作假设是，可以独立地对特征进行随机排序。如果特征之间存在很强的相关性，就违反了这一假设，就会对现实中不太可能出现的特征进行整合。这与部分依赖图的问题相同。相关特征可能会导致 H 统计量的值较大。

有时结果很奇怪，对于小规模模拟来说，并不会产生预期的结果，但这更多只是传言。

7.3.6 实现

在本书的示例中，使用了 R 软件包 iml，它可以在 CRAN 上找到，在 GitHub[①] 上有开发版本。还有一些其他的实现，主要针对特定的模型：R 软件包 pre 实现了 RuleFit 和 H 统计量。R 软件包 gbm[②] 实现了梯度提升模型和 H 统计量。

7.3.7 替代方案

H 统计量不是测量交互的唯一方法。Hooker[35] 提出的变量交互网络（Variable Interaction Network，VIN）是一种将预测函数分解为主效应和特征交互的方法。然后将特征之间的交互可视化为一个网络。遗憾的是，目前还没有可用软件。

Greenwell 等人 [36] 基于部分依赖性的特征交互测量两个特征之间的交互。这种方法以另一个特征的不同固定点为条件，测量一个特征的重要性（定义为部分依赖函数的方差）。如果方差高，则两个特征有交互作用；如果方差为 0，则没有交互作用。在 GitHub[③] 上有相应的 R 语言软件包 vip，该软件包还包括部分依赖图和特征重要性。

7.4 函数分解

有监督机器学习模型可以看作一个函数，它将高维特征向量作为输入，并将预测或分类得分作为输出。函数分解是一种解释技术，它可以解构高维函数，并将其表达为可视化的单个特征效应和交互效应的总和。此外，函数分解是许多解释技术的基本原理——它有助于更好地理解其他解释方法。

下面直接来看一个特殊函数。该函数将两个特征作为输入，并产生一维输出：

$$y = \hat{f}(x_1, x_2) = 2 + e^{x_1} - x_2 + x_1 \cdot x_2$$

将函数视为机器学习模型。可以用三维图或带等高线的热力图将函数可视化，如图 7-22 所示。当 x_1 大、x_2 小时，函数取大值；当 x_2 大、x_1 小时，函数取小值。预测函数并不是两个特征之间的简单效应相加，而是两者之间的交互作用。从图 7-22 中可

---

① 在 GitHub 中搜索 "christophM/iml"。

② 在 GitHub 中搜索 "gbm-developers/gbm3"。

③ 在 GitHub 中搜索 "koalaverse/vip"。

以看出交互作用的存在——改变特征 x_1 值的效果取决于特征 x_2 的值。

现在要做的是将该函数分解为特征 x_1 和 x_2 的主效应以及交互作用。对于一个仅依赖于两个输入特征 $\hat{f}(x_1, x_2)$ 的二维函数 $\hat{f}$ 来说，每个分量都代表主效应（$\hat{f}_1$ 和 $\hat{f}_2$）、交互作用（$\hat{f}_{1,2}$）或截距（$\hat{f}_0$）：

$$\hat{f}(x_1, x_2) = \hat{f}_0 + \hat{f}_1(x_1) + \hat{f}_2(x_2) + \hat{f}_{1,2}(x_1, x_2)$$

主效应表示每个特征对预测的影响，与其他特征的值无关。交互作用表示各特征的共同影响。截距则只表示当所有特征效应都设为 0 时的预测结果。请注意，分量本身是具有不同输入维度的函数（截距除外）。

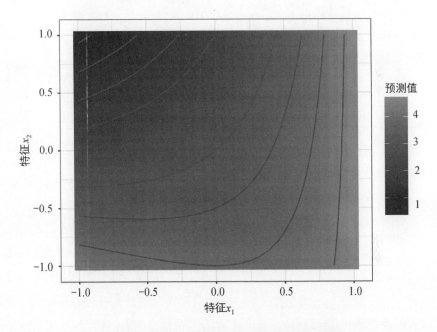

图 7-22　具有两个特征 x_1 和 x_2 的函数预测曲面

现在先给出这些分量，稍后再解释它们的来源。截距为 $\hat{f}_0 \sim 3.18$。由于其他分量都是函数，可以将它们可视化，如图 7-23 所示。

如果忽略截距值似乎有点随机，那么根据上述真实公式，这些分量合理吗？ x_1 显示的是指数主效应，x_2 显示的是负线性效应。交互项看起来有点像薯片。用数学术语来说，它是一个双曲抛物面，正如对 $x_1 \cdot x_2$ 所预期的那样。剧透一下：分解基于累积局部效应图，将在本章稍后讨论。

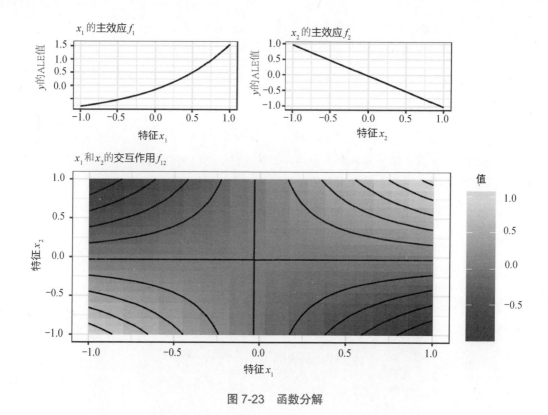

图 7-23　函数分解

7.4.1　如何不计算分量 I

为什么这么激动人心？只要看一眼公式，就能知道分解的答案，所以不需要花哨的方法，不是吗？对于特征 x_1，可以将所有只包含 x_1 的被加数作为该特征的分量，即 $\hat{f}_1(x_1) = e^{x_1}$。对于特征 x_2，则为 $\hat{f}_2(x_2) = -x_2$，交互作用就是 $\hat{f}_{12}(x_1, x_2) = x_1 \cdot x_2$。虽然这是本例的正确答案（直到常数），但这种方法存在两个问题：1）虽然这个例子以公式开头，但实际上几乎没有任何机器学习模型可以用这样一个简洁的公式来描述；2）则更为复杂，涉及什么是交互作用。试想一个简单的函数 $\hat{f}(x_1, x_2) = x_1 \cdot x_2$，其中两个特征的取值都大于零，并且相互独立。通过观察公式，会得出结论：特征 x_1 和 x_2 之间存在交互作用，但不存在单个特征效应。但真的能说特征 x_1 对预测函数没有单独影响吗？无论另一个特征 x_2 取值多少，预测结果都会随着 x_1 的增加而增加。例如，当 $x_2 = 1$ 时，x_1 的效应是 $\hat{f}(x_1, 1) = x_1$，而当 $x_2 = 10$ 时，x_1 的效应是 $\hat{f}(x_1, 10) = 10 \cdot x_1$。由此可见，特征 x_1 对预测有正向影响，且不为零，与 x_2 无关。

为了解决缺乏简洁公式的问题 1，需要一种只使用预测函数或分类得分的方法。

为了解决缺乏定义的问题 2，需要一些公理来说明各分量应该是什么样子，以及它们之间的关系。但首先，应该更准确地定义什么是函数分解。

7.4.2　函数分解

预测函数以 p 特征作为输入，$\hat{f}: \mathbb{R}^p \mapsto \mathbb{R}$ 并产生输出。它可以是一个回归函数，也可以是给定类别的分类概率或给定聚类的得分（无监督机器学习）。完全分解后，可以将预测函数表示为函数组件的总和：

$$\hat{f}(x) = \hat{f}_0 + \hat{f}_1(x_1) + \cdots + \hat{f}_p(x_p) +$$
$$\hat{f}_{1,2}(x_1, x_2) + \cdots + \hat{f}_{1,p}(x_1, x_p) + \cdots + \hat{f}_{p-1,p}(x_{p-1}, x_p) + \cdots +$$
$$\hat{f}_{1,2,\cdots,p}(x_1, x_2, \cdots, x_p)$$

通过对所有可能的特征组合子集进行索引，分解公式变得更简洁：$S \subseteq \{1,2,\cdots,p\}$。这个集合包含截距($S = \varnothing$)、主效应($|S| = 1$)和所有交互作用($|S| \geqslant 1$)。有了这个子集的定义，就可以分解如下：

$$\hat{f}(x) = \sum_{S \subseteq \{1,2,\cdots,p\}} \hat{f}_S(\boldsymbol{x}_S)$$

式中，$\boldsymbol{x}_S$ 是索引集 S 中的特征向量。每个子集 S 代表一个函数组件，例如，如果 S 只包含一个特征，则代表主效应；如果 $|S| > 1$，则代表交互作用。

上述公式有多少个分量？答案可以归结为可以组成的特征 $1,2,\cdots,p$ 的可能子集 S 的个数。有 $\sum_{i=0}^{p} \binom{p}{i} = 2^p$ 个可能的子集！例如，如果一个函数使用 10 个特征，那么可以将其分解为 1042 个分量：1 个截距、10 个主效应、90 个双向交互项、720 个三向交互项……每增加一个特征，分量的数量就会增加一倍。显然，对于大多数函数来说，不可能计算所有的分量。不计算所有的分量的另一个原因是，$|S| > 2$ 的分量很难可视化和解释。

7.4.3　如何不计算分量 II

到目前为止，一直避免讨论如何定义和计算分量。隐含讨论的唯一约束条件是分量的数量和维度，以及分量之和应该产生原始函数。但是，如果不进一步限制分量，它们就不是唯一的。这意味着可以在主效应和交互效应之间，或低阶交互作用（特征少）和高阶交互作用（特征多）之间转换效应。在本章开头的例子中，可以将两个主效应都设为零，然后将它们的效应加到交互效应中。

下面是一个更极端的例子，它说明了对分量进行约束的必要性。假设有一个三维函数。这个函数的形式并不重要，但下面的分解总是可行的：$\hat{f}_0$ 为 0.12。

$\hat{f}_1(x_1) = 2 \cdot x_1 +$ 常数项。$\hat{f}_2$、$\hat{f}_3$、$\hat{f}_{1,2}$、$\hat{f}_{2,3}$、$\hat{f}_{1,3}$ 都是零。为了让其奏效，定义了 $\hat{f}_{1,2,3}(x_1, x_2, x_3) = \hat{f}(x) - \sum_{S \subseteq \{1,2,\cdots,p\}} \hat{f}_S(x_S)$。因此，包含所有特征的交互项包含了所有剩余的影响。根据定义，这总是有效的，即所有分量的总和就是原始预测函数。如果将这种分解作为对模型的解释，意义就不大了，而且很容易引起误解。

通过指定更多的约束条件或计算分量的具体方法，可以避免这种模糊性。本章将讨论进行函数分解的三种不同方法：（广义）函数 ANOVA、累积局部效应图和统计回归模型。

7.4.4　函数 ANOVA

函数 ANOVA 由 Hooker[37] 提出。这种方法的一个要求是，模型预测函数 $\hat{f}$ 是平方可积分的。与任何函数分解一样，函数 ANOVA 将函数分解为多个分量：

$$\hat{f}(x) = \sum_{S \subseteq \{1,2,\cdots,p\}} \hat{f}_S(x_S)$$

Hooker 用以下公式定义了每个分量：

$$\hat{f}_S(x) = \int_{X_{-S}} \left(\hat{f}(x) - \sum_{V \subset S} \hat{f}_V(x) \right) \mathrm{d}X_{-S}$$

将其拆分，可以将分量重写为

$$\hat{f}_S(x) = \int_{X_{-S}} (\hat{f}(x)) \mathrm{d}X_{-S} - \int_{X_{-S}} \left(\sum_{V \subset S} \hat{f}_V(x) \right) \mathrm{d}X_{-S}$$

左侧是预测函数相对于子集 S 排除的特征的积分，用 $-S$ 表示。例如，如果计算特征 2 和特征 3 的双向交互分量，将对特征 1、4、5……进行积分。积分也可以看作预测函数相对于 X_{-S} 的期望值，假设所有特征从最小值到最大值都是均匀分布。从这个区间中减去子集 S 的所有分量，这种减法可以消除所有低阶交互作用的影响，并发挥居中效应。对于 $S = \{1, 2\}$，减去特征 $\hat{f}_1$、$\hat{f}_2$ 和截距 $\hat{f}_0$ 的主效应。这些低阶交互作用的出现使得公式具有递归性：必须通过子集到截距的层次结构并计算所有这些分量。对于截距分量 $\hat{f}_0$，子集是空集 $S = \{\varnothing\}$，因此 $-S$ 包含所有特征：

$$\hat{f}_0(x) = \int_X \hat{f}(x) \mathrm{d}X$$

这只是对所有特征进行积分的预测函数。当假设所有特征都是均匀分布时，截距也可以解释为预测函数的期望值。现在知道了 $\hat{f}_0$，就可以计算 $\hat{f}_1$（或等价的 $\hat{f}_2$）：

$$\hat{f}_1(x) = \int_{X_{-1}} (\hat{f}(x) - \hat{f}_0) \mathrm{d}X_{-S}$$

为了完成对分量$\hat{f}_{1,2}$的计算，可以将所有内容合并在一起：

$$\hat{f}_{1,2}(x) = \int_{X_{3,4}} (\hat{f}(x) - (\hat{f}_0(x) + \hat{f}_1(x) - \hat{f}_0 + \hat{f}_2(x) - \hat{f}_0)) \mathrm{d}x_3, x_4$$

$$= \int_{X_{3,4}} (\hat{f}(x) - \hat{f}_1(x) - \hat{f}_2(x) + \hat{f}_0) \mathrm{d}x_3, x_4$$

这个例子说明了定义高阶效应的方式：对所有其他特征进行积分，并且去除作为感兴趣的特征集子集的所有低阶效应。

Hooker 已经证明，函数组件的这一定义符合这些理想公理：

- 零平均值：对于 $S \neq \varnothing$，有 $\int \hat{f}_S(x_S) \mathrm{d}X_s$。

- 正交性：对于 $S \neq V$，有 $\int \hat{f}_S(x_S) \hat{f}_V(x_V) \mathrm{d}X = 0$。

- 方差分解：设 $\sigma_{\hat{f}}^2 = \int \hat{f}(x)^2 \mathrm{d}X$，则 $\sigma^2(\hat{f}) = \sum\limits_{S \subseteq \{1,2,\cdots,p\}} \sigma_S^2(\hat{f}_S)$。

零平均值公理意味着所有效应或交互作用都以零为中心。因此，位置 x 的解释是相对于居中预测而言的，而不是绝对预测。

正交公理意味着各分量不共享信息。例如，特征 x_1 的一阶效应与 x_1 和 x_2 的交互项不相关。由于正交性，所有成分都是"纯粹"的，即它们不会混合效应。因此，特征 x_4 的分量应该与特征 x_1 和 x_2 之间的交互项无关。更有趣的结果出现在分层分量的正交性上，即一个成分包含另一个成分的特征，例如 x_1 和 x_2 之间的交互作用，以及特征 x_1 的主效应。相比之下，x_1 和 x_2 的二维部分依赖图将包含四个效应：截距、x_1 和 x_2 的两个主效应以及它们之间的交互作用。$\hat{f}_{1,2}(x_1, x_2)$ 的函数 ANOVA 分量只包含纯交互作用。

通过方差分解，可以将函数 $\hat{f}$ 的方差在各个分量之间进行划分，并确保最终相加得到函数的总方差。方差分解特性还可以解释为什么这种方法被称为"函数 ANOVA"。在统计学中，ANOVA 是 ANalysis Of VARiance（方差分析）的缩写，指分析目标变量平均值差异的一系列方法。ANOVA 的原理是划分方差并将其归因于变量。因此，函数 ANOVA 被看作这一概念在任何函数上的延伸。

特征相互关联时，函数 ANOVA 就会出现问题。作为解决方案，有人提出了广义函数 ANOVA。

7.4.5　依赖特征的广义函数 ANOVA

与大多数基于采样数据的解释技术（如部分依赖图）类似，特征相互关联时，函数 ANOVA 也会产生误导性结果。如果对均匀分布进行积分，而实际上对特征是依赖性的，就会创建一个偏离联合分布的新数据集，并推理出不太可能的特征值组合。

Hooker[38] 提出了广义函数 ANOVA，这是一种适用于依赖性特征的分解方法。它是之前遇到的函数 ANOVA 的广义化版本，也就是说函数 ANOVA 是广义函数 ANOVA 的特例。各分量定义为 f 在加法函数空间上的投影：

$$\hat{f}_S(x_S) = \text{argmin}_{g_S \in L^2(\mathbb{R}^S)_{S \in P}} \int \left(\hat{f}(x) - \sum_{S \subset P} g_S(x_S) \right)^2 w(x)\mathrm{d}x$$

各分量满足分层正交条件，而不是正交条件：

$$\forall \hat{f}_S(x_S) \Big| S \subset U : \int \hat{f}_S(x_S) \hat{f}_U(x_U) w(x)\mathrm{d}x = 0$$

分层正交性不同于正交性。对于两个特征集 S 和 U，其中任何一个都不是另一个的子集（例如，$S = \{1,2\}$ 和 $U = \{2,3\}$），要想使分解是分层正交的，分量 $\hat{f}_S$ 和 $\hat{f}_U$ 不一定是正交的。但是 S 的所有子集的所有分量都必须与 $\hat{f}_S$ 正交。因此，解释在相关方面有所不同：与累积局部效应章节中的 M 图相似，广义函数 ANOVA 分量可以纠缠相关特征的（边际）效应。分量是否会纠缠边际效应还取决于权重函数 $w(x)$ 的选择。如果选择 w 作为单位立方体上的统一度量，就可以得到 7.4.4 节中的函数 ANOVA。w 的一个自然选择是联合概率分布函数。然而，联合概率分布通常是未知的，难以估计。一个窍门是，从单位立方体上的均匀测量开始，去掉没有数据的区域。

估计是在特征空间的网格上进行的，作为一个最小化问题，用回归技术就能解决。然而，各分量既不能单独计算，也不能分层计算，而是需要求解一个涉及其他分量的复杂方程组。因此，计算过程相当复杂，计算量也很大。

7.4.6 累积局部效应图

累积局部效应图 [39] 也提供了一种函数分解，这意味着将截距、一维累积局部效应图、二维累积局部效应图等所有累积局部效应图相加，即可得到预测函数。累积局部效应与（广义）函数 ANOVA 不同，因为各分量不是正交的，而是作者所说的伪正交。为了理解伪正交性，必须定义算子 H_S，该算子将函数 $\hat{f}$ 映射到特征子集 S 的累积局部效应图中。例如，算子 $H_{1,2}$ 将机器学习模型作为输入，并生成特征 1 和特征 2 的二维累积局部效应图：$H_{1,2}(\hat{f}) = \hat{f}_{\text{ALE},12}$。如果两次应用同一个算子，就会得到相同的累积局部效应图。将算子 $H_{1,2}$ 应用于 f 一次后，会得到二维累积局部效应图 $\hat{f}_{\text{ALE},12}$。然后再次应用算子，但不是对 f，而是对 $\hat{f}_{\text{ALE},12}$。这是可以实现的，因为二维累积局部效应分量本身就是一个函数。结果又是 $\hat{f}_{\text{ALE},12}$，这意味着可以多次应用相同的算子，并始终得到相同的累积局部效应图。这就是伪正交的第一部分。但是，如果对不同的特征集应用两种不同的算子，结果又会如何呢？例如，$H_{1,2}$ 和 H_1，或者 $H_{1,2}$ 和 $H_{3,4,5}$？答案是零。如果先将累积局部效应算子 H_S 应用于函数，然后将 H_U 应用于结果 $(S \neq U)$，则结果为零。换句话说，除非对同一个累积局部效应图应用两次算子，否则一个累积局部效应图为零。换句话说，特征集 S 的累积局部效应图中不包含任何其他累积局部效应图。用数学术语来说，累积局部效应算子将函数映射到内积空间的正交子空间。

正如 Apley 和 Zhu[39] 所指出的，伪正交性比分层正交性更理想，因为它不会纠缠特征的边际效应。此外，累积局部效应不需要对联合分布进行估算；可以分层估算各分量，这意味着计算特征 1 和特征 2 的二维累积局部效应只需要计算特征 1 和特征 2 的单个累积局部效应分量及截距项。

7.4.7　统计回归模型

这种方法与可解释模型，特别是广义加性模型有关。可以在建模过程中建立约束条件，而不是分解一个复杂的函数，这样就可以很容易地读出各个分量。分解可以采用自上而下的方式，即从高维函数开始分解，而广义加性模型提供了一种自下而上的方法，即从简单的分量开始建立模型。这两种方法的共同点是，目标都提供单独的、可解释的分量。在统计模型中，限制分量的数量，这样就不必拟合所有 2^p 个分量。最简单的方法是线性回归：

$$\hat{f}(x) = \beta_0 + \beta_1 x_1 + \cdots + \beta_p x_p$$

该公式非常类似于函数分解，但有两处主要修改：第一，排除所有交互效应，只保留截距和主效应；第二，主效应只能是线性特征 $\hat{f}_j(x_j) = \beta_j x_j$。从函数分解的角度来观察线性回归模型，会发现模型本身代表了从特征映射到目标的真实函数的函数分解，但前提为效应是线性效应且不存在交互作用。

广义加性模型放宽了第二个假设，其使用样条曲线，允许更灵活的函数 $\hat{f}_j$。交互作用也可以添加，但这一过程需要人工操作。GA2M 等方法试图将双向交互作用自动添加到广义加性模型中 [40]。

将线性回归模型或广义加性模型视为函数分解也会导致混淆。如果应用本章前面的分解方法（广义函数 ANOVA 和累积局部效应），会得到与直接从广义加性模型中读取的分量不同的分量。如果在广义加性模型中对相关特征的交互效应进行建模，就会出现这种情况。之所以会出现这种差异，是因为其他函数分解方法在交互作用和主效应之间对效应的划分方式不同。

那么，什么时候应该使用广义加性模型而不是复杂模型＋分解呢？当大多数交

互作用为零时，尤其是没有三个或更多特征的交互作用时，应该坚持使用广义加性模型。如果知道交互作用涉及的最大特征数是两个（$|S| \leqslant 2$），就可以使用 MARS 或 GA2M 等方法。最终，模型在测试数据上的表现可能会表明广义加性模型是否足够，或者一个更复杂的模型是否表现得更好。

7.4.8　锦上添花：部分依赖图

部分依赖图是否也提供了函数分解？答案是否定的，特征集 S 的部分依赖图总是包含层次结构的所有效应——{1,2} 的部分依赖图不仅包含交互效应，还包含单个特征效应。因此，将所有子集的所有部分依赖图相加并不能得到原始函数，因此不是有效的分解。但是，是否可以通过去除所有较低的效应来调整部分依赖图？可以，但会得到与函数 ANOVA 类似的结果。不过，部分依赖图并不是对均匀分布进行积分的，而是对 X_s 的边际分布进行积分。而边际分布是通过蒙特卡洛方法采样估计的。

7.4.9　优点

函数分解是机器学习可解释性的核心概念。函数分解为将高维复杂机器学习模型分解为单独效应和交互作用提供了理论依据——这是解释单独效应的必要步骤。函数分解是统计回归模型、累积局部效应、（广义）函数 ANOVA、部分依赖图、H 统计量和个体条件期望曲线等技术的核心思想。

函数分解还有助于**更好地理解其他方法**。例如，置换特征重要性打破了特征与目标之间的关联。从函数分解的角度来看，置换"破坏"了包含特征的所有分量的效果。这不仅会影响特征的主效应，还会影响与其他特征的所有交互作用。再比如，Shapley 值将预测分解为单个特征的加法效应。但是函数分解显示，分解中还应该有交互效应，那么体现在哪里呢？Shapley 值可以公平地将效应归属于单个特征，这意味着所有的交互也可以公平地归属于特征，从而在 Shapley 值中进行划分。

在考虑将函数分解作为一种工具时，使用累积局部效应图具有很多优势。**累积局部效应图提供的函数分解计算速度快**，有软件实现方法，并具有理想的伪正交特性。

7.4.10　缺点

对于超出两个特征之间交互作用的高维分量，函数分解**很快就会达到极限**。因为无法轻松地将高阶交互作用可视化，所以这种特征数量的指数级爆炸限制了实用性，而且如果要计算所有的交互作用，计算时间也惊人的长。

每种函数分解方法都有各自的缺点：自下而上的方法（构建回归模型）是一个需要较多人工的过程，并且对模型施加了**许多限制**，这些限制会影响预测性能；函数

ANOVA 需要独立的特征；广义函数 ANOVA 很难估计；累积局部效应图无法提供方差分解；函数分解法更适合分析表格数据，而不是文本或图像。

7.5　置换特征重要性

置换特征重要性（Permutation Feature Importance）衡量的是**对特征值进行置换后模型预测误差的增加值，置换打破了特征与真实结果之间的关系。**

7.5.1　理论

这个概念其实很简单：通过计算在对特征值进行置换后模型预测误差的增加值来衡量特征的重要性。如果一个特征值的改变会增加模型的误差，这个特征就是"重要"的，因为在这种情况下，模型是依靠这个特征来进行预测的。如果改变某一特征值使得模型误差保持不变，则该特征为"不重要"特征，因为在这种情况下，模型在预测时忽略了该特征。Breiman[41] 针对随机森林引入了置换特征重要性度量法。基于这一思想，Fisher、Rudin 和 Dominici[42] 提出了模型不可知的特征重要性，并称之为模型依赖性。还引入了更先进的特征重要性思想，例如考虑到许多预测模型都可能很好地预测数据的（特定模型）版本。他们的论文值得一读。

基于 Fisher、Rudin 和 Dominici 等人提出的置换特征重要性算法如下。

输入：训练模型 $\hat{f}$、特征矩阵 X、目标向量 y、误差度量 $L(y, \hat{f})$。

1. 估计原始模型误差 $e_{orig} = L(y, \hat{f}(X_{perm}))$，例如均方误差。
2. 对于每个特征 $j \in \{1, 2, \cdots, p\}$：
- 通过置换数据 X 中的特征 j，生成特征矩阵 X_{perm}。这就打破了特征 j 与真实结果 y 之间的关联。
- 基于置换数据的预测值，估计误差 $e_{perm} = L(Y, \hat{f}(X_{perm}))$。
- 用商数 $FI_j = e_{perm} / e_{orig}$ 或差值 $FI_j = e_{perm} - e_{orig}$ 计算置换特征重要性。
3. 按 FI 值降序排列特征。

Fisher、Rudin 和 Dominici 在论文中建议将数据集一分为二，交换两半数据集的特征 j，而不是对特征 j 进行置换。如果仔细想想，这和置换特征 j 是一样的。如果想要更精确的估计，可以通过将每个实例与其他实例的特征 j 配对（与自身配对除外），来估计对特征 j 进行置换的误差。能够得到一个大小为 $n(n-1)$ 的数据集来估计置换误差，而且耗费大量的计算时间。建议只在想获得极其精确的估计值时才使用 $n(n-1)$ 方法。

7.5.2 应该在训练数据还是测试数据上计算重要性

答案是：应该使用测试数据。

回答关于使用训练数据还是测试数据的问题，涉及特征重要性的基本问题。要理解基于训练数据和基于测试数据的特征重要性之间的区别，最好的方法是举一个"极端"的例子。训练一个支持向量机来预测一个连续、随机的目标结果，前提是给定 50 个随机特征（200 个实例）。这里所说的"随机"是指目标结果与这 50 个特征无关。这就像根据最新的彩票号码预测明天的气温一样。如果模型"学会"了任何关系，它就会过拟合。事实上，支持向量机在训练数据上确实存在过拟合。训练数据的平均绝对误差（mae）为 0.29，测试数据的平均绝对误差为 0.82，这也是预测平均结果为 0 的最佳模型的误差（mae 为 0.78）。换句话说，支持向量机模型很差。对于这个过拟合的支持向量机的 50 个特征，希望其特征重要性的值是多少？是零，因为没有一个特征有助于提高未见测试数据的性能。或者，特征重要性应该反映出模型对每个特征的依赖程度，而不考虑学习到的关系是否能推广到未见过的数据。下面来看看训练数据和测试数据的特征重要性分布有何不同，如图 7-24 所示。

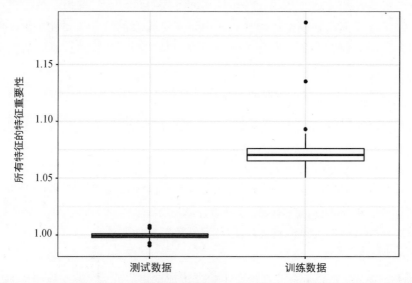

图 7-24 按数据类型划分的特征重要性分布。在包含 50 个随机特征和 200 个实例的回归数据集上训练支持向量机。支持向量机出现过拟合：基于训练数据的特征重要性显示了许多重要特征。在未见过的测试数据上计算，特征重要性接近 1（不重要）

如果不清楚这两种结果哪一种更可取，可尝试为这两个版本提供论据。

1. 测试数据

一个简单的案例：基于训练数据的模型误差估计很差→特征重要性依赖于模型误

差估计→基于训练数据的特征重要性很差。实际上，这是我在机器学习中学到的第一条经验：如果用训练模型的数据来测量模型误差（或性能），测量结果通常过于乐观，这意味着模型的性能似乎比实际效果好得多。由于置换特征重要性依赖于对模型误差的测量，因此应该使用未见过的测试数据。基于训练数据的特征重要性使我们误以为特征对预测很重要，而实际上模型只是过拟合，特征根本不重要。

2. 训练数据

使用训练数据的论据比较难以表述，但它与使用测试数据的论据同样令人信服。再来看看支持向量机，根据训练数据，最重要的特征是 x_{42}。看看特征 x_{42} 的部分依赖图。如图 7-25 所示，模型输出根据特征变化而变化，并不依赖于泛化误差。无论部分依赖图是用训练数据还是测试数据计算的，这都没有关系。

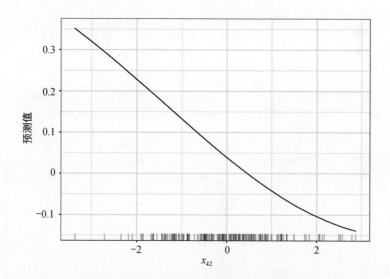

图 7-25　特征 x_{42} 的部分依赖图，基于训练数据的特征重要性，x_{42} 是最重要的特征。该图显示了支持向量机如何根据该特征进行预测

该图清楚地表明，支持向量机已学会根据特征 x_{42} 进行预测，但基于测试数据的特征重要性为 1，该特征并不重要；而基于训练数据的特征重要性为 1.19，表明模型已学会使用该特征。基于训练数据的特征重要性告诉我们，哪些特征对模型来说是重要的，因为模型根据这些特征进行预测。

作为使用训练数据的案例一部分，我想提出一个论点来反对测试数据。在实践中，想使用所有数据来训练模型，以便最终获得最佳模型。这意味着没有未使用的测试数据可以用来计算特征重要性。但当估计模型的泛化误差时，也会遇到同样的问题。如果使用（嵌套）交叉验证来估算特征重要性，就会遇到这样的问题：特征重要性不是根据包含所有数据的最终模型计算的，而是取决于包含可能表现不同的数据子集的模型。

不过，最终建议使用测试数据来计算置换特征重要性。因为如果对模型预测受某一特征影响的程度感兴趣，就可以使用其他重要性度量，如 SHAP 重要性。

接下来看几个例子。重要性计算是根据训练数据进行的，使用训练数据可以少写几行代码。

7.5.3 示例和解释

下面将展示分类和回归的示例。

1. 宫颈癌（分类）

拟合一个随机森林模型来预测宫颈癌。用 1–AUC（1 减去 ROC 曲线下的面积）来衡量误差的增加情况。与模型误差增加 1 倍（无变化）相关的特征对预测宫颈癌并不重要，如图 7-26 所示。

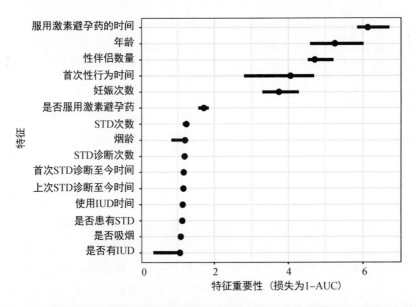

图 7-26　使用随机森林预测宫颈癌时每个特征的重要性。最重要的特征是服用激素避孕药的时间。置换服用激素避孕药的时间后，1–AUC 增加了 6.13 倍

2. 自行车租赁（回归）

根据天气条件和日历信息，拟合了一个支持向量机模型来预测自行车租赁数量。误差测量采用平均绝对误差，如图 7-27 所示。

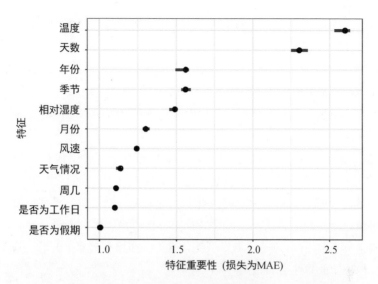

图 7-27　使用支持向量机预测自行车租赁数量时每个特征的重要性。
最重要的特征是温度，最不重要的特征为是否为假期

7.5.4　优点

很好的解释：特征重要性是指当特征值变化时模型误差的增加情况。

特征重要性提供了对模型行为的**高度压缩、全面的认识**。

使用误差比率代替误差差异的一个好处是，对于不同的问题，特征**重要性度量是可比较的**。

重要性度量会自动考虑与其他特征的**所有交互**。通过置换特征，还可以破坏与其他特征的交互效应。这意味着，置换特征重要性既考虑了特征主效应，也考虑了对模型性能的交互效应。这也是一个缺点，因为两个特征之间交互重要性包含在两个特征的重要性度量中。这意味着，特征重要性加起来并不会导致总性能的下降，但是总和会更大。仅当特征之间没有交互时，如线性模型中，重要性才会近似相加。

置换特征重要性**不需要重新训练模型**。其他一些方法建议删除特征，重新训练模型，然后比较模型误差。由于重新训练机器学习模型可能需要很长的时间，因此"只"置换特征可以节省大量的时间。用特征子集重新训练模型的重要性方法看似很直观，但减少数据后的模型对于特征重要性来说毫无意义。人们感兴趣的是固定模型的特征重要性。使用减少数据的数据集重新训练出的模型与感兴趣的模型不同。假设使用非零权重的固定数量的特征训练了一个稀疏线性模型（使用 Lasso）。数据集有 100 个特征，将非零权重的数量设置为 5，分析其中一个非零权重特征的重要性。删除该特征并重新训练模型，模型的性能保持不变，因为另一个同样出色的特征权重不为零，结

论是该特征并不重要。再举一个例子：模型是一个决策树，分析被选为第一个划分节点的特征的重要性，移除该特征并重新训练模型。由于选择了另一个特征作为第一个划分节点，整个树可能会有很大不同，这意味着要比较（可能）完全不同的树的错误率，以决定该特征对其中一棵树的重要性。

7.5.5　缺点

置换特征重要性**与模型的误差有关**。这本身并不是坏事，但在某些情况下并不是所需要的。在某些情况下，可能更想知道模型输出对某一特征的变化程度，而无须考虑它对性能的影响。例如，想知道当有人对特征进行操作时，模型输出的稳健性如何。在这种情况下，感兴趣的不是某个特征被置换后模型性能会降低多少，而是每个特征能解释多少模型输出方差。当模型泛化良好（即没有过拟合）时，模型方差（由特征解释）和特征重要性密切相关。

需要获得真实结果。如果某人提供模型和未标记数据，而不提供真实结果，则无法计算置换特征重要性。

置换特征重要性取决于特征的改变，这就增加了测量的随机性。当重复置换后，**结果可能会有很大差异**。重复置换并对重复排列的重要性度量取平均值可以稳定测量结果，但会增加计算时间。

如果特征存在相关性，那么不真实的数据实例可能会使置换特征重要性产生偏差。这个问题与部分依赖图的问题相同：当两个或多个特征相关时，特征的置换会产生不可能的数据实例。当它们正相关时（如人的身高和体重），如果改变其中一个特征，就会产生不太可能真实存在的新实例（如身高 2m 的人体重为 30kg），但却用这些新实例来衡量置换特征重要性。

换句话说，**对于相关特征的置换特征重要性，要考虑的是，将该特征与在现实中永远不会观察到的值进行交换时，模型性能会降低多少**。检查特征是否具有强相关性，如果具有强相关性，则注意特征重要性的解释。不过，成对相关性可能不足以揭示问题。

另一个棘手的问题是：通过划分两个特征的重要性，添加相关特征会降低相关特征的重要性。下面举例说明"划分"特征重要性的含义：假如要预测下雨的概率，并将前一天早上 8:00 的温度作为一个特征，除此之外还有其他不相关的特征。训练了一个随机森林，结果发现温度是最重要的特征，一切顺利，第二天晚上睡眠质量很好。现在设想另一种情况，将早上 9:00 的温度作为一个与早上 8:00 的温度密切相关的特征。如果已经知道了早上 8:00 的温度，那么早上 9:00 的温度并不会带来太多额外的信息。但拥有更多的特征总是好事，不是吗？用两个温度特征和不相关特征训练一个随机森林。随机森林中的一些树选取了早上 8:00 的温度,另一些树选取了早上 9:00 的温度,甚至有一些树同时选取了这两个温度特征,甚至有一些树没有选取。与之前的单一温度特征相比,两个温度特征加在一起的重要性更高一些,但每个温度特征现在不再是重要特征列表的首位,而是处于中间位置。通过引入一个相关特征,把最重要的特征从重要性阶梯的顶端降到了中等的位置。一方面,这没有问题,因为它只是反映了底层机器学习模型(这里是随机森林)的行为。早上 8:00 的温度变得不那么重要了,因为模型现在也可以依赖早上 9:00 的测量结果。另一方面,这也大大增加了解释特征重要性的难度。假设想检查特征的测量误差,因为检查成本较高,所以决定只检查最重要的前 3 个特征。在第一种情况下,将检查温度,而在第二种情况下,检查不包括任何温度特征,因为它们现在共享重要性。尽管重要性值可能对于模型行为是有意义的,但如果存在相关特征,就会造成混淆。

7.5.6　替代方案

一种名为 PIMP 的算法对置换特征重要性算法进行了调整,以提供重要性的 p 值。另一种基于损失的替代方法是从训练数据中省略特征,重新训练模型并测量损失的增加。置换特征并测量损失的增加并不是测量特征重要性的唯一方法。不同的重要性度量方法可分为针对特定模型的方法和模型不可知方法。随机森林的基尼重要性或回归模型的标准化回归系数就是特定模型重要性度量的例子。

基于方差的测量方法是模型不可知的方法,可替代置换特征重要性。一方面,基于方差的特征重要性度量,如 Sobol 指数或函数 ANOVA,会给予在预测函数中造成高方差的特征更高的重要性。此外,SHAP 重要性也与基于方差的重要性度量有相似之处。如果改变一个特征会极大地改变输出结果,这个特征就是重要的。这种重要性定义不同于基于损失的定义,就像置换特征重要性的情况一样。这在模型过拟合的情况下很明显。如果一个模型过拟合并使用了一个与输出无关的特征,那么置换特征重要性将被赋值为零,因为这个特征对产生正确的预测没有帮助。另一方面,基于方差的重要性度量可能会赋予该特征很高的重要性,因为当特征发生变化时,预测结果可能会发生很大变化。Wei[43] 的论文很好地概述了各种重要性技术。

7.5.7　软件

iml R 软件包可实现本示例。R 软件包 DALEX 和 vip,以及 Python 库 alibi、scikit-learn 和 rfpimp 也实现了模型不可知的置换特征重要性。

7.6 全局代理模型

全局代理模型是一种可解释的模型，经过训练后可以近似于黑盒模型的预测。可以通过解释代理模型得出黑盒模型的结论。通过使用更多的机器学习方法来解决机器学习可解释性方面存在的问题。

7.6.1 理论

代理模型也可运用于工程学：如果感兴趣结果成本较高、耗时或难以测量（例如，来自复杂的计算机仿真），则可以使用成本低、快速的结果代理模型。工程学中使用的代理模型与可解释机器学习中使用的代理模型的区别在于，底层模型是机器学习模型（而不是模拟），代理模型必须是可解释的。可解释代理模型的目的是尽可能准确地近似底层模型的预测结果，同时是可解释的。代理模型的概念有不同的名称：近似模型、元模型、响应面模型和仿真器……

关于这个理论：实际上，理解代理模型并不需要太多的理论知识。在 g 可解释的约束下，希望代理模型预测函数 g 尽可能接近黑盒预测函数 f。对于函数 g，可以使用任何可解释的模型，例如第 4 章中的模型。

例如线性模型：

$$g(x) = \beta_0 + \beta_1 x_1 + \cdots + \beta_p x_p$$

或决策树：

$$g(x) = \sum_{m=1}^{M} c_m I\{x \in R_m\}$$

训练代理模型是一种模型不可知方法，因为它不需要任何有关黑盒模型内部运作的信息，只需要访问数据和预测函数。如果底层机器学习模型被替换为另一个模型，仍然可以使用代理方法。黑盒模型类型和代理模型类型的选择是分离的。

执行以下步骤，以获取代理模型：

- 选择一个数据集 X。可以是用于训练黑盒模型的同一数据集，也可以是来自同一分布区的新数据集。甚至可以选择一个数据子集或一个点网格，这取决于应用。
- 对于选定的数据集 X，获取黑盒模型的预测结果。
- 选择可解释模型类型（线性模型、决策树……）。
- 在数据集 X 及其预测结果上训练可解释模型。
- 恭喜你，现在有了一个代理模型。
- 衡量代理模型复制黑盒模型预测结果的能力程度。
- 解释代理模型。

可能会发现代理模型的方法有一些额外的步骤或略有不同，但总体思路通常与此处所述相同。

R^2 是衡量代理模型复制黑盒模型预测结果的效果的一种方法：

$$R^2 = 1 - \frac{\text{SSE}}{\text{SST}} = 1 - \frac{\sum_{i=1}^{n}(\hat{y}_*^{(i)} - \hat{y}^{(i)})^2}{\sum_{i=1}^{n}(\hat{y}^{(i)} - \bar{y})^2}$$

式中，$\hat{y}_*^{(i)}$ 表示代理模型第 i 个实例的预测值；$\hat{y}^{(i)}$ 表示黑盒模型的预测值；$\bar{y}$ 表示黑盒模型预测的平均值；SSE 表示平方误差总和；SST 表示平方总和。R^2 度量可解释为替代模型获取到的方差百分比。如果 R^2 接近 1（低 SSE），则可解释模型非常接近黑盒模型的行为。如果可解释模型非常接近，则可以用可解释模型替换复杂模型。如果 R^2 接近 0（高 SSE），则可解释模型无法解释黑盒模型。

请注意，这里没有讨论底层黑盒模型的性能，也就是它在预测实际结果方面的表现。黑盒模型的性能在训练代理模型时不起作用。对代理模型的解释仍然有效，因为它是对模型而不是对真实世界的陈述。当然，如果黑盒模型不好，对代理模型的解释就变得无关紧要了，因为黑盒模型本身也无关紧要。

也可以根据原始数据的子集建立代理模型，或者重新调整实例的权重。这样就改变了代理模型输入的分布，从而改变了解释的重点（它就不再是全局）。如果根据数据的特定实例对数据进行局部加权（实例与所选实例越接近，其权重越高），就可以得到一个局部代理模型，该模型可以解释实例的单个预测。有关局部模型的更多信息，请参阅第 8 章。

7.6.2　示例

为了演示代理模型，分别考虑一个回归和分类示例。

首先，训练一个支持向量机，根据天气和日历信息预测每天自行车租赁数量。支持向量机的可解释性弱，因此用 CART 决策树作为可解释模型来训练代理模型，以近似支持向量机的行为，如图 7-28 所示。

代理模型的 R^2（可解释方差）为 0.77，这意味着它很好地近似了潜在的黑盒行为，但并不完美。如果拟合得很完美，就可以放弃支持向量机，改用树模型。

在第二个例子中，用随机森林预测患宫颈癌的概率。再次使用原始数据集训练决策树，但将随机森林的预测结果作为结果，而不是数据中的真实类别（健康与患癌），如图 7-29 所示。

代理模型的 R^2（可解释方差）为 0.19，这意味着不能很好地近似随机森林，在对复杂模型下结论时不应过度解读该树。

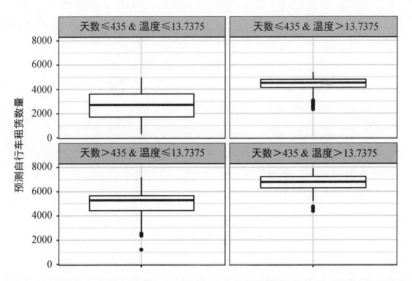

图 7-28　代理树的终端节点，近似于根据自行车租赁数据集训练的支持向量机的预测。
节点中的分布显示，代理树预测气温高于 13℃时，以及在 2 年的时间中较后的时间
（节点为 435 天），自行车租赁数量较高

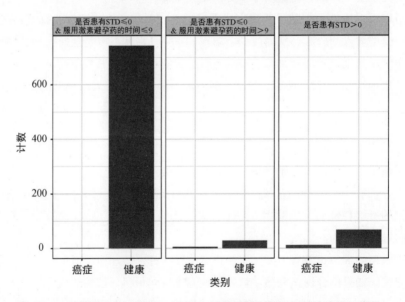

图 7-29　代理树的终端节点，近似于在宫颈癌数据集上训练的随机森林。
节点中的计数显示了节点中黑盒模型分类的频率

7.6.3　优点

代理模型法非常灵活：可以使用第 4 章中的任何模型。这也意味着不仅可以更换

可解释模型，还可以更换底层黑盒模型。假设创建了一个复杂的模型，并向公司的不同团队进行了解释。一个团队熟悉线性模型，另一个团队了解决策树。可以为原始黑盒模型训练两个代理模型（线性模型和决策树），并提供两种解释。如果发现性能更好的黑盒模型，则可以不必改变解释方法，因为可以使用同一类代理模型。

这种方法非常直观和简单。这意味着它不仅易于实现，而且易于向不熟悉数据科学或机器学习的人解释。

使用 R^2 **度量**，可以轻松地测量代理模型在近似黑盒预测方面的表现。

7.6.4　缺点

请注意，以上**得出的是关于模型的结论而不是数据的结论**，因为代理模型永远无法看到实际结果。

目前还不清楚 R^2 的最佳临界点是多少，以便确信代理模型与黑盒模型足够接近，可解释方差的 80%？50%？99%？

可以衡量代理模型与黑盒模型的接近程度。假设它们并不是非常接近，但已经足够接近。可能出现的情况是，对于数据集的一个子集来说，**可解释模型非常接近，但对于另一个子集来说，却大相径庭**。在这种情况下，对简单模型的解释并不是适用于所有数据点。选择可解释模型作为代理模型既有优点，也有缺点。

有些人认为，一般来说，**不存在本质上可解释的模型**（包括线性模型和决策树），甚至认为产生可解释性的错觉是危险的。如果赞同这种观点，这种方法则不适合。

7.6.5　软件

本示例使用了 iml R 软件包。如果可以训练一个机器学习模型，那么应该可以自己实现代理模型。只需训练一个可解释的模型来预测黑盒模型的结果。

7.7　原型和批评

一个**原型**是一个数据实例，代表了所有数据。一个**批评**是一组不能很好地由原型代表的数据实例。批评旨在与原型一起提供见解，尤其是对于原型不能很好代表的数据点。原型和批评可以独立于机器学习模型来描述数据，但也可以用来创建可解释的模型或使黑盒模型具有可解释性。

本章用"数据点"指代单个实例，以强调实例也是坐标系中的一个点，坐标系中的每个特征都是一个维度。图 7-30 显示了一个模拟数据分布，其中一些实例被选为原型，另一些实例则被选为批评。小圆点代表数据，大圆点代表批评，方格代表原型。

原型是（手动）选择的，以覆盖数据分布的中心，而批评则是聚类中没有原型的点。原型和批评总是来自数据的实际实例，如图 7-30 所示。

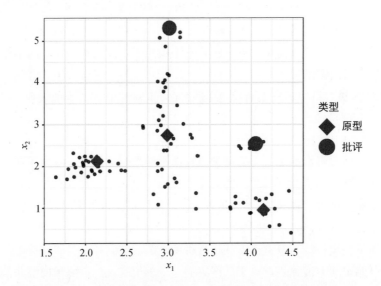

图 7-30　具有两个特征 x_1 和 x_2 的数据分布的原型和批评

　　手动选择原型的方法不能很好地扩展，可能会导致结果不佳。有很多种方法可以用于在数据中找到原型。其中一种是 k-medoids 算法，这是一种与 k-means 算法相关的聚类算法。任何能够将实际数据点作为聚类中心的聚类算法都符合选择原型的条件。但这些方法大多只能找到原型，而不是批评。本章将介绍 Kim 等人[44] 提出的 MMD-critic，这是一种将原型和批评结合在一个框架中的方法。

　　MMD-critic 比较了数据的分布和所选原型的分布，这是理解 MMD-critic 方法的核心。MMD-critic 选择的原型可以最大限度地减少两种分布之间的差异。高密度区域的数据点是很好的原型，尤其是从不同的"数据聚类"中选择数据点时。那些不能被原型很好解释的区域的数据点将被选择为批评。

　　下面深入探讨这一理论。

7.7.1　理论

MMD-critic 程序可以简单地概括如下：

- 选择想要找到的原型和批评的数量。
- 通过贪婪搜索找到原型。选择原型，使其分布接近数据分布。
- 用贪婪搜索查找批评。当原型的分布不同于数据的分布时，选择点作为批评。

使用 MMD-critic 为数据集查找原型和批评时需要几个要素，其中最基本的一个要素是一个**核函数**来估计数据密度。核函数是根据两个数据点的接近程度对其进行加权的函数。基于密度估算，需要一种测量方法来显示两个分布有何不同，从而确定选择的原型分布是否接近数据分布。这可以通过测量**最大均值差异**（Maximum Mean Discrepancy，MMD）来解决。同样基于核函数，需要使用 **witness** 函数来显示两个分布在特定数据点上的差异。有了 witness 函数，就可以选择批评点，即原型和数据分布发散且 witness 函数绝对值较大的数据点。最后一个批评点是用于寻找好的原型和批判的搜索策略，这可以通过简单的**贪婪搜索**来解决。

从最大均值差异开始，它测量两个分布之间的差异。原型的选择创建了原型的密度分布。若想评估原型分布与数据分布是否存在差异，可使用核密度函数对两者进行估计。最大均值差异衡量的是两种分布之间的差异，即两种分布的期望值差异在函数空间上的最大值。当看到如何用数据进行计算时，就能更好地理解这些概念。下面的公式显示了如何计算最大均值差异测量平方（MMD^2）：

$$\text{MMD}^2 = \frac{1}{m^2}\sum_{i,j=1}^{m}k(z_i,z_j) - \frac{2}{mn}\sum_{i,j=1}^{m,n}k(z_i,x_j) + \frac{1}{n^2}\sum_{i,j=1}^{n}k(x_i,x_j)$$

式中，k 表示衡量两点相似性的核函数，稍后会详细介绍；m 表示原型 z 的数量；n 表示原始数据集中数据点 x 的数量；原型 z 表示数据点 x 的一个选择。每个点都是多维的，即可以有多个特征。MMD-critic 的目标是最小化 MMD^2。MMD^2 越接近零，原型的分布就越拟合数据。将 MMD^2 降为零的关键在于中间的项，它计算的是原型与所有其他数据点之间的平均接近程度（乘以 2）。如果这个项与第一个项（原型之间的平均接近程度）与最后一个项（数据点之间的平均接近程度）相加，原型就能完美地解释数据。试想一下，如果将所有 n 个数据点都用作原型，公式会发生什么变化？

如图 7-31 所示，第一幅图显示了具有两个特征的数据点，其中数据密度的估计值以阴影背景显示。其他每幅图都显示了不同的原型选择，并在图标中标注了 MMD^2 度量。原型是大圆点，其分布表示为等高线。在这些情况中，最能涵盖数据的原型选择（左下）的差异值最小。

径向基函数是核函数不错的选择：

$$k(x,x') = \exp(-\gamma \parallel x-x' \parallel^2)$$

式中，$\parallel x-x' \parallel^2$ 表示两点之间的欧氏距离；γ 表示缩放参数。核值随两点之间距离的增加而减小，范围介于 0 和 1 之间：当两点相距无限远时为零；两点相等时为 1。

将 MMD^2 测量、核和贪婪搜索结合到寻找原型的算法中：

• 从空的原型列表开始。

• 当原型数量低于所选数量 m 时：——对于数据集中的每个点，检查将该点添加

到原型列表时 MMD^2 减少了多少。将最小化 MMD^2 的数据点添加到列表中。

- 返回原型列表。

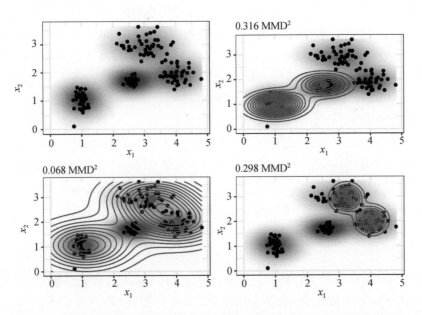

图 7-31　具有两个特征和不同原型选择的数据集的最大平均值差异测量平方

查找批评的其余要素是 witness 函数，其表示两个密度估计值在某点上的差异有多大。可以用以下方法估算

$$\text{witness}(x) = \frac{1}{n}\sum_{i=1}^{n}k(x, x_i) - \frac{1}{m}\sum_{j=1}^{m}k(x, z_j)$$

对于具有相同特征的两个数据集，witness 函数提供方法来评估点 x 更适合哪种经验分布。为了发现批评，要从正负两个方向寻找 witness 函数的极值。witness 的第一项是点 x 与数据的平均接近度，第二项是点 x 与原型的平均接近度。如果点 x 的 witness 函数接近零，则数据和原型的密度函数接近，这意味着原型的分布与点 x 的数据分布相似。点 x 的 witness 函数为负，意味着原型分布高估了数据分布（例如，选择了一个原型，但附近只有很少的数据点）；点 x 的 witness 函数为正，意味着原型分布低估了数据分布（例如，点 x 附近有很多的数据点，但没有在附近选择任何的原型）。

为了加深理解，重新使用之前图中 MMD^2 最低的原型，并显示手动选择的几个点的 witness 函数。如图 7-32 所示，标签显示了标记为三角形的各点的 witness 函数值，只有中间的点具有较高的绝对值，因此适用于批评者。

通过 witness 函数，可以明确搜索不能很好由原型代表的数据实例。批评点是 witness 函数中绝对值较高的点。与原型一样，批评也是通过贪婪搜索找到的。但寻找的不是降低整体 MMD^2，而是最大化成本函数的点，该成本函数包括 witness 函数和正则项。优化函数中的附加项会增加点的多样性，而这正是来自不同聚类的点所需要的。

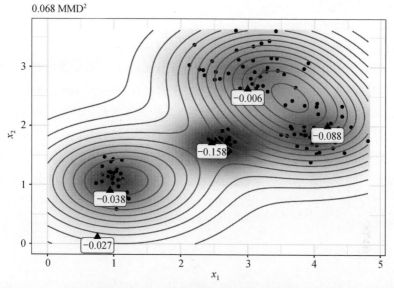

图 7-32　witness 函数在不同点上的估值

第二步独立于找到原型的过程。也可以亲自挑选一些原型，然后使用这里描述的程序来学习批评。或者，原型也可以来自任何聚类程序，例如 k-medoids。

这就是 MMD-critic 理论的重要部分。还有一个问题：MMD-critic 如何用于可解释机器学习？

MMD-critic 可以通过三种方式增加可解释性：帮助更好地理解数据分布，建立可解释的模型，使黑盒模型可解释。

如果将 MMD-critic 用于数据中，以找到原型和批评，就能提升对数据的理解，尤其是在数据分布复杂、存在边缘情况时。不过，使用 MMD-critic 还能实现更多。

例如，可以创建一个可解释的预测模型：所谓的"最近原型模型"。预测函数定义如下：

$$\hat{f}(x) = \text{argmax}_{i \in S} k(x, x_i)$$

这意味着从原型集 S 中选择最接近新数据点的原型 i，因为它能产生最高的核函数值。原型本身将作为预测的解释返回。该程序有三个调整参数：核类型、核缩放参数和原型数量。所有参数都可以在交叉验证循环中优化。这种方法不适用批评。

第三种选择是 MMD-critic，通过检查原型、批评及模型预测，使任何机器学习模型都具有全局可解释性。具体步骤如下：

- 用 MMD-critic 查找原型和批评。
- 照常训练机器学习模型。

- 使用机器学习模型预测原型和批评的结果。
- **分析预测**：在哪些情况下算法是错误的？现在有了一些能很好地反映数据的示例，有助于找到机器学习模型的弱点。

这有什么帮助？还记得谷歌的图像分类器将黑人识别为大猩猩吗？也许他们应该在部署图像识别模型之前使用这里介绍的程序。仅仅检查模型的性能是不够的，因为即使模型的正确率达到 99%，这个问题也可能以 1% 的概率出现。标签也可能是错误的！如果预测结果有问题，那么遍历所有训练数据并进行合理性检查可能会发现问题，但这是不可行的。相反，选择几千个原型和批评是可行的，可以揭示数据中存在的问题：它可能会显示缺少黑皮肤人的图片，这表明数据集的多样性存在问题。或者，它可以显示一张或多张黑皮肤人的图片作为原型，或者（很可能）作为对臭名昭著的"大猩猩"分类的批评。虽然不保证 MMD-critic 一定会拦截这类错误，但它是一个很好的合理性检查工具。

7.7.2 示例

下面的 MMD-critic 示例使用手写数字数据集。在查看实际原型时，会注意到每个数字的图像数是不同的。这是因为在整个数据集中搜索的原型数量是固定的，而不是每个类别的固定数量。正如预期一样，这些原型显示了不同的数字书写方式，如图 7-33 所示。

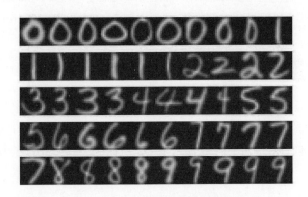

图 7-33　手写数字数据集原型

7.7.3 优点

在一项用户研究中，MMD-critic 的作者向玩家提供了图像，玩家必须将这些图像与两组图像中的一组进行视觉匹配，每组图像代表两个类别（例如两个犬种）中的一个。**如果这两组图片显示的是原型和批评，而不是一个类别的随机图片，那么玩家的表现最好。**

可以自由选择原型和批评的数量。MMD-critic 使用数据的密度估计值，它适用于任何类型的数据和机器学习模型。该算法**易于实现**。

MMD-critic 的使用方式非常灵活，可以提高可解释性。它既可以用来理解复杂的数据分布，也可以用来构建可解释的机器学习模型，还能揭示黑盒机器学习模型的决策过程。

寻找批评独立于原型的选择过程。根据 MMD-critic 选择原型是有意义的，因为这样原型和批判都是通过比较原型和数据密度的方法创建的。

7.7.4 缺点

虽然原型和批评在数学上的定义不同，但它们的**区别是基于截断值**（原型数量）。假设选择的原型数量太少，无法覆盖数据分布。那么批评最终将集中在没有得到很好解释的区域。但是，如果增加更多的原型，它们也会出现在相同的区域。任何解释都必须考虑到：批评在很大程度上取决于现有原型和原型数量的（任意）截断值。

必须选择**原型和批评的数量**。虽然这存在益处，但也是个缺点。到底需要多少原型和批评？越多越好？越少越好？一种解决方案是通过测量人类观察图像的时间来选择原型和批评的数量，这取决于特定的应用。只有在使用 MMD-critic 建立分类器时，才有办法直接对其进行优化。另一种解决方案是用碎石图在 x 轴上显示原型数量，在 y 轴上显示 MMD^2 测量值。我们将选择使 MMD^2 曲线变平的原型数量。

其他参数是核和核缩放参数，但面临的问题与原型和批评数相同：**如何选择核及其缩放参数**？同样，当使用 MMD-critic 作为最近原型分类器时，可以调整核参数。然而，对于 MMD-critic 的无监督使用情况，这一点还不清楚（也许说得有点过分，因为所有无监督学习方法都存在这个问题）。

它以所有特征为输入，**而忽略了某些特征可能与预测结果无关这一事实**。一种解决方案是只使用相关特征，例如使用图像嵌入而不是原始像素。只要有办法将原始实例投射到只包含相关信息的表示形式上，这种方法就能奏效。

目前有一些可用的代码，但尚未以包装精美、文档齐全的软件形式出现。

7.7.5 软件和替代方案

MMD-critic 的实现可以在作者的 GitHub 仓库[①] 中找到。

作者还开发了 MMD-critic 的扩展——Protodash，并在他们的研究成果 [45] 中宣称它与 MMD-critic 相比的优势。IBM AIX360[②] 工具提供了 Protodash 的实现。

Kaufman 等人 [46] 提出的 *k*-medoids 是寻找原型的最简单替代方法。

---

① 在 GitHub 中搜索 "BeenKim/MMD-critic"。

② 在 GitHub 中搜索 "Trusted-AI/AIX360"。

第 8 章
局部模型不可知方法

局部可解释性方法可以解释单个预测。本章将介绍以下局部可解释性方法：

- 个体条件期望曲线是部分依赖图的组成部分，它描述了改变特征对预测的影响。
- 局部代理模型通过用局部可解释的代理模型替换复杂模型来解释预测。
- 范围规则（锚点）是描述哪些特征值可以锚定预测的规则，因为它们可以锁定预测的位置。
- 反事实解释通过研究需要改变哪些特征才能实现期望预测，从而解释预测。
- Shapley 值是一种归因方法，可以将预测结果公平地分配给各个特征。
- SHAP 是 Shapley 值的另一种计算方法，但也提出了基于整个数据中 Shapley 值组合的全局可解释性方法。

局部代理模型和 Shapley 值都是归因方法，因此单个实例的预测被描述为特征效应的总和。其他方法，例如反事实解释法，则是以实例为基础的。

8.1　个体条件期望

个体条件期望（Individual Conditional Expectation，ICE）图为每个实例画了一条线，显示了某个特征发生变化时，该实例的预测是如何改变的。

计算特征平均效应的部分依赖图是一种全局方法，因为它并不关注特定实例，而是关注整体平均。与针对单个数据实例的部分依赖图相对应的是个体条件期望[47]。个体条件期望图将每个实例的预测对特征的依赖性分别可视化，结果是每个实例一条线，而部分依赖图则是整体一条线。部分依赖图是个体条件期望图中各条线的平均值。在计算一条线（和一个实例）的值时，可以保持所有其他特征不变，通过用网格中的值替换该特征的值来创建该实例的变体，并用黑盒模型对这些新创建的实例进行预测。结果就是一组实例的点集，包括来自网格的特征值和相应的预测。

查看个体条件期望而非部分依赖性的意义何在？部分依赖图可能会掩盖由交互作用产生的异质性关系。部分依赖图可以显示特征与预测之间的平均关系。只有当计算部分依赖图的特征与其他特征之间的交互作用较弱时，这种方法才会有效。在存在交互的情况下，个体条件期望图将提供更多的信息。

更正式的定义：在个体条件期望图中，对于 $\{(x_S^{(i)}, x_C^{(i)})\}_{i=1}^{N}$ 中的每个实例，曲线 $\hat{f}_S^{(i)}$ 是与 $x_S^{(i)}$ 的关系图，而 $x_C^{(i)}$ 保持不变。

8.1.1　示例

回到宫颈癌数据集，看看每个实例的预测是如何与"年龄"特征相关联的。分析一个随机森林，其在给定风险因素的条件下预测女性患癌的概率。由 7.1 节可知，患癌概率在 50 岁左右增加，但数据集中的每位女性都是如此吗？如图 8-1 所示，对于大多数女性来说，年龄效应遵循 50 岁时增加的平均模式，但也有一些例外：对于少数在年轻时就有较高预测概率的女性来说，预测的患宫颈癌概率并没有随着年龄的增长而发生太大的变化。

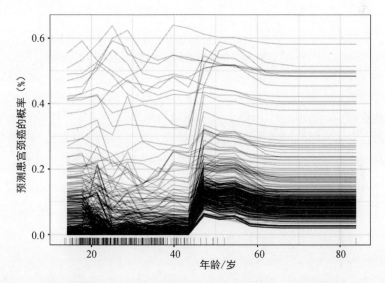

图 8-1　根据年龄划分的患宫颈癌概率个体条件期望图。每条线代表一名女性。
对于大多数女性来说，随着年龄的增长，预测的患宫颈癌概率会增加。对于一些
预测患宫颈癌概率高于 0.4 的女性来说，较大年龄对预测结果的影响较小

图 8-2 显示了预测自行车租赁数量的个体条件期望图，基础预测模型是随机森林。

所有曲线似乎都遵循相同的轨迹，因此没有明显的交互作用。这说明部分依赖图已经很好地概括了所显示的特征与预测自行车租赁数量之间的关系。

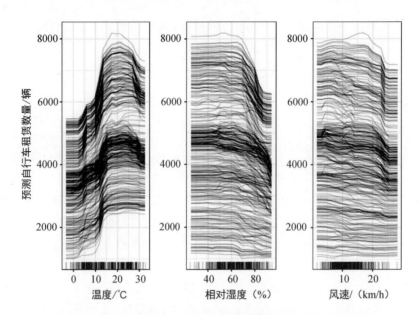

图 8-2　根据天气条件预测的自行车租赁数量的个体条件期望图。
可以观察到与部分依赖图相同的效果

1．中心化的个体条件期望图

个体条件期望图存在一个问题：有时很难判断不同个体的个体条件期望图是否不同，因为它们从不同的预测开始。简单的解决方法是将曲线中心化于特征中的某一点，只显示预测值与该点的差异。这样得到的图称为居中个体条件期望图。将曲线锚点固定在特征的下端是一个不错的选择。新曲线的定义如下：

$$\hat{f}_{\text{cent}}^{(i)} = \hat{f}^{(i)} - \mathbf{1}\hat{f}(x^a, x_C^{(i)})$$

式中，$\mathbf{1}$ 表示 1 的向量，维数适当（通常为一个或两个）；$\hat{f}$ 表示拟合模型；x^a 表示锚点。

2．示例

例如，以年龄划分的宫颈癌个体条件期望图为例，以观察到的最年轻年龄为中心画一条线，如图 8-3 所示。

通过中心化个体条件期望图，更易于比较单个实例的曲线。如果不想看到预测值的绝对变化，而是希望了解预测值与特征范围的固定点相比的差异，这会很有用。

如图 8-4 所示，来看看预测自行车租赁数量的中心化个体条件期望图。

3．导数个体条件期望图

另一种从视觉上更容易发现异质性的方法是观察预测函数相对于特征的导数。生成的图称为导数个体条件期望图（d-ICE）。函数（或曲线）的导数可以显示是否发生

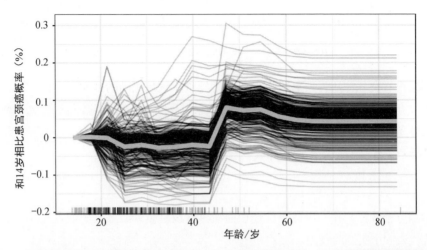

图 8-3　根据年龄划分的预测患癌概率的中心化个体条件期望图。14 岁时的预测线固定为 0。
与 14 岁相比，大多数女性的预测值保持不变，直到 45 岁，预测的概率会增加

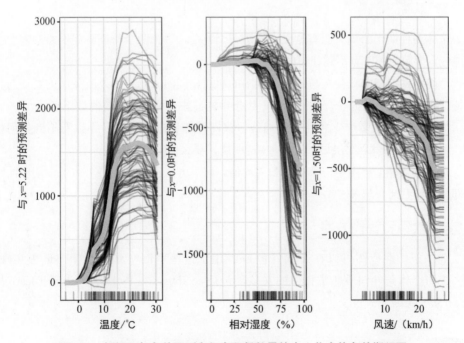

图 8-4　根据天气条件预测自行车租赁数量的中心化个体条件期望图。
图中的线条表示预测值与各特征值处于观察到最小值时的预测值之间的差异

了变化以及变化的方向。利用导数个体条件期望图，可以很容易地发现特征值的范围，在这些范围内（至少在某些情况下），黑盒预测值会发生变化。如果分析的特征 x_S 与其他特征 x_C 之间没有交互作用，那么预测函数可以表示为

$$\hat{f}(\boldsymbol{x}) = \hat{f}(\boldsymbol{x}_S, \boldsymbol{x}_C) = g(\boldsymbol{x}_S) + h(\boldsymbol{x}_C)$$

$$\frac{\delta \hat{f}(\boldsymbol{x})}{\delta \boldsymbol{x}_S} = g'(\boldsymbol{x}_S)$$

如果没有交互作用，所有实例的单个偏导数应该是相同的。如果它们不同，则说明存在交互作用，这在 d-ICE 图中就有所体现。除了显示预测函数相对于 S 中特征的导数的各条曲线，显示导数的标准差还有助于突出 S 中特征的导数估计值存在差异的区域。导数个体条件期望图的计算时间较长，有些不切实际。

8.1.2　优点

与部分依赖图相比，个体条件期望曲线**更直观易懂**。如果改变感兴趣的特征，则一条线代表一个实例的预测。

与部分依赖图不同，个体条件期望曲线可以**表示异质性关系**。

8.1.3　缺点

个体条件期望曲线只能**有意义地显示一个特征**，因为两个特征将需要绘制多个重叠曲线，导致在图中看不到任何内容。

个体条件期望曲线存在与部分依赖图的曲线相同的问题：如果所关注的特征与其他特征相关，那么根据联合特征分布，**线条中的某些点可能是无效的数据点**。

如果绘制了很多个体条件期望曲线，该图**可能会过于拥挤**，导致看不到任何内容。解决方法是：要么给线条增加一些透明度，要么仅绘制线条的采样。

在个体条件期望图中，**很难看到平均值**。解决方法很简单：将个体条件期望曲线与部分依赖图结合起来。

8.1.4　软件和替代方案

个体条件期望图可以在 R 软件包 iml（用于这些示例）、ICEbox 和 pdp 中实现。另一个与个体条件期望非常相似的 R 软件包是 condvis。在 Python 中，scikit-learn 从 0.24.0 版开始内置了 pdp。

8.2　局部代理模型

局部代理模型（Local Interpretable Model-Agnostic Explanation，LIME）是可解释模型，用于解释黑盒机器学习模型的单个预测。在局部可解释模型不可知解释[48]论文中，作者提出局部代理模型的具体实现方法。代理模型是为了近似底层黑盒模型的预测而训练的。局部代理模型的重点不是训练全局代理模型，而是专注于训练局部代理模型以解释单个预测。

这个想法很直观。首先，忘掉训练数据，并假设只有黑盒模型，可以在这里输入数据点并得到模型的预测结果。可以随时探测黑盒，目的是了解机器学习模型为什么会做出某种预测。局部代理模型测试的是，当向机器学习模型提供不同的数据时，预测结果会发生什么变化。局部代理模型会生成一个新的数据集，其中包括扰动样本和黑盒模型的相应预测。然后，局部代理模型会在这个新数据集上训练一个可解释模型，该模型通过采样实例与相关实例的接近程度进行加权。可解释模型可以是可解释模型章节中的任何模型，例如 Lasso 或决策树。学习到的模型应该是机器学习模型预测的良好局部近似，但不一定是良好的全局近似。这种准确性也称为局部保真度。

在数学上，具有可解释性约束的局部代理模型可以表示如下：

$$\text{explanation}(\boldsymbol{x}) = \arg\min_{g \in G} L(f, g, \pi_x) + \Omega(g)$$

实例 x 的解释模型是最小化损失 L（如均方误差）的模型 g（如线性回归模型），损失 L 衡量解释与原始模型 f（如 XGBoost 模型）预测的接近程度，同时保持较低的模型复杂度 $\Omega(g)$（如偏好较少的特征）。G 是一系列可能的解释族，例如所有可能的线性回归模型。接近度 π_x 定义了为解释所考虑的实例 x 周围邻域的大小。实际上，局部代理模型只优化损失部分。用户必须确定复杂度，例如，通过选择线性回归模型可以使用的最大特征数。

训练局部代理模型的方法：

- 选择想要解释其黑盒预测的相关实例。
- 扰动数据集，获取这些新数据点的黑盒预测结果。
- 根据新样本与相关实例的接近程度对其加权。
- 在有变化的数据集上训练一个可解释的加权模型。
- 通过解释局部模型来解释预测结果。

例如，在当前的 R[①] 和 Python[②] 实现中，可以选择线性回归作为可解释的代理模型。事先必须选择 K，即希望在可解释模型中拥有的特征数量。K 越小，模型就越容易解释；K 越大，模型的保真度就越高。有几种方法可以训练出精确到 K 个特征的模型。Lasso 就是一个不错的选择。具有高正则化参数 λ 的 Lasso 模型可以生成一个没有任何特征的模型。

通过递减 λ 的方式重新训练 Lasso 模型，特征就会得到非零的权重估计值。如果

① 在 GitHub 中搜索"thomasp85/lime"。

② 在 GitHub 中搜索"marcotcr/lime"。

模型中有 K 个特征，就达到了所需的特征数量。其他策略包括正向或反向选择特征。这意味着可以从完整模型（等于包含所有特征）或仅包含截距的模型开始，然后测试添加或移除哪个特征会带来最大的改进，直到得到具有 K 个特征的模型。

如何获得数据的变化？这取决于数据类型，数据可以是指文本、图像或表格数据。对于文本和图像，解决方案是打开或关闭某个单词或超级像素。对于表格数据，局部代理模型会对每个特征进行单独扰动，从正态分布（取自特征的平均值和标准差）中提取新样本。

8.2.1　表格数据的局部代理模型

表格数据是以表格形式呈现的数据，每行代表一个实例，每列代表一个特征。局部代理模型样本不从感兴趣的实例周围获取，而是从训练数据的质心获取，这是有问题的。但这也使得一些样本点的预测结果与相关数据点不同，局部代理模型至少可以学习到一些解释。

最好能直观地解释采样和局部模型训练的原理，如图 8-5 所示。

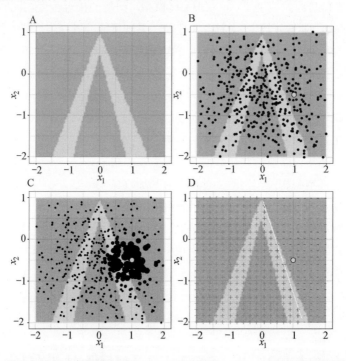

图 8-5　表格数据的局部代理模型算法。A 为给定特征 x_1 和 x_2 的随机森林预测。预测类别：1(深色) 或 0(浅色)。B 为感兴趣的实例（较大的点）和从正态分布中采样的数据（较小的点）。C 为给感兴趣的实例附近的点分配更高的权重。D 为网格的符号显示了局部学习模型从加权样本中得出的分类结果。白线标志决策边界，$P($ 类别 $=1)=0.5$

正所谓细节决定成败。在一个点周围定义有意义的邻域是很困难的。局部代理模型目前使用指数平滑核来定义邻域。平滑核是一个函数，它接受两个数据实例并返回一个邻近度量。核宽度决定了邻域的大小：核宽度越小，说明实例必须非常接近才会影响局部模型；核宽度越大，说明远的实例也会影响模型。如果查看局部代理模型的 Python 实现（文件 lime/lime_tabular.py）[①]，就会发现它使用了指数平滑核（针对归一化数据），核宽度是训练数据列数平方根的 0.75 倍。这看起来是一行很简单的代码，但它就像客厅里的大象，旁边摆着从祖父母那里得到的上好瓷器。最大的问题是，没有找到最佳核或宽度的好方法。那 0.75 又从何而来呢？在某些情况下，可以通过改变核宽度来轻松改变解释，如图 8-6 所示。

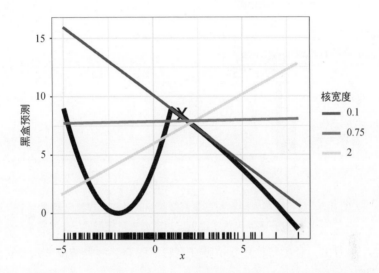

图 8-6　实例在 x=1.6 处的预测解释。根据单一特征的黑盒模型预测结果以粗线表示，数据的分布以 RUG 图表示。计算三个具有不同核宽度的局部代理模型，得出的线性回归模型取决于核宽度：对 x=1.6，特征具有负效应、正效应还是无效应？

该示例仅显示了一个特征。在高维特征空间中，情况会变得更糟。此外，也不清楚距离度量是否应该对所有特征一视同仁。特征 x_1 的距离单位与特征 x_2 的距离单位是否相同？距离度量非常任意，不同维度（又称特征）的距离可能根本无法比较。

来看一个具体的例子。回到自行车租赁数量数据，将预测问题转化为分类问题：在考虑到自行车租赁随着时间的推移变得越来越流行这一趋势后，想知道某天的自行车租赁数量是高于还是低于趋势线。也可以将"高于"理解为高于自行车的平均租赁数量，但会根据趋势进行调整。

---

① 在 GitHub 中搜索"marcotcr/lime/tree"。

首先，用 100 棵树训练一个随机森林来完成分类任务。根据天气和日历信息，自行车的租赁数量将在哪一天高于无趋势的平均值？

解释包括两个特征。稀疏局部线性模型在两个预测类别不同的实例中的训练结果，如图 8-7 所示。

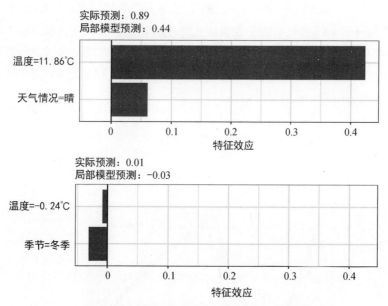

图 8-7　自行车租赁数量数据集两个实例的局部代理模型解释。
温度升高和天气状况良好对预测有积极影响

从图 8-7 中看出，分类特征比数值特征更容易解释。一种解决方法是将数值特征分类到分区中。

8.2.2　文本的局部代理模型

用于文本的局部代理模型与用于表格数据的局部代理模型不同。生成数据变体的方式不同：从原始文本开始，通过从原始文本中随机删除单词来创建新文本。数据集以每个词的二进制特征表示。如果包含相应的词，则特征为 1；如果词已被删除，则特征为 0。

示例

在下面这个例子中，将 YouTube 评论分为垃圾和正常。黑盒模型是根据文档单词矩阵训练的深度决策树。每条评论是一个文档（一行），每列是给定单词的出现次数。简短的决策树很容易理解，但在这种情况下，决策树非常深。此外，也可以用一个循环神经网络或一个根据词嵌入（抽象向量）训练的支持向量机来代替决策树。下面来看该数据集中的两条评论以及相应的类（1 表示垃圾评论，0 表示正常评论），如表 8-1 所示。

表 8-1　YouTube 上的两条评论

评 论 序 号	文　　本	类　　别
267	PSY is a good guy	0
173	For Christmas Song visit my channel! ;)	1

下一步是创建局部模型中使用的数据集的变体。例如，其中一条评论的一些变体，如表 8-2 所示。

表 8-2　第二条评论的变体

评论序号	Christmas	Song	visit	my	channel!	;)	概率	权重
1	0	1	1	0	0	1	0.17	0.57
0	1	1	1	1	0	1	0.17	0.71
1	0	0	1	1	1	1	0.99	0.71
1	0	1	1	1	1	1	0.99	0.86
0	1	1	1	0	0	1	0.17	0.57

每列对应句子中的一个词；每行是一个变体，1 表示该词是该变体的一部分，0 表示该词被删除。例如，其中一个变体对应的句子是" Christmas Song visit my channel!;)"。"概率"列显示了每个句子变体为垃圾的预测概率。"权重"列显示了变体与原始句子的接近度，计算方法为 1 减去被删除词的比例，例如，如果在 7 个词中删除了 1 个，则接近程度为 $1 - 1 / 7 = 0.86$。

下面有两个句子（一个是正常评论，另一个是垃圾评论）及其通过局部代理模型算法找到的估计局部权重，如表 8-3 所示。

表 8-3　评论中的词和词的权重

类　　别	类 别 概 率	特　　征	特 征 权 重
1	0.1701170	PSY	0.00
1	0.1701170	guy	0.00
1	0.1701170	good	0.00
2	0.9939024	channel!	6.18
2	0.9939024	;)	0.00
2	0.9939024	visit	0.00

由表 8-3 可知，" channel "一词为垃圾评论的概率很高。对于非垃圾评论，不会估计非零权重，因为无论删除哪个词，预测类别都将保持不变。

8.2.3　图像的局部代理模型①

图像的局部代理模型与表格数据和文本的局部代理模型不同。直观地讲，扰动单个像素的意义不大，因为一个类中有多个像素。随机改变单个像素可能不会对预测结果产生太大的影响。因此，将图像分成"超像素"，通过关闭或打开超像素，以创建图像的各种变化。超像素是具有相似颜色的互连像素，可以通过将每个像素替换为用户定义的颜色（如灰色）来关闭。用户还可以指定在每次置换中关闭超像素的概率。

在下面示例中，将看到 Inception V3 神经网络的分类，其使用的图像显示了碗里烤的一些面包。由于每幅图像可以有多个预测标签（按概率排序），因此可以解释排名靠前的标签。排名第一的预测标签是"贝果"，概率为 0.77，其次是"草莓"，概率为0.04。图 8-8 显示了局部代理模型对"贝果"和"草莓"的解释。这些解释可以直接显示在图像样本上。绿色表示这部分图像增加了标签预测的概率，红色表示减小了标签预测的概率。

图 8-8　左图为一碗面包的图像。中间和右边的图分别为谷歌 Inception V3 神经网络
对图像分类中排名前 2 的类别（贝果、草莓）的局部代理模型解释

虽然预测是错误的（这些显然不是贝果，因为面包体中间没有洞），但对"贝果"的预测和解释非常合理。

8.2.4　优点

即使替换了底层机器学习模型，仍然可以使用相同的局部可解释模型进行解释。假设查看解释的人最了解决策树。由于使用的是局部代理模型，因此可以使用决策树作为解释，而不必使用决策树进行预测。例如，可以使用支持向量机。如果发现XGBoost 模型的效果更好，就可以用它替换支持向量机，但仍然使用决策树来解释预测结果。

局部代理模型得益于训练和解释可解释模型的文献和经验。

___
① 本节由 Verena Haunschmid 撰写。

使用 Lasso 或短树时，得到的**解释是简短的（有选择性），而且可能是对比性的**。因此，它们能做出对人类友好的解释。因此，局部代理模型常用于向非专业人士或时间有限的人解释。它不足以实现完整的归因，因此局部代理模型不适用于必须对预测做出完整解释的合规场景。另外，在调试机器学习模型时，拥有所有原因要优于只拥有部分原因。

局部代理模型是少数几种**适用于表格数据、文本和图像**的方法之一。

保真度测量（可解释模型与黑盒预测的近似程度）很好地说明了可解释模型在解释相关数据实例附近的黑盒预测时的可靠性。

局部代理模型是用 Python（lime[①] 库）和 R（lime 包和 iml 包）实现的，并且**非常便于使用**。

用局部代理模型创建的解释**可以使用除训练原始模型所用之外的（可解释）特征**。当然，这些可解释的特征必须来自数据实例。文本分类器可以依赖抽象的词嵌入作为特征进行文本分类，但可以基于句子中单词的存在或缺失进行解释。回归模型可以依赖某些属性的不可解释变换，但解释可以用原始属性创建。例如，回归模型可以根据调查答案主成分分析（Principal Component Analysis，PCA）的成分进行训练，而局部代理模型可以在原始问题上训练。与其他方法相比，使用可解释的特征来建立局部代理模型具有很大的优势，尤其是当模型是使用不可解释的特征进行训练时。

8.2.5　缺点

当对表格数据使用局部代理模型时，邻域的准确定义是一个很重要但尚未解决的大问题。这是局部代理模型的最大问题，也是建议谨慎使用局部代理模型的原因。对于每种应用，都必须尝试不同的核设置，并自行判断解释是否合理。遗憾的是，这是目前找到好的核宽度的最佳建议。

目前，局部代理模型实现的采样还可以改进。数据点是从高斯分布中采样的，忽略特征之间的相关性。这可能会导致出现不可能的数据点，而这些数据点可以用来学习局部可解释性模型。

要解释模型的复杂度必须事先对其定义。这只是一个小问题，因为最终用户必须在保真度和稀疏性之间做出折中。

真正的大问题是解释的不稳定性。一篇文章[49]指出，在模拟环境中，文章作者展示了两个非常接近的点的解释差异很大。此外，如果重复采样过程，得出的解释也可能不同。不稳定性意味着很难相信解释，应该非常严格才行。

---

① 在 GitHub 中搜索"marcotcr/lime"。

数据科学家可以操作局部代理模型解释，以掩盖偏差[50]。存在操作的可能性使得更难以信任局部代理模型所生成的解释。

结论：以局部代理模型为具体实现方式的局部代理模型非常有前景。但该方法仍处于开发阶段，还需要解决很多问题才能安全应用。

8.3 反事实解释①

反事实解释（Counterfactual Explanation）按以下形式描述了一种因果关系："如果 X 没有发生，Y 就不会发生"。例如，如果我没有喝一口热咖啡，我的舌头就不会被烫伤。事件 Y 就是烫伤了舌头；原因 X 就是喝了一口热咖啡。反事实思维要求想象一个与观察到的事实相矛盾的假设现实（例如，一个没有喝热咖啡的世界），因此被称为"反事实"。反事实思维能力使人类比其他动物聪明。

在可解释的机器学习中，反事实解释可用于解释单个实例的预测。"事件"是实例的预测结果，"原因"是实例的特定特征值，其被输入模型并"做出"某种预测。如图 8-9 所示，输入和预测之间的关系非常简单：特征值导致预测。

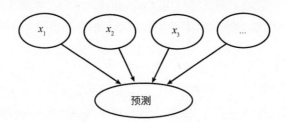

图 8-9 机器学习模型的输入与预测之间的因果关系，此时模型仅被视为
一个黑盒。输入导致预测（不一定反映数据的真实因果关系）

即使在现实中，输入与预测结果之间的关系也可能不是因果关系，可以将模型的输入视为预测的原因。

有了这个简单的图，就很容易看出如何为机器学习模型的预测模拟反事实了：只需在预测前改变实例的特征值，然后分析预测结果如何变化。感兴趣的是预测以相关方式发生变化的情景，如预测类别的翻转（如信贷申请被接受或拒绝），或预测达到某个阈值（如患癌概率达到 10%）。**预测的反事实解释描述的是将预测更改为预定输出的特征值的最小变化。**反事实解释方法可以模型不可知，也有针对特定模型的反事实解释方法。本章将重点讨论模型不可知的方法，这些方法只处理模型的输入和输出（而

① 本节由 Susanne Dandl 和 Christoph Molnar 撰写。

不是特定模型的内部数据）。这些方法也可以放在模型不可知的章节中，因为解释可以表述为特征值差异的总结（"改变特征 A 和 B 来改变预测"）。但反事实解释本身就是一个新实例，所以它可以放在本章（"从实例 X 开始，改变 A 和 B 得到一个反事实实例"）。与原型不同，反事实不一定是来自训练数据中的实际实例，也可以是特征值的新组合。

在讨论如何创建反事实之前，先讨论一下反事实的一些用例，以及一个好的反事实解释是怎样的。

在第一个例子中，彼得申请了一笔贷款，却被机器学习驱动的银行软件拒绝了。他想知道为什么申请会被拒绝，以及如何才能提高获得贷款的机会。关于"为什么"的问题可以表述为一个反事实：如果对特征（收入、信用卡数量、年龄……）进行最小的改动，就能使预测结果从被拒变为获批，那么这种改动是什么呢？一个可能的答案是：如果彼得每年多挣 1 万美元，他就能获得贷款；或者，如果彼得的信用卡数量减少，并且 5 年前没有拖欠贷款，他就会获得贷款。彼得永远不会知道贷款被拒绝的原因，因为银行并不关注透明度，但这是另一回事。

在第二个例子中，想用反事实解释来解释一个预测连续结果的模型。安娜想出租自己的公寓，但不知道该收多少钱，所以决定训练一个机器学习模型来预测租金。当然，由于安娜是一名数据科学家，因此她可以自己解决问题。输入有关面积、位置、是否允许养宠物等所有详细信息后，模型告诉她可以收取 900 欧元。她本以为能卖到 1000 欧元或更高，但她相信自己的模型，并决定根据公寓的特征值研究如何提高公寓的价格。她发现，如果公寓面积再大 15m^2，则可以按照超过 1000 欧元的价格出租。这些知识很有趣，但不可行，因为她无法扩大公寓面积。最后，通过调整可以控制的特征值（是 / 否内置厨房、是 / 否允许养宠物、地板类型等），发现如果允许养宠物并安装隔热性能更好的窗户，她就可以收取 1000 欧元。安娜凭直觉利用反事实来改变结果。

反事实是对人类友好的解释，因为它们与当前实例形成对比，它们是有选择性的，这意味着它们通常关注于少数特征的更改。但是，反事实解释存在"罗生门效应"，因为通常有多种不同的反事实解释。每个反事实都讲述了一个不同的"故事"，说明了某种结果是如何产生的。一个反事实可能会说改变特征 A，另一个反事实可能会说保持 A 不变，但改变特征 B，这是矛盾的。要解决这个多重真相的问题，可以找出所有的反事实解释，或者制定标准来评估反事实，选出最好的解释。

说到标准，如何定义一个好的反事实解释呢？第一个标准是，反事实解释的用户要定义实例（替代现实）预测的一个相关更改。一个显而易见的首要条件是，反事实实例应尽可能接近预定义预测。但并非总能找到与预定义预测一致的反事实，例如在有两个类别（罕见类别和常见类别）的分类设置中，模型可能总是将实例归为常见类别。改变特征值，使预测标签不可能从常见类别转向罕见类别。因此，希望放宽反事实预测必须与预定义结果完全一致的要求。在分类示例中，可以寻找一种反事实，使罕见类别的预测概率从当前的 2% 提高到 10%。那么问题来了，要使预测概率从 2% 变为 10%（或接近 10%），特征的最小变化是什么？

第二个标准是，**反事实在特征值方面应尽可能与特征实例相似**。如果同时拥有离散和连续特征，那么两个实例之间的距离可以用曼哈顿距离（Manhattan distance）或高尔距离（Gower distance）衡量。反事实不仅要接近原始实例，**还要尽可能少地改变特征**。要想用这个指标来衡量反事实解释的好坏，可以直接计算改变的特征数量，用花哨的数学术语来描述就是：衡量反事实与实际实例之间的 L_0 范数。

第三个标准是，**产生多种不同的反事实解释往往是可取的**，这样决策主体就能获得多种可行方法来产生不同的结果。例如，仍以贷款为例，一种反事实解释可能建议只需将收入增加一倍即可获得贷款，而另一种反事实解释可能建议转移到附近的城市并增加少量收入即可获得贷款。可以指出的是，前一种反事实对某些人来说可能是可行的，而对另一些人来说后一种反事实可能更有可操作性。因此，除了为决策主体提供获得理想结果的不同方法，多样性还能让"不同"的个体改变对他们来说更方便的特征。

第四个标准是，**反事实实例应具有可能的特征值**。在房租例子中，如果公寓的面积是负数或房间数设置为 200 个，那么反事实解释是没有意义的。如果根据数据的联合分布，反事实解释是可能的，那就更好了。例如，一个有 10 个房间且面积为 $20m^2$ 的公寓不应被视为反事实解释。在理想情况下，如果增加面积，也应建议增加房间数。

8.3.1　生成反事实解释

一种简单的生成反事实解释的方法是通过试错法进行搜索。这种方法包括随机改变相关实例的特征值，并在预测得到期望输出时停止。例如，安娜试图找到一个可以收取更多租金的公寓版本。不过，还有比"试错"更好的方法。首先，根据上述标准定义一个损失函数。这个损失函数的输入包括感兴趣的实例、反事实和期望（反事实）结果。然后，可以使用优化算法找到能使损失最小化的反事实解释。许多方法都是这样进行的，但在损失函数和优化方法的定义上各有不同。

下面将重点讨论其中两种方法：第一种是 Wachter 等人[51] 提出的方法，他们将反事实解释作为一种解释方法；第二种是 Dandl 等人[52] 提出的方法，他们将上述四种标准都考虑在内。

1. Wachter 等人的方法

Wachter 等人建议尽量减少以下损失：

$$L(x, x', y', \lambda) = \lambda \cdot (\hat{f}(x') - y')^2 + d(x, x')$$

第一项是模型对反事实 x' 的预测与期望预测 y' 之间的二次距离，用户必须事先定义该距离。第二项是待解释实例 x 与反事实 x' 之间的距离 d。损失衡量的是反事实的预测结果与期望预测之间的距离，以及反事实与相关实例之间的距离。距离函数 d 被定义为每个特征的中位数绝对偏差（Median Absolute Deviation，MAD）的倒数加权的曼哈顿距离：

$$d(x, x') = \sum_{j=1}^{p} \frac{|x_j - x_j'|}{\mathrm{MAD}_j}$$

总距离是所有 p 个特征距离的总和，即实例 x 与反事实 x' 之间特征值的绝对差值。特征距离按数据集中特征 j 的中位数绝对偏差的倒数缩放，定义如下：

$$\mathrm{MAD}_j = \mathrm{median}_{i \in \{1,2,\cdots,n\}}(|x_{i,j} - \mathrm{median}_{l \in \{1,2,\cdots,n\}}(x_{l,j})|)$$

向量的中值是使一半向量值较大，另一半向量值较小的值。MAD 相当于一个特征的方差，但不是以平均值为中心并对平方距离求和，而是以中位数为中心并对绝对距离求和。与欧氏距离相比，他们提出的距离函数的优点是对异常值更稳健。有必要缩放 MAD，这样可以使所有特征达到相同的尺度——无论是用平方米还是平方英尺测量公寓的面积，都是无关紧要的。

参数 λ 平衡了预测距离（第一项）和特征值距离（第二项）。对给定的 λ 求解损失，并返回反事实 x'。λ 值越大，表示越倾向于预测结果接近期望预测 y' 的反事实，而 λ 值越小，表示越倾向于特征值与 x 非常相似的反事实 x'。如果 λ 非常大，那么无论它离 x 有多远，都将选择预测最接近 y' 的实例。最终，用户必须决定如何在反事实预测与期望预测相匹配的要求和反事实与 x 相似的要求之间取得平衡。该方法的作者建议，与其选择一个 λ 值，不如选择一个公差 ϵ，即允许反事实实例的预测离 y' 有多远。这个限制条件可以写成

$$|\hat{f}(x') - y'| \leq \epsilon$$

为了最小化损失函数，可以使用任何合适的优化算法，例如 Nelder-Mead。如果可以获取机器学习模型的梯度，则可以使用 ADAM 等基于梯度的方法。必须事先设定需要解释的实例 x、期望的输出 y' 和公差参数 ϵ。在增加的同时，对 x' 的损失函数进行最小化，并返回（局部）最优反事实 x'，直到找到足够接近的解（在公差参数范围内）：

$$\arg \min_{x'} \max_{\lambda} L(x, x', y', \lambda)$$

总的来说，生成反事实的方法很简单：

- 选择要解释的实例 x、期望预测 y'、公差 ϵ 及 λ 的（低）初始值。
- 随机采样一个实例作为初始反事实。
- 以最初采样的反事实为起点，优化损失。
- 当 $|\hat{f}(x')-y'|>\epsilon$ 时：增加 λ；以当前反事实为出发点，优化损失；返回使损失最小的反事实。
- 重复步骤 2 ～步骤 4，并返回反事实列表或最小化损失的列表。

以上提出的方法存在一些缺点。它只考虑了第一个标准和第二个标准，而没有考虑后两个标准。d 并不偏好稀疏的解，因为将 10 个特征增加 1 与将 1 个特征增加 10 所得到的 x 距离是一样的。不现实的特征组合不会受到惩罚。

该方法不能很好地处理具有许多不同层次的分类特征。该方法的作者建议对分类特征的每个特征值组合分别运行该方法，但如果有多个具有许多值的分类特征，这将导致组合爆炸。例如，如果 6 个分类特征有 10 个独特的级别，就意味着要运行 100 万次。

下面来分析克服这些问题的另一种方法。

2. Dandl 等人的方法

Dandl 等人建议同时最小化四个目标损失：

$$L(x,x',y',X^{\text{obs}})=(o_1(\hat{f}(x'),y'),o_2(x,x'),o_3(x,x'),o_4(x',X^{\text{obs}}))$$

o_1 至 o_4 这四个目标分别对应上述四个标准。第一个目标 o_1 反映了反事实预测 x' 应该尽可能接近期望预测 y'。因此，希望最小化 $\hat{f}(x')$ 和 y' 之间的距离，这里用曼哈顿度量（L_1 范数）计算：

$$o_1(\hat{f}(x'),y')=\begin{cases}0 & \text{如果}\hat{f}(x')\in y'\\ \inf\limits_{x'\in y'}|\hat{f}(x')-y'| & \text{其他}\end{cases}$$

第二个目标 o_2 反映了反事实应该尽可能地与实例 x 相似，它将 x' 与 x 之间的距离量化为高尔距离：

$$o_2(x,x')=\frac{1}{p}\sum_{j=1}^{p}\delta_G(x_j,x'_j)$$

式中，p 表示特征的数量；δ_G 的值取决于 x_j 的特征类型：

$$\delta_G(x_j,x'_j)=\begin{cases}\dfrac{1}{\hat{R}_j}|x_j-x'_j| & \text{如果}x_j\text{是数字}\\ \mathbb{I}_{x_j\neq x'_j} & \text{如果}x_j\text{是类别}\end{cases}$$

将数字特征 j 的距离除以观察值范围 $\hat{R}_j$，即可为 0 和 1 之间的所有特征缩放 δ_G。

高尔距离可以处理数字特征和分类特征，但不能计算有多少特征发生了变化。因此，在第三个目标 o_3 中使用 L_0 范数来计算特征的数量：

$$o_3(x, x') =\| x - x' \|_0 = \sum_{j=1}^{p} \mathbb{I}_{x'_j \neq x_j}$$

通过最小化 o_3，满足第三个标准——稀疏特征变化。

第四个目标 o_4 反映了反事实应该具有可能的特征值 / 组合。可以利用训练数据或另一个数据集来推理数据点的"可能性"有多大。把这个数据集表示为 $\boldsymbol{X}^{\text{obs}}$。作为可能性的近似值，$o_4$ 测量 x' 与最近的观察数据点 $x^{[1]} \in \boldsymbol{X}^{\text{obs}}$ 之间的平均高尔距离：

$$o_4(x', \boldsymbol{X}^{\text{obs}}) = \frac{1}{p} \sum_{j=1}^{p} \delta_G (x'_j, x_j^{[1]})$$

与 Wachter 等人的方法相比，$L(x, x', y', \boldsymbol{X}^{\text{obs}})$ 没有像 λ 这样的平衡 / 加权项。我们不想通过求和并加权的方式将四个目标 o_1、o_2、o_3 和 o_4 压缩成一个目标，而是想同时优化所有的项。

怎样才能做到这一点呢？使用**非支配排序遗传算法**[53] 或简称 NSGA-II。NSGA-II 是一种受自然启发的算法，应用了达尔文的"适者生存"法则。用目标值向量（o_1, o_2, o_3, o_4）来表示反事实的适应度。反事实的目标值越小，它就越"合适"。

该算法由四个步骤组成，这些步骤不断重复，直到满足停止标准，例如迭代 / 生成的最大次数，如图 8-10 所示。

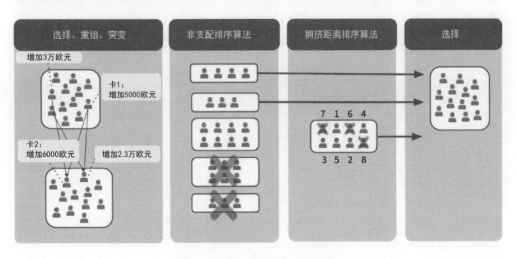

图 8-10　NSGA-II 算法的可视化

在算法中，通过随机改变待解释实例 x 的某些特征，初始化了一组反事实候选方案。仍以上述信贷为例，一个反事实建议将收入增加 3 万欧元，而另一个反事实建议在过去 5 年中没有违约行为并将年龄降低 10 岁。所有其他特征值都等于 x 的值。然后使用上述四个目标函数对每个候选进行评估。在这些候选中，会随机选择一些候选（候选越合适，选中的可能性越大）。通过平均候选的数字特征值或交叉候选的分类特征值，对候选进行配对重组，以产生与候选相似的子代。此外，还会稍微改变子代的特征值，以探索整个特征空间。

在得出的两个组中，一个有母代，另一个有子代，只需要两种排序算法表现好的那一个。非支配排序遗传算法根据目标值对候选进行排序。如果候选同样优秀，则聚焦距离排序（Crowding Distance Sorting，CDS）算法会根据候选的多样性进行排序。

根据两种排序算法的排序结果，选出前景最好和（或）一半候选的多样性最高的候选。使用这组候选进入下一代，并重新开始选择、重组和突变过程。通过重复这些步骤，有望获得一组目标值较低的多样化候选。可以从中选出最满意的候选方案，也可以总结所有反事实方案，重点说明哪些特征发生了变化以及变化的频率。

8.3.2　示例

以下示例来自 Dandl 等人的信贷数据集示例。德国信用风险数据集可在机器学习挑战平台 kaggle.com 上找到。

作者训练了一个支持向量机（带径向基核）来预测客户具有良好信用风险的概率。相应的数据集有 522 个完整的观察值和 8 个包含信用和客户信息的特征。

目标是为具有以下特征值的客户找到反事实解释，如表 8-4 所示。

表 8-4　包含 8 个特征的客户信息

年龄	性别	工作	住房	存款	金额	期限	目的
58	女	无技能	免费	小	6143	48	汽车

支持向量机预测该女性具有良好信用风险的概率为 24.2%。反事实应回答如何改变输入特征才能使预测概率大于 50%。表 8-5 显示了 10 个最佳反事实示例。

表 8-5　10 个最佳反事实示例

年龄	性别	工作	金额	期限	o_1	o_3	o_4	$\hat{f}(x')$
		有技能		−20	0.108	2	0.036	0.501
		熟练		−24	0.114	2	0.029	0.525

（续表）

年龄	性别	工作	金额	期限	o_1	o_3	o_4	$\hat{f}(x')$
		熟练		-22	0.111	2	0.033	0.513
-6		熟练		-24	0.126	3	0.018	0.505
-3		熟练		-24	0.120	3	0.024	0.515
-1		熟练		-24	0.116	3	0.027	0.522
-3	男			-24	0.195	3	0.012	0.501
-6	男			-25	0.202	3	0.011	0.501
-30	男	熟练		-24	0.285	4	0.005	0.590
-4	男		-1254	-24	0.204	4	0.002	0.506

前五列包含建议的特征变化（只显示更改后的特征），中间三列显示目标值（o_1 在所有情况下都等于 0），最后一列显示预测概率。

所有反事实的预测概率均大于 50%，且互相不占优势。不占优势是指没有一个反事实方案的所有目标值都小于其他反事实方案。可以将反事实视为一组权衡解决方案。

所有方案都建议将期限从 48 个月缩短到至少 23 个月，其中一些建议女性应该成为技术人员，而不是非技术人员。有些反事实甚至建议将性别从女性改为男性，这表示模型具有性别偏见。这种变化总是伴随着年龄在 1～30 岁下降。还可以看到，尽管有些反事实建议对四个特征进行修改，但这些反事实是最接近训练数据的。

8.3.3　优点

反事实解释的解释很清晰。如果实例的特征值随着反事实而改变，则预测结果就会更改为预期结果。没有额外的假设，也没有神奇的背景。这也意味着它不像局部代理模型等方法那样危险（在局部代理模型方法中，并不清楚能在多大程度上推理出局部可解释性模型）。反事实方法会创建一个新实例，也可以通过报告哪些特征值发生了变化来总结反事实。这就**提供了两种报告结果的方法**。既可以报告反事实实例，也可以突出显示相关实例和反事实实例之间改变了哪些特征。

反事实方法**不需要访问数据或模型**，它只需要访问模型的预测函数，这也可以通过 WebAPI 等方式实现。这对经第三方审计或在不披露模型或数据的情况下为用户提供解释的公司很有吸引力。出于商业秘密或数据保护的原因，公司通常需要保护模型和数据。反事实解释在解释模型预测和保护模型所有者利益之间找到了平衡。

这种方法**也适用于不使用机器学习的系统**。可以为接收输入并返回输出的任何系统创建反事实。预测公寓租金的系统也可以包含手写规则，反事实解释仍然有效。

反事实解释方法相对容易实现，因为它本质上是一个损失函数（有单一目标或多个目标），可以使用标准优化程序库进行优化。我们必须考虑到一些其他细节，例如将特征值限制在有意义的范围内（例如，公寓面积只为正数）。

8.3.4　缺点

对于每个实例，通常会发现多个反事实解释（罗生门效应）。这很不方便——因为大多数人更喜欢简单的解释，而不是现实世界的复杂性，这也是一个现实中的挑战。假设为一个实例生成了 23 种反事实解释。要把它们都报告出来吗？还是只报告最好的？如果它们都比较"好"，但差别很大呢？每个项目都必须重新回答这些问题。拥有多个反事实解释也是有好处的，因为这样人类就可以选择与他们先验知识相对应的解释。

8.3.5　软件和替代方案

Dandl 等人的多目标反事实解释方法是在 GitHub 仓库[①] 中实现的。

在 Python 软件包 Alibi[②] 中，作者实现了一个简单的反事实方法以及使用类原型以提高算法输出的可解释性和收敛性[54]的扩展方法。

Karimi 等人[55]也在 GitHub 仓库[③] 中提供了其算法 MACE 的 Python 实现。他们将适当反事实的必要条件转化为逻辑公式，并使用可满足性求解器找到满足这些条件的反事实。

Mothilal 等人[56]开发了多样化反事实解释（Diverse Counterfactual Explanation，DiCE）[④]，其基于行列式点过程生成一组多样化反事实解释。DiCE 同时实现了模型不可知方法和基于梯度的方法。

另一种搜索反事实的方法是 Laugel 等人[54]提出的增长球算法。他们在论文中没有使用反事实一词，但这种方法非常相似。他们还定义了一个损失函数，该函数倾向于特征值变化较少的反事实。相较于直接优化该函数，他们建议先在感兴趣的点周围画一个球形，在球形范围内采样，并检查其中一个采样点是否能得到所需的预测结果。然后，相应地收缩或扩大球面，直到找到（稀疏的）反事实，最后返回。

---

① 在 GitHub 中搜索" susanne-207/moc/tree/master/counterfactuals "。

② 在 GitHub 中搜索" SeldonIO/alibi "。

③ 在 GitHub 中搜索" amirhk/mace "。

④ 在 GitHub 中搜索" interpretml/DiCE "。

8.4　范围规则（锚点）[①]

Ribeiro 等人[58] 提出的锚点与反事实相反。锚点法指的是，通过寻找一条能充分"锚定"预测结果的决策规则来解释任何黑盒分类模型的单个预测结果。如果其他特征值的变化不会影响预测结果，那么该规则就能锚定预测结果。通过结合强化学习技术与图搜索算法，锚点法将模型调用次数（以及所需的运行时间）降到最低，同时还能从局部最优状态中恢复。Ribeiro、Singh 和 Guestrin 于 2018 年提出了这一算法[59]，局部代理模型算法也是由他们提出。

与前者一样，锚点法采用基于扰动的策略，为黑盒机器学习模型的预测生成局部可解释性。不过，得到的解释是易于理解的 IF-THEN 规则（称为锚点），而不是局部代理模型使用的代理模型。这些规则是可重复使用的，因为它们是有范围的：锚点包括覆盖范的概念，精确地说明了它们适用于那些从未见过的实例。寻找锚点涉及探索不同的数据或多臂老虎机问题，它起源于强化学习。为此，需要创建邻域或扰动，并为正在解释的每个实例进行评估。这样就可以忽略黑盒的结构及其内部参数，使其既不被观察也不被改变。因此，该算法模型不可知，这意味着它可以应用于任何类型的模型。

在上述论文中，作者比较了他们的两种算法，并直观地展示了这两种算法在参考实例邻域得出结果时的不同。为此，图 8-11 描述了局部代理模型和锚点使用两个示例对复杂的二元分类器（预测 – 或 +）进行局部可解释性的情况。局部代理模型的结果并不能说明它们有多忠实，因为它只学习了一个线性决策边界，其在给定扰动空间 D 的情况下最接近模型。在相同的扰动空间下，锚点法构建的解释的覆盖范围与模型的行为相适应，并且该方法能清晰地表达其边界。因此，它们在本质上是忠实的，并能准确地说明它们对哪些实例有效。这一特性使得锚点法特别直观，易于理解。

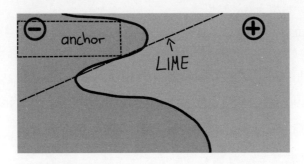

图 8-11　局部代理模型与锚点——可视化示例（图自 Ribeiro et al., 2018）

[①] 本节作者为 Tobias Goerke 和 Magdalena Lang。

如前所述，算法的结果或解释以规则的形式出现，称为锚点。下面这个简单的例子就说明了这种锚点。例如，假设有一个二元黑盒模型预测乘客是否在泰坦尼克号灾难中幸存。现在，想知道为什么该模型预测某个特定的个体会存活下来。锚点法的解释结果如表 8-6 所示。

表 8-6　锚点法的解释结果

特　　征	值	特　　征	值
年龄	20	票价	300美元
性别	男	更多属性	……
级别	头等舱	是否存活	是

相应的锚点解释是：IF 性别 = 男 AND 级别 = 头等舱 THEN PREDICT 是否存活 = 是 WITH PREDICT 准确性为 97% AND 覆盖率为 15%。

该示例说明了锚点如何表示模型预测及其基本原理。结果显示了模型考虑了哪些属性，在本例中是男性和头等舱。人类对于正确性至关重要，因为人类可以利用这一规则来验证模型的行为。锚点还显示，它适用于 15% 的扰动空间实例。在这些情况下，解释的准确性为 97%，这意味着所显示的谓词几乎是预测结果的唯一原因。

锚点 A 定义如下：

$$\mathbb{E}_{\mathcal{D}_x(z|A)}[\mathbf{1}_{\hat{f}(x)=\hat{f}(z)}] \geq \tau, A(x)=1$$

式中，x 表示被解释的实例（如表格数据集中的一行）；A 表示一组谓词，即产生的规则或锚点，使得当 A 定义的所有特征谓词都与 x 的特征值相对应时，$A(x) = 1$；f 表示要解释的分类模型（如人工神经网络模型）。可以通过查询来预测 x 的标签及其扰动；$\mathcal{D}_x(\cdot|A)$ 表示 x 的邻域分布，匹配 A；$0 \leq \tau \leq 1$ 指定了精确度阈值。只有局部保真度至少达到 τ 的规则才被视为有效结果。

数学形式上的描述可能令人生畏，可以用文字来说明：给定一个要解释的实例 x，需要找到一条规则或一个锚点 A，使其适用于 x，同时在 x 的邻域中至少 τ 的一部分中预测出与 x 相同的类别，在这些邻域中，相同的锚点 A 也适用。一条规则的精确度来自使用所提供的机器学习模型（用指标函数 $\mathbf{1}_{\hat{f}(x)=\hat{f}(z)}$ 表示）对邻域或扰动（按照 $\mathcal{D}_x(z|A)$）的评估。

8.4.1　寻找锚点

虽然锚点的数学描述看似清晰明了，但构建特定的规则并不可行。这需要对所有 $z \in \mathcal{D}_x(\cdot|A)$ 计算 $\mathbf{1}_{\hat{f}(x)=\hat{f}(z)}$，这在连续或大型输入空间中都是不可能的。因此，作者建

议引入参数 $0 \leqslant \delta \leqslant 1$ 来创建一个概率定义。通过这种方式，样本会一直被抽取，直到对其精确度有统计置信度为止。概率定义如下：

$$P(\text{prec}(A) \geqslant \tau) \geqslant 1 - \delta$$

式中，$\text{prec}(A) = \mathbb{E}_{\mathcal{D}_x(z|A)}[\mathbf{1}_{\hat{f}(x) = \hat{f}(z)}]$

前两个定义由"覆盖范围"的概念加以组合和扩展。其基本原理是找到适用于模型输入空间中较大部分的规则。覆盖率定义为一个锚点适用于其相邻锚点（即其扰动空间）的概率：

$$\text{cov}(A) = \mathbb{E}_{\mathcal{D}_{(z)}}[A(z)]$$

鉴于这一因素，锚点的最终定义考虑到了最大的覆盖范围：

$$\max_{A \, \text{s.t.} \, P(\text{prec}(A) \geqslant \tau) \geqslant 1 - \delta} \text{cov}(A)$$

因此，该程序会在所有符合条件的规则（所有满足概率定义的精确度阈值的规则）中寻找覆盖率最高的规则。这些规则更重要，因为它们描述了模型的更大一部分。请注意，谓词较多的规则往往比谓词较少的规则精确度更高。特别是，固定 x 的每个特征的规则会将已评估的邻域减少为相同的实例。因此，模型对所有邻域的分类都是相同的，该规则的精确度为 1。与此同时，固定许多特征的规则过于具体，因此只适用于少数实例，所以需要在精确度和覆盖范围之间做出权衡。

锚点方法通过四个主要部分来寻找解释。

1）**候选生成**：生成新的候选解释。在第一轮中，根据 x 的每个特征生成一个候选解释，并确定可能扰动相应值。在每轮中，上一轮的最佳候选都会通过一个尚未包含在其中的特征谓词进行扩展。

2）**最佳候选规则识别**：比较候选规则，得出对 x 解释得最好的规则。为此，需要创建与当前观察到的规则相匹配的扰动，并通过调用模型进行评估。然而，这些调用需要最小化，以限制计算开销。因此，这一部分的核心是纯探索多臂老虎机（MAB，准确地说是 KL-LUCB[60]）。多臂老虎机用于通过惯序选择来有效探索与利用不同的策略（与老虎机类似，称为"臂"）。在给定的环境中，每条候选规则都可以看作一条可以拉动的手臂。每次拉动时，都会评估各自的相邻规则，从而获得更多关于候选规则回报（在锚点的情况下为精确度）信息。因此，精确度说明了规则如何描述要解释的实例。

3）**候选规则精确度验证**：在没有统计置信度认为候选规则超过 τ 阈值的情况下，选取更多的样本。

4）**修改后的束搜索**：上述所有部分都包含在一个束搜索内。束搜索是一种图搜索算法，也是广度优先算法的一种变体。它将每轮的 B 个最佳候选规则（其中 B 称为"波宽度"）传到下一轮。这 B 个最佳规则会用来创建新的规则。束搜索最多进行

featureCount(*x*) 轮，因为每个特征最多只能包含在规则中一次。因此，在每轮 *i* 中，它会生成正好包含 *i* 个谓词的候选规则，并从中选出 *B* 个最佳规则，如图 8-12 所示。因此，为 *B* 设置高值，算法就更有可能避免局部最优。反过来，这需要大量的模型调用，从而增加了计算难度。

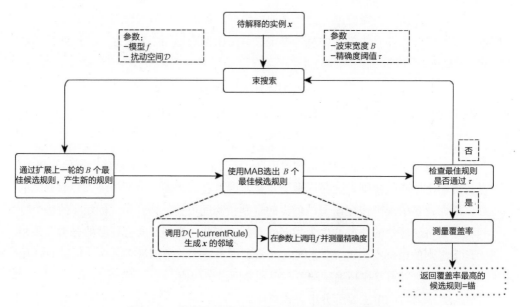

图 8-12　锚点法的组成部分及其相互关系（简化版）

这种方法似乎非常完美，能够从统计学角度有效地对系统将实例分类的原因进行推理。它系统地对模型的输入进行实验，并通过观察各自的输出得出结论。依靠成熟的、经过研究的机器学习方法来减少对模型的调用次数。反过来，这又大大缩短了算法的运行时间。

8.4.2　复杂性和运行时间

了解锚点方法的渐进运行时间有助于评估在特定问题上的表现。设 *B* 表示波宽度，*p* 表示所有特征的数量。那么，锚点法会受到以下限制

$$\mathcal{O}(B \cdot p^2 + p^2 \cdot \mathcal{O}_{\mathrm{MAB}[B \cdot p, B]})$$

这个边界是从与问题无关的超参数中抽象出来的，比如统计置信度 δ。忽略超参数有助于降低边界的复杂性（更多信息请参见原论文）。由于多臂老虎机每轮都会从 $B \cdot p$ 个候选中提取 B 个最佳候选规则，因此大多数多臂老虎机及其运行时间乘以 p^2 系数的倍数要大于其他参数。

由此可见，当特征较多时，算法的效率会降低。

8.4.3 表格数据示例

表格数据是由表格表示的结构化数据，其中列表示特征，行表示实例。例如，使用自行车租赁数量来展示锚点方法在解释选定实例的机器学习预测方面的潜力。为此，将回归转化为分类问题，并训练一个随机森林作为黑盒模型，对自行车的租赁数量是在趋势线之上还是之下进行分类。

在创建锚点解释之前，需要定义一个扰动函数。一种简便的方法是使用直观的默认扰动空间来处理表格解释案例，该空间可以通过从训练数据中采样来建立。在扰动实例时，这种默认方法会保留受锚点谓词约束的特征值，同时用以指定概率从另一个随机采样实例中提取的值替换非固定特征值。这一过程产生的新实例与解释过的实例相似，但采用了其他随机实例的一些值。因此，它们类似于被解释的实例。

可以直观地解释结果，并显示出每个解释实例中，哪些特征对模型的预测最为重要。由于锚点只有几个谓词，因此它们的覆盖率很高，也适用于其他情况。图 8-13 中的规则是在 $\tau=0.9$ 时生成的。因此，要求锚点的评估扰动能够准确地支持标注，准确率至少达到 90%。此外，还采用了离散化方法来提高数值特征的表现力和适用性。

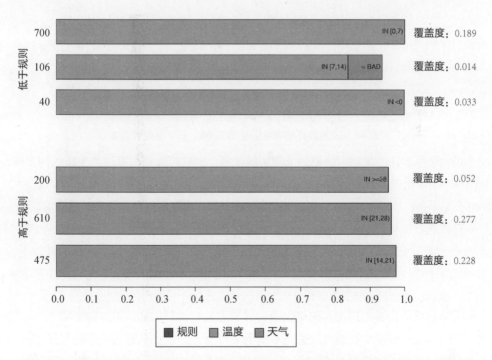

图 8-13 解释自行车租赁数据集的六个实例的锚点。每行代表一个解释或锚点，每个条形图描述了其中包含的特征谓词。x 轴显示规则的精确度，条形图的宽度与其覆盖范围相对应。基本规则不包含任何谓词。这些锚点表明，在预测时，模型主要考虑了温度

前面的所有规则都是为那些模型根据少数几个特征做出有把握的判断的实例生成的。然而，由于更多的特征非常重要，模型对其他实例的分类并不明显。在这种情况下，锚点就会更加具体，包含更多的特征，并适用于更少的实例，如图 8-14 所示。

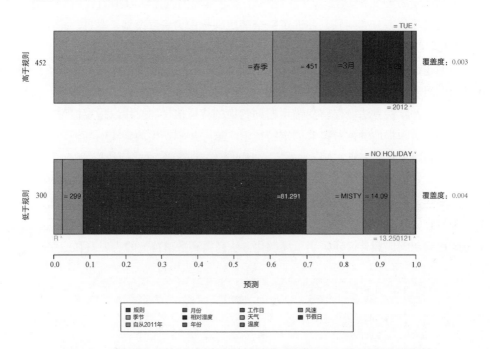

图 8-14　在决策边界附近解释实例会导致包含更多特征谓词且覆盖率较低的特定规则。此外，空规则（即基本特征）也变得不那么重要了。这可以解释为决策边界的信号，因为实例位于不稳定的邻域

虽然选择默认的扰动空间是一个舒适的选择，但它可能会对算法产生很大的影响，从而导致结果出现偏差。例如，如果训练集不平衡（每个类别的实例数量不等），扰动空间也会不平衡，如图 8-15 所示。这种情况会进一步影响规则搜索和结果的精确度。

宫颈癌数据集就是一个很好的例子，应用锚点法会导致出现以下情况：

- 解释标记为健康的实例会产生空规则，因为所有生成的邻域都评估为健康。
- 对标签为患癌实例的解释过于具体，即包含许多特征谓词，因为扰动空间大多涵盖了健康实例的值。

这种结果可能并不理想，但可以通过多种方法解决。例如，可以定义一个自定义扰动空间。这种自定义扰动可以采用不同的采样方式，例如从非平衡数据集或正态分布中采样。不过，这样做也有副作用：采样的邻域不具有代表性，会改变覆盖范围。另外，也可以修改多臂老虎机的置信度 δ 和误差参数值 ϵ。这将使多臂老虎机提取更多的样本，最终导致少数样本的绝对采样次数增加。

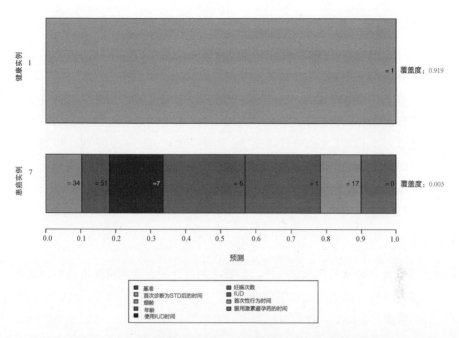

图 8-15　在不平衡的扰动空间中构建锚点会导致结果无法表达

图 8-16 中，使用了宫颈癌数据集的一个子集，其中大部分病例都被标记为患癌。然后，就有了从中创建相应扰动空间的框架。现在，扰动更有可能导致不同的预测结果，而锚点法可以识别重要的特征。不过，需要考虑覆盖率的定义：它只在扰动空间内定义。在前面的例子中，将训练集作为扰动空间的基础。由于只使用了一个子集，因此高覆盖率并不一定表示规则在全局上具有很高的重要性。

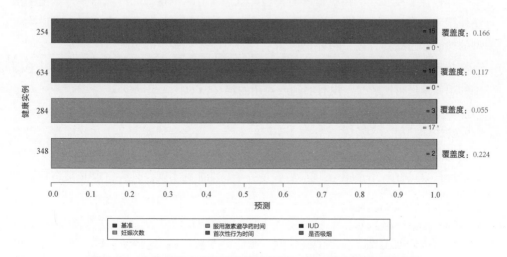

图 8-16　在构建锚点前平衡数据集显示了模型对少数情况的决策

8.4.4　优点

与局部代理模型相比，锚点法具有多种优势。首先，算法的输出更容易理解，因为规则**很容易解释**（即使是外行人）。

此外，**锚点是可取子集的**，甚至可以通过包含覆盖范围的概念来衡量重要性。其次，**当模型预测在实例邻域中是非线性或复杂时**，锚点方法也能发挥作用。由于该方法采用强化学习技术而不是拟合代理模型，因此不太可能出现模型欠拟合的情况。

除此之外，该算法**模型不可知**，因此适用于任何模型。

此外，**该算法的效率很高**，因为可以利用支持批量采样的多臂老虎机（如 BatchSAR）进行并行处理。

8.4.5　缺点

与大多数基于扰动的解释器一样，该算法的设置具有**高度可配置性**和灵活性。不仅需要调整超参数，如束宽度或精确度阈值，以产生有意义的结果，还需要针对特定领域 / 用例明确设计扰动函数。想想如何对表格数据进行扰动，再想想如何将相同的概念应用于图像数据（提示：这些概念不适用）。幸运的是，某些领域（如表格）可能会使用默认方法，这有助于设置初始解释。

此外，**很多情况下都需要对该算法进行离散化处理**，否则结果会过于具体、覆盖率低，不利于对模型的理解。离散化固然有帮助，但如果使用不当，也可能会模糊决策边界，产生相反的效果。由于没有最佳的离散化技术，因此在决定如何离散化数据之前，用户需要对数据有所了解，以免出现糟糕的结果。

构建锚点**需要多次调用机器学习模型**，就像所有基于扰动的解释器一样。虽然该算法使用了多臂老虎机来尽量减少调用次数，但其运行时间仍然在很大程度上取决于模型的性能，因此具有较大的可变性。

覆盖率的概念在某些领域是未定义的。例如，对于一幅图像中的超像素与其他图像中的超像素进行比较时，没有明确或通用的定义。

8.4.6　软件和替代方案

目前有两种实现方法：Python 软件包[1] anchor（也由 Alibi[2] 集成）和 Java[3]。前者是 anchors[4] 算法作者的参考实现，后者是一个高性能的实现，具有一个 R 接口，称为

---

[1] 在 GitHub 中搜索"marcotcr/anchor"。

[2] 在 GitHub 中搜索"SeldonIO/alibi"。

[3] 在 GitHub 中搜索"viadee/javaAnchorExplainer"。

[4] 在 GitHub 中搜索"viadee/anchorsOnR"。

anchors，本章的示例使用了该接口。到目前为止，锚点仅支持表格数据。不过，理论上，锚点可以在任何领域或数据类型中构建。

8.5 | Shapley 值

通过假定实例的每个特征值都是某一游戏中的"玩家"，预测就是这场游戏的总支出，进而解释预测。Shapley 值是联盟博弈论中的一种方法，它显示如何在特征之间公平地分配"总支出"。

8.5.1 总体思路

假设情况如下：如图 8-17 所示，已经训练了一个机器学习模型来预测公寓价格。对于某套公寓，它的预测价格为 300,000 欧元，你需要对此做出解释。该公寓面积为 $50m^2$，位于第 2 层，附近有公园，并且禁止养猫。

图 8-17 一套 $50m^2$ 的第二层公寓，公园附近，并且禁止猫进入的公寓的
预测价格为 300,000 欧元。目标是解释每个特征值对预测的贡献

所有公寓的平均预测价格为 310,000 欧元。与平均预测值相比，每个特征值对预测的贡献有多大？

在线性模型中，每个特征的效应是该特征的权重乘以特征值，但只有在模型呈线性时才起作用，且结果简单。对于更复杂的模型，需要不同的解决方案。例如，局部代理模型建议使用局部模型来估计特征效应。另一种解决方案来自合作博弈论：由 Shapley[61] 提出的 Shapley 值是一种根据玩家对总支出的贡献来分配支出的方法。玩家在联盟中合作，并从合作中获得一定的收益。

玩家？游戏？支出？与机器学习预测和可解释性有什么联系？"博弈"是针对数据集中单个实例的预测任务。"收益"是该实例的实际预测值减去所有实例的平均预测值。"玩家"是合作获得收益（预测某个值）的实例的特征值。在公寓示例中，特征值公园附近、禁止猫进入、$50m^2$ 和二层共同实现了 300,000 欧元的预测值。目标是解释实际预测值（300,000 欧元）和平均预测值（310,000 欧元）之间的差异：-10,000 欧元。

答案可能是：公园附近贡献了 30,000 欧元；50m² 贡献了 10000 欧元；二层贡献了 0 欧元；禁止猫进入贡献了 –50,000 欧元。这些贡献相加为 –10,000 欧元，即最终预测价格减去平均预测价格。

如何计算一个特征的 Shapley 值？Shapley 值是所有可能联盟中的特征值平均边际贡献。现在清楚了吗？在图 8-18 中，评估了将禁止猫进入的特征值添加到公园附近和 50m² 联盟中时的贡献。从数据中随机抽取另一套公寓，并使用其楼层特征值，从而模拟只有公园附近、禁止猫进入和 50m² 在一个联盟中。二层的值被随机抽取的一层所取代。然后，用这个组合预测公寓的价格（310,000 欧元）。第二步，用随机抽取的公寓中养猫允许 / 禁止特征的随机值代替联盟中的禁止猫进入。在本例中，替换为允许猫进入，但也可能还是禁止猫进入。预测了公园附近和 50m² 联盟的公寓价格（320,000 欧元）。禁止猫进入的贡献为 310,000 欧元 –320,000 欧元 =–10,000 欧元。这一估算值取决于随机抽取的"贡献"猫咪和楼层特征值的公寓的价值。如果重复此采样步骤并取平均值，将得到更好的估计。

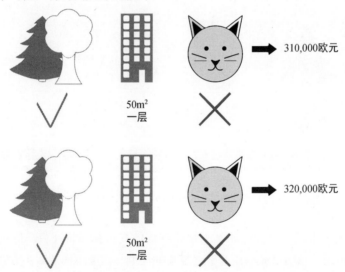

图 8-18 重复一次采样，估算将禁止猫进入加入公园附近和 50m² 联盟后对预测的贡献

对所有可能的联盟重复此计算。Shapley 值是所有可能联盟的边际贡献的平均值。计算时间会随着特征数量的增加呈指数级增长。保持计算时间可控的一种解决方案是，只计算联盟中少数样本的贡献。

图 8-19 显示了确定"禁止猫进入"的 Shapley 值所需的所有特征值联盟。第一行显示的是没有任何特征值的联盟。第二行、第三行和第四行显示的是不同的联盟，联盟规模依次增大，中间用"|"隔开。总的来说，可能存在以下联盟：

· 无特征值；

- 公园附近；
- 公园附近 $-50\mathrm{m}^2$；
- 二层；
- 公园附近 $+50\mathrm{m}^2$；
- 公园附近 + 二层；
- $50\mathrm{m}^2+$ 二层；
- 公园附近 $+50\mathrm{m}^2+$ 二层。

在图 8-19 中，对于每个联盟，都会计算含有和不含有"禁止猫进入"特征值的预测公寓价格，并取其差值得出边际贡献。Shapley 值是边际贡献的（加权）平均值。用公寓数据集中的随机特征值替换不在联盟中的特征值，从而从机器学习模型中获得预测。

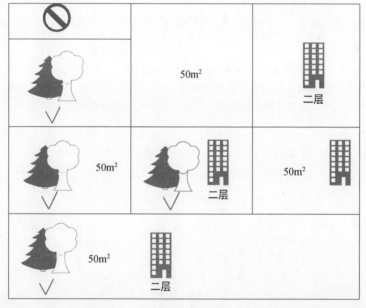

图 8-19　计算"禁止猫进入"特征值的精确 Shapley 值所需的全部 8 个联盟

如果估算出所有特征值的 Shapley 值，就可以在特征值中得到预测值（减去平均值）的完整分布。

8.5.2　示例和解释

特征值 j 的 Shapley 值的解释是：与数据集的平均预测值相比，第 j 个特征值对该特定实例预测的贡献为 ϕ_j。

Shapley 值适用于分类（如果处理的是概率）和回归。使用 Shapley 值来分析预测宫颈癌的随机森林模型，如图 8-20 所示。

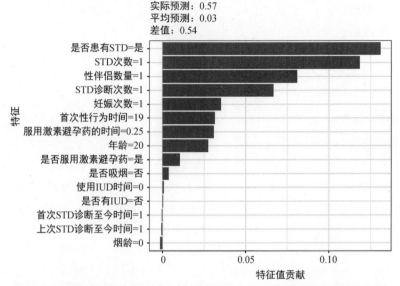

图 8-20 宫颈癌数据集中一名女性的 Shapley 值。实际预测为 0.57，则该
女性患癌的概率比平均预测值 0.03 高出 0.54。是否患有 STD 对死亡概率的
影响最大。所有贡献之和得出了实际预测与平均预测之间的差值（0.54）

在图 8-21 中，对于自行车租赁数据集，还训练了一个随机森林，以根据天气和日
历信息预测某天的自行车租赁数量，并为某天的随机森林预测创建解释。

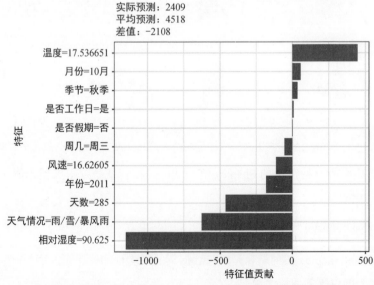

图 8-21 第 285 天的 Shapley 值。这一天的实际预测自行车租赁数量为 2409 辆，
比平均预测值 4518 辆低了 2108 辆。天气情况和相对湿度对负值的影响最大。这一
天的温度为积极的贡献。Shapley 值的总和就是实际预测与平均预测的差值（–2108）

请注意正确理解 Shapley 值：Shapley 值是特征在不同联盟中对预测的贡献平均值。Shapley 值并不是从模型中移除该特征时预测结果的差异。

8.5.3　Shapley 值详解

本节将深入介绍 Shapley 值的定义和计算。如果对技术细节不感兴趣，可以跳过本节，直接阅读优点和缺点。

我们关注每个特征如何影响数据点的预测。在线性模型中，很容易计算单个特征的效应。下面是一个数据实例的线性模型预测结果：

$$\hat{f}(\boldsymbol{x}) = \beta_0 + \beta_1 x_1 + \cdots + \beta_p x_p$$

式中，$\boldsymbol{x}$ 表示要计算贡献的实例；每个 x_j 表示一个特征值，$j = 1, 2, \cdots, p$；β_j 表示与特征 j 相对应的权重。

第 j 个特征对预测结果 $\hat{f}(x)$ 的贡献为

$$\phi_j(\hat{f}) = \beta_j x_j - E(\beta_j \boldsymbol{X}_j) = \beta_j x_j - \beta_j E(\boldsymbol{X}_j)$$

式中，$E(\beta_j \boldsymbol{X}_j)$ 表示特征 j 的平均效应估计值。贡献值是特征效应减去平均效应的差值。现在知道了每个特征对预测的贡献程度。如果将一个实例的所有特征贡献相加，结果如下：

$$
\begin{aligned}
\sum_{j=1}^{p} \phi_j(\hat{f}) &= \sum_{j=1}^{p} (\beta_j x_j - E(\beta_j \boldsymbol{X}_j)) \\
&= \left(\beta_0 + \sum_{j=1}^{p} \beta_j x_j \right) - \left(\beta_0 + \sum_{j=1}^{p} E(\beta_j \boldsymbol{X}_j) \right) \\
&= \hat{f}(\boldsymbol{x}) - E(\hat{f}(\boldsymbol{X}))
\end{aligned}
$$

这是数据点 $\boldsymbol{x}$ 的实际预测减去平均预测，特征贡献可以是负值。

可以对任何类型的模型做同样的处理吗？如果能将其作为一种模型不可知的工具就更好了。由于其他类型的模型通常没有类似的权重，因此需要一种不同的解决方案。

一个意想不到的方案是合作博弈论。Shapley 值用于计算任何机器学习模型单一预测的特征贡献。

1. Shapley 值

Shapley 值是通过集合 S 中玩家的值函数 val 定义的。一个特征的 Shapley 值是对所有可能的特征组合加权和求总和得到的对支出的贡献：

$$\phi_j(\text{val}) = \sum_{S \subseteq \{1, \cdots, p\} \setminus \{j\}} \frac{|S|!(p - |S| - 1)!}{p!} (\text{val}(S \cup \{j\}) - \text{val}_{\boldsymbol{x}}(S))$$

式中，S 表示模型中使用的特征子集；$\boldsymbol{x}$ 表示要解释实例的特征值向量；p 表示特征的数量；

$val_x(S)$ 表示对集合 S 中特征值的预测，该预测值与集合 S 中未包含的特征进行了边际化：

$$val_x(S) = \int \hat{f}(x_1, x_2, \cdots, x_p) d\mathbb{P}_{x \notin S} - E_X(\hat{f}(X))$$

实际上，对不包含集合 S 的每个特征执行了多次积分。举个具体例子，机器学习模型有 4 个特征 x_1, X_2, x_3, X_4，要评估的是由特征值 x_1 和 x_3 组成的联盟 S 的预测：

$$val_x(S) = val_x(\{1,3\}) = \iint_{\mathbb{R}\mathbb{R}} \hat{f}(x_1, X_2, x_3, X_4) d\mathbb{P}_{X_2 X_4} - E_X(\hat{f}(X))$$

这看起来类似于线性模型中的特征贡献。

不要被"值"这个词的多种用法迷惑：特征值是实例特征的数值或分类值；Shapley 值是特征对预测的平均贡献；值函数是玩家（特征值）联盟的支出函数。

Shapley 值是唯一满足有效性（Efficiency）、对称性（Symmetry）、虚拟性（Dummy）和可加性（Additivity）属性的归因方法，这些性质可以被视为公平支出的定义。

1）**有效性**。特征贡献值的总和必须等于对 x 的预测值与平均值之差。

$$\sum_{j=1}^{p} \phi_j = \hat{f}(x) - E_X(\hat{f}(X))$$

2）**对称性**。如果两个特征值 j 和 k 对所有可能联盟的贡献相同，那么它们的贡献应该相同。如果

$$val(S \cup \{j\}) = val(S \cup \{k\})$$

对于所有

$$S \subseteq \{1,2,\cdots,p\} \{j,k\}$$

则

$$\phi_j = \phi_k$$

3）**虚拟性**。无论添加到哪个特征值联盟中，都不会改变预测值的特征 j 的 Shapley 值为 0。

如果

$$val(S \cup \{j\}) = val(S)$$

对于所有

$$S \subseteq \{1,2,\cdots,p\}$$

则

$$\phi_j = 0$$

4）**可加性**。对于组合支出 $val + val^+$ 的博弈，各自的 Shapley 值为

$$\phi_j + \phi_j^+$$

假设训练了一个随机森林，预测结果采用很多决策树的平均值，能保证可加性。对于一个特征值，单独计算每棵树的 Shaple 值，然后再求平均值，得到随机森林特征值的 Shapley 值。

2. 直觉

理解 Shapley 值的直观方式为：特征值以随机顺序进入一个房间，房间中的所有特征值都参与游戏（对预测做出贡献），某个特征值的 Shapley 值就是当该特征值加入已在房间中的联盟时所得到的预测值的平均变化。

3. 估算 Shapley 值

要计算精确的 Shapley 值，必须对所有可能的特征值联盟（集合）进行估算，包括有无第 j 个特征值。对于多个特征，这个问题的精确解就会变得很棘手，因为随着特征的增加，联盟数量会呈指数级增长。Strumbelj 等人 [63] 提出了一种蒙特卡洛采样近似方法：

$$\hat{\phi}_j = \frac{1}{M} \sum_{m=1}^{M} (\hat{f}(\boldsymbol{x}_{+j}^m) - \hat{f}(\boldsymbol{x}_{-j}^m))$$

式中，$\hat{f}(\boldsymbol{x}_{+j}^m)$ 表示对 $\boldsymbol{x}$ 的预测，除了特征 j 的值，随机数量的特征值都被来自随机数据点 $\boldsymbol{z}$ 的特征值替换。$\boldsymbol{x}$ 向量 $\boldsymbol{x}_{-j}^m$ 与 $\boldsymbol{x}_{+j}^m$ 几乎相同，但 $\boldsymbol{x}_j^m$ 的值也来自采样的 $\boldsymbol{z}$。M 个新实例都是由两个实例组合而成的"科学怪人"。请注意，在下面的算法中，特征的顺序实际上并没有改变——每个特征都保持在其传递给预测函数时的向量位置上。顺序在这里只是一种"技巧"：通过赋予特征新的顺序，可以获得一种随机机制，帮助拼凑出"科学怪人"。对于出现在特征 $\boldsymbol{x}_j$ 左边的特征，从原始观察值中取值，而对于右侧的特征，从随机实例中取值。

算法：单个特征值的近似 Shapley 估计
输出：第 j 个特征值的 Shapley 值
要求：迭代次数 M、感兴趣的实例 $\boldsymbol{x}$、特征索引 j、数据矩阵 $\boldsymbol{X}$ 和机器学习模型 f
对于所有 $m = 1, \cdots, M$：
从数据矩阵 $\boldsymbol{X}$ 中随机抽取实例 $\boldsymbol{z}$,
生成特征值的随机顺序 o。
顺序实例 $\boldsymbol{x}$：$\boldsymbol{x}_o = (x_{(1)}, \cdots, x_{(j)}, \cdots, x_{(p)})$。
顺序实例 $\boldsymbol{z}$：$\boldsymbol{z}_o = (z_{(1)}, \cdots, z_{(j)}, \cdots, z_{(p)})$。
构建两个新实例
有特征 j：$\boldsymbol{x}_{+j} = (x_{(1)}, \cdots, x_{(j-1)}, x_{(j)}, z_{(j+1)}, \cdots, z_{(p)})$。
没有特征 j：$\boldsymbol{x}_{-j} = (x_{(1)}, \cdots, x_{(j-1)}, z_{(j)}, z_{(j+1)}, \cdots, z_{(p)})$。
计算边际贡献：$\phi_j^m = \hat{f}(\boldsymbol{x}_{+j}) - \hat{f}(\boldsymbol{x}_{-j})$。

计算平均值作为 Shapley 值：

$$\phi_j(\boldsymbol{x}) = \frac{1}{M} \sum_{m=1}^{M} \phi_j^m$$

首先，选择一个感兴趣的实例 $\boldsymbol{x}$、一个特征 j 和迭代次数 M。每次迭代时，从数据中随机选择一个实例 z，并随机生成一个特征顺序。将感兴趣的实例 $\boldsymbol{x}$ 和样本 z 的值组合起来，就会产生两个新的实例。实例 $\boldsymbol{x}_{+j}$ 是感兴趣的实例，但是在特征 j 之后的所有值都被样本 z 的特征值替换。

实例 $\boldsymbol{x}_{-j}$ 与 $\boldsymbol{x}_{+j}$ 相同，但 $\boldsymbol{x}_{-j}$ 的特征值 j 被样本 z 中的特征值 j 取代。计算黑盒预测的差值：

$$\phi_j^m = \hat{f}(\boldsymbol{x}_{+j}^m) - \hat{f}(\boldsymbol{x}_{-j}^m)$$

对所有这些差异取平均值，得到：

$$\phi_j(\boldsymbol{x}) = \frac{1}{M} \sum_{m=1}^{M} \phi_j^m$$

隐含地取平均值是根据 $\boldsymbol{X}$ 的概率分布来对样本加权。要得到所有 Shapley 值，必须对每个特征重复上述过程。

8.5.4　优点

实际预测和平均预测之间的差值在实例的特征值之间**公平分配**，这就是 Shapley 值的效率特性。这一特性使 Shapley 值与局部代理模型等其他方法有所区别。局部代理模型不能保证预测值在特征之间公平分布。Shapley 值可能是提供完整解释的唯一方法。在法律要求可解释性的情况下（如欧盟的"解释权"），Shapley 值是唯一符合法律规定的方法，因为它基于坚实的理论，并能公平地分配效果。我不是律师，所以这只是我对相关要求的直觉。

Shapley 值允许**对比解释**，它不需要将预测与整个数据集的平均预测进行比较，而是将其与子集甚至单个数据点进行比较。这种对比性也是局部代理模型等局部模型所不具备的。

Shapley 值是唯一具有**扎实理论**的解释方法。有效性、对称性、虚拟性和可加性——为解释提供了合理的基础。诸如局部代理模型这样的方法假设机器学习模型局部的线性行为，但是尚无关于起作用原因的理论。

8.5.5　缺点

Shapley 值会**耗费大量的计算时间**。在 99.9% 的实际问题中，只有近似计算的解是可行的。Shapley 值的精确计算成本很高，因为有 2^k 个可能的特征值联盟，而必须通过抽取随机实例来模拟"不存在"的特征值，增加了 Shapley 值估计值的方差。可以通过对联盟进行采样和限制迭代次数 M 来处理联盟的指数数量。减少 M 可以减少计算时间，但会增加 Shapley 值的方差。对于迭代次数 M，并不存在经验法则。M 应该足够大，以便准确估计 Shapley 值，但又要足够小，以便在合理的时间内完成计算。根据切尔诺夫限（Chernoff bounds）来选择 M 应该是可行的，但目前还没有看到关于机器学习预测 Shapley 值的论文。

Shapley 值可能会**被误解**。特征的 Shapley 值并不是从模型训练中删除特征后的预测值之差。Shapley 值的解释是：给定当前的特征值集，特征值对实际预测与平均预测之差的贡献。

如果寻求稀疏解释（包含很少特征的解释），那么 Shapley 值不是合适的解释方法。用 Shapley 值方法创建的解释**总是使用所有特征**。人类更喜欢选择性的解释，比如局部代理模型所产生的解释。局部代理模型可能更适合非专业人士要处理的解释。另一种解决方案是 Lundberg 和 Lee[63] 提出的 SHAP①，它基于 Shapley 值，但也能提供具有很少特征的解释。

Shapley 值为每个特征返回一个简单值，但**没有像局部代理模型那样的预测模型**。这就意味着它不能用来说明输入变化对预测的影响，例如，"如果我每年多赚 300 欧元，我的信用评分将提高 5 点"。

此外，如果要计算新数据实例的 Shapley 值，就**需要访问数据**。仅仅访问预测函数是不够的，因为需要以随机抽取的数据实例的值来替换感兴趣实例的某些部分。只有当创建的数据实例看起来像真实数据实例，但并非训练数据中的实际实例时，才能避免这种情况。

与其他许多基于置换的解释方法一样，Shapley 值在特征相关的条件下，**会遇到不符合实际的数据实例**。为了模拟联盟中缺少特征值，会将特征边际化。这是通过从特征边际分布中采样值来实现的。只要特征是独立的，这种方法就没有问题。如果特征是相互依赖的，那么可能会对这个实例没有意义的特征值进行采样。但会使用这些值来计算特征的 Shapley 值。一种解决方案是将相关的特征一起置换，并获得一个共同的 Shapley 值。另一种适应方法是条件采样：特征采样的条件是团队中已有的特征。条件采样虽然解决了数据点不真实的问题，但也带来了一个新问题：由此产生的值不再是游戏的 Shapley 值，因为它们违反了对称公理，这点由 Sundararajan 等人[64] 发现并由 Janzing 等人[65] 进一步讨论。

---

① 在 GitHub 中搜索 "slundberg/shap"。

8.5.6　软件和替代方案

Shapley 值可以在 R 的 iml 和 fastshap[①] 包中实现。在 Julia 中，可以使用 Shapley[②] 实现。

SHAP 是 Shapley 值的另一种估算方法，将在 8.6 节中介绍。

另一种方法称为 BreakDown，在 breakDown R 软件包[66] 中实现。BreakDown 也显示了每个特征对预测的贡献，但它是逐步计算的。再次用游戏类比：从一个空的团队开始，添加对预测贡献最大的特征值，然后迭代，直到所有特征值都添加完毕。每个特征值的贡献大小取决于"团队"中已有的特征值，这是 BreakDown 方法的最大缺点。它比 Shapley 值方法更快，而且对于没有交互作用的模型，结果是相同的。

8.6　SHAP

Lundberg 和 Lee[67] 提出的 SHAP（SHapley Additive exPlanations）是一种解释个体预测的方法。SHAP 是基于博弈论的最优的 Shapley 值。

SHAP 单独作为一节，而不是 Shapley 值的一部分，有两个原因。首先，SHAP 的作者提出了 KernelSHAP，这是一种基于核的 Shapley 值估算方法，受局部代理模型的启发。他们还提出了 TreeSHAP，这是对基于树模型的高效估算方法。其次，SHAP 还有许多基于 Shapley 值聚合的全局可解释性方法。本章会介绍新的估计方法和全局可解释性方法。

建议首先阅读有关 Shapley 值和局部代理模型的章节。

8.6.1　定义

SHAP 的目标是通过计算每个特征对预测的贡献来解释实例 x 的预测。SHAP 解释方法根据联盟博弈理论计算 Shapley 值。数据实例的特征值充当联盟中的玩家。Shapley 值显示如何在各特征之间公平分配"总支出"（预测值）。玩家可以是单个特征值，例如表格数据，也可以是一组特征值。例如，在解释图像时，可以将像素分组为超像素，并将预测分布在超像素之间。SHAP 的一个创新之处在于，Shapley 值解释是一种可加特征归因方法，即线性模型。这种观点将局部代理模型和 Shapley 值联系在一起。SHAP 将其解释为

$$g(z') = \phi_0 + \sum_{j=1}^{M} \phi_j z'_j$$

---

① 在 GitHub 中搜索"bgreenwell/fastshap"。

② 在 Gitlab 中搜索"ExpandingMan/Shapley.jl"。

式中，g 表示解释模型；$z' \in \{0,1\}^M$ 表示联盟向量；M 表示最大联盟大小；$\phi_j \in R$ 表示特征 j 的特征归因，即 Shapley 值。"联盟向量"在 SHAP 论文中被称为"简化特征"。之所以选择这个名称，是因为对于图像数据等而言，图像并不是在像素级别上表示的，而是聚合成超像素。将 z 视为描述联盟是有帮助的：在联盟向量中，1 表示相应的特征值"存在"，0 表示相应的特征值"不存在"。如果了解 Shapley 值，就会觉得这听起来很熟悉。为了计算 Shapley 值，模拟只有一些特征值在发挥作用（"存在"），而另一些特征值没有发挥作用（"不存在"）。将其表示为联盟的线性模型是计算 ϕ 的一个技巧。对于 x（感兴趣的实例），联盟向量 x' 是一个全为 1 的向量，即所有特征值都"存在"。计算公式简化为

$$g(x') = \phi_0 + \sum_{j=1}^{M} \phi_j$$

可以在 8.6.2 节中找到这个公式的类似表示。更多关于实际估算的内容将在后面描述，先讨论 ϕ 的属性，然后再讨论它们的估计细节。

Shapley 值是唯一满足有效性、对称性、虚拟性和可加性的解决方案。SHAP 也满足这些要求，因为它可以计算 Shapley 值。在 SHAP 论文中，提到 SHAP 特性与 Shapley 特性之间存在差异。SHAP 描述了以下三个理想性质：

1）局部准确性

$$\hat{f}(x) = g(x') = \phi_0 + \sum_{j=1}^{M} \phi_j x'_j$$

如果定义 $\phi_0 = E_X(\hat{f}(x))$ 并将所有 x'_j 设为 1，这就是 Shapley 效率属性。只不过名称不同，使用的是联盟向量：

$$\hat{f}(x) = \phi_0 + \sum_{j=1}^{M} \phi_j x'_j = E_X(\hat{f}(x)) + \sum_{j=1}^{M} \phi_j$$

2）缺失性

$$x'_j = 0 \Rightarrow \phi_j = 0$$

缺失性表示缺失特征归因为 0。请注意，x'_j 指的是那些 0 表示不存在特征值的联盟。在联盟表示法中，待解释实例的所有特征值 x'_j 都应为"1"。0 表示相关实例的特征值缺失。这个属性不属于"正常"Shapley 值的属性。那么，为什么 SHAP 需要它呢？伦德伯格称其为"次要簿记属性"[1]。理论上，缺失的特征可以有一个任意的 Shapley 值，而不会损害局部准确性，因为它与 $x'_j = 0$ 相乘。缺失性强制使得缺失特征

---

[1] 在 GitHub 中搜索" slundberg/shap/issues/175#issuecomment-407134438"。

的 Shapley 值为 0。在实践中，这只与不变的特性相关。

3）一致性

设 $\hat{f}_x(z') = \hat{f}(h_x(z'))$，$z'_j$ 表示 $z'_j = 0$。对于任何满足下式的两个模型 f 和 f'：

$$\hat{f}'_x(z') - \hat{f}'_x(z'_j) \geqslant \hat{f}_x(z') - \hat{f}_x(z'_j)$$

对于所有输入 $z' \in \{0,1\}^M$，则有

$$\phi_j(\hat{f}', x) \geqslant \phi_j(\hat{f}, x)$$

一致性表示如果模型发生变化，使得某个特征值的边际贡献增加或保持不变（与其他特征无关），那么 Shapley 值也会增加或保持不变。正如 Lundberg 和 Lee 的文章中的附录所描述的，Shapley 属性的线性、虚拟性和对称性均来自一致性。

8.6.2　KernelSHAP

KernelSHAP 估计实例 x 的每个特征值对预测的贡献。KernelSHAP 包括五个步骤：

- 采样联盟 $z'_k \in \{0,1\}^M, k \in \{1,2,\cdots,K\}$（1 表示联盟中存在特征，0 表示特征不存在）。
- 预测每个 z'_k：首先将 z'_k 转换为原始特征空间，然后应用模型 $\hat{f}$：$\hat{f}(h_x(z'_k))$。
- 用 SHAP 核计算每个 z'_k 的权重。
- 拟合加权线性模型。
- 返回 Shapley 值 ϕ_k，即线性模型的系数。

可以通过反复掷硬币来创建随机联盟，直到得到一连串的 0 和 1。例如，向量 $(1,0,1,0)$ 表示具有第一和第三个特征组成的联盟。k 个采样联盟成为回归模型的数据集。回归模型的目标是联盟的预测（你可能会有这样的想法：模型没有在这些二元联盟数据上进行过训练，因此无法对它们进行预测）。为了将特征值联盟转换为有效的数据实例，需要一个函数 $h_x(z') = z$，其中 $h_x : \{0,1\}^M \rightarrow \mathbb{R}^p$。函数 h_x 将 1 映射到要解释的实例 x 中的相应值。对于表格数据，它将 0 映射到从数据中采样的另一个实例的值。这意味着，将"特征值不存在"等同于"特征值被数据中的随机特征值替换"。对于表格数据，图 8-22 展示了从联盟到特征值的映射。

表格数据的 h_x 将特征 X_C 和 X_S 视为独立的，并对边际分布进行积分：$\hat{f}(h_x(z')) = E_{X_C}[\hat{f}(x)]$ 从边际分布中采样意味着忽略当前特征和不存在特征的依赖关系。因此，KernelSHAP 与所有基于置换的解释方法存在同样的问题。这种估计方法过于重视不可能的实例。结果可能会变得不可靠。但是有必要从边际分布中采样。解决方法是从条件分布中采样，这会改变值函数，从而改变 Shapley 值解释的博弈。因此，Shapley

值有不同的解释。例如，当使用条件采样时，模型根本没有使用的特征具有非零的
Shapley 值。对于边际博弈，这个特征值的 Shapley 值总是 0，否则就违反了虚拟性
公理。

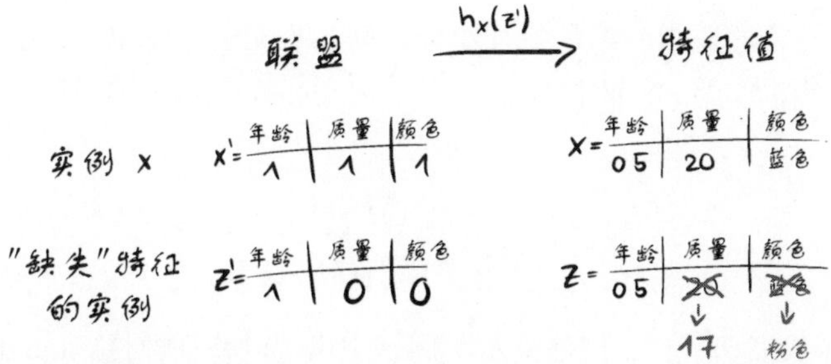

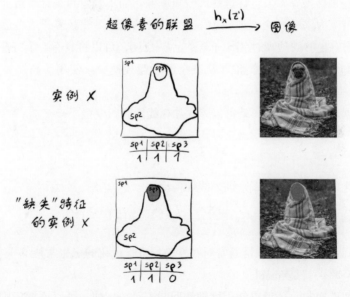

图 8-22　函数 h_x 将联盟映射为有效实例。对于存在的特征（1），h_x 映射到 x 的特征值。
对于不存在的特征（0），h_x 映射到随机采样数据实例的值

对于图像，图 8-23 描述了一种可能的映射函数。

图 8-23　函数 h_x 将超像素（sp）联盟映射到图像上。超像素是由像素组成的组。
对于存在的特征（1），h_x 返回原始图像的相应部分。对于不存在的特征（0），h_x
将相应区域涂成灰色。也可以变为周围像素或类似像素的平均颜色

与局部代理模型最大的不同之处在于，SHAP 是回归模型中实例的加权。局部
代理模型根据实例与原始实例的接近程度对实例进行加权。联盟向量中的 0 越多，
在局部代理模型中的权重就越小。SHAP 根据联盟在 Shapley 值估计中的权重对采

样实例进行加权。小联盟（只有很少的 1）和大联盟（即有很多的 1）获得最大权重。原理是：如果能独自地研究单个特征的影响，就能最大程度地了解单个特征。如果一个联盟由单个特征组成，就可以了解该特征对预测的主要影响。如果一个联盟由除一个特征外的所有特征组成，则可以了解该特征的总效应（主效应加特征交互作用）。如果一个联盟由一半的特征组成，则几乎无法了解单个特征的贡献，因为有很多可能的联盟都有一半的特征。为了实现 Shapley 加权，Lundberg 等人提出了 SHAP 核：

$$\pi_x(z') = \frac{(M-1)}{\binom{M}{|z'|}|z'|(M-|z'|)}$$

式中，M 表示最大联盟规模；$|z'|$ 表示实例 z' 中出现的特征数量。Lundberg 和 Lee 的研究表明，使用此核权重进行线性回归可以得到 Shapley 值。如果将 SHAP 核与局部代理模型一起用于联盟数据，则局部代理模型也能估算出 Shapley 值。

可以在联盟采样方面更聪明一些：最小的联盟和最大的联盟占据了大部分权重。可以利用一些采样预算 k 来包含这些高权重联盟，而不是盲目采样，进而获得更好的 Shapley 估计值。从具有 1 个特征和 $M-1$ 个特征的所有可能联盟开始，总共是 M 个联盟的 2 倍。当有足够的预算时（当前预算为 $k-2M$），可以将具有 2 个特征和 $M-2$ 个特征的联盟包括进来，依次类推。从剩余的联盟规模中，使用重新调整的权重进行抽样。

有了数据、目标和权重，就可以建立加权线性回归模型了：

$$g(z') = \phi_0 + \sum_{j=1}^{M} \phi_j z'_j$$

通过优化以下损失函数 L 来训练线性模型 g：

$$L(\hat{f}, g, \pi_x) = \sum_{z' \in Z} [\hat{f}(h_x(z')) - g(z')]^2 \pi_x(z')$$

式中，z 表示训练数据。这就是通常对线性模型进行优化的老生常谈的平方误差之和。模型的估计系数 ϕ_j 就是 Shapley 值。

既然是线性回归，还可以使用标准的回归工具。例如，可以添加正则化项，使模型变得稀疏。如果在损失 L 上添加 L_1 惩罚项，就可以创建稀疏解释（不过不太确定由此得到的系数是否仍然是有效的 Shapley 值）。

8.6.3 TreeSHAP

Lundberg 等人提出了 TreeSHAP，这是 SHAP 的一种变体，适用于基于树的机器学习模型，例如决策树、随机森林和梯度提升树。TreeSHAP 是作为 KernelSHAP 的快速、针对特定模型的替代方案提出的，但事实证明，它可能会产生不直观的特征归因。

TreeSHAP 使用条件期望 $E_{X_S|X_C}(\hat{f}(x)|x_S)$ 代替边际期望值来定义值函数，如 Sundararajan 等人[68] 和 Janzing 等人[69] 所提出的，条件期望的问题在于，对预测函数 f 没有影响的特征会得到非零的 TreeSHAP 估计值。当特征与另一个对预测有实际影响的特征相关时，就会出现非零估计值。

TreeSHAP 的速度有多快？与精确的 KernelSHAP 相比，TreeSHAP 将计算复杂度从 $O(TL2^M)$ 降低到 $O(TLD^2)$，其中，T 表示树的数量，L 表示所有树中的最大叶子数，D 表示所有树的最大深度。

TreeSHAP 使用条件期望 $E_{X_S|X_C}(\hat{f}(x)|x_S)$ 来估计效果。下面将直观地展示如何计算单个树、一个实例 x 和特征子集 S 的期望预测。下面以所有特征为条件——如果 S 是所有特征的集合——来自实例 x 所在节点的预测就是期望预测。如果不以任何特征为条件进行预测（如果 S 是空的），则将使用所有终端节点预测的加权平均值。如果 S 包含某些非所有特征，则将忽略无法到达节点的预测结果。无法到达意味着通往该节点的决策路径与 x_S 中的值相矛盾。在剩余的终端节点中，根据节点大小（即该节点中训练样本的数量）加权平均预测结果。对于剩余终端节点的平均值，按每个节点的实例数加权，是给定 S 条件下 x 的期望预测。问题在于，必须对特征值的每个可能子集 S 都采用这一步骤。TreeSHAP 的计算时间是多项式时间，而不是指数时间。基本思想是同时将所有可能的子集 S 推到树上。对于每个决策节点，都必须跟踪子集的数量，这取决于父节点中的子集和划分特征。例如，如果树中的第一次划分是基于特征 x_3，那么所有包含特征 x_3 的子集都将进入一个节点（即 x 所在的节点）。不包含特征 x_3 的子集将进入权重降低的两个节点。遗憾的是，不同大小的子集具有不同的权重。算法必须跟踪每个节点中子集的总体权重。因此，算法变得更加复杂。有关 TreeSHAP 的详细信息，请参阅原始论文。计算可以扩展到更多的树：由于 Shapley 值的可加性，树集成 Shapley 值是各个树的 Shapley 值的（加权）平均值。

接下来介绍 SHAP 解释的实际应用。

8.6.4　示例

训练一个有 100 棵树的随机森林分类器，以便预测患宫颈癌的风险。将使用 SHAP 对单个预测进行解释。这样可以使用快速的 TreeSHAP 估算方法，而不是较慢的 KernelSHAP 方法，因为随机森林是树的集成。不过，本例不依赖于条件分布，而是使用边际分布。这在软件包中有描述，但在原始论文中没有描述。Python TreeSHAP 函数使用边际分布时速度较慢，但仍比 KernelSHAP 快，因为它与数据行数呈线性关系。

由于在这里使用的是边际分布，所以与 Shapley 值章节中的解释相同。但是，Python shap 软件包带来了不同的可视化效果：可以将 Shapley 值等特征属性可视化为"力"。每个特征值都是增加或减少预测的力，预测从基线开始。Shapley 值的基线是所有预测的平均值。在 SHAP 解释力图中，每个 Shapley 值都是一个箭头，可表示预测值的增加（正值）或减少（负值）。这些力在数据实例的实际预测中相互平衡。图 8-24 显示了宫颈癌数据集中两位女性的 SHAP 解释力图。

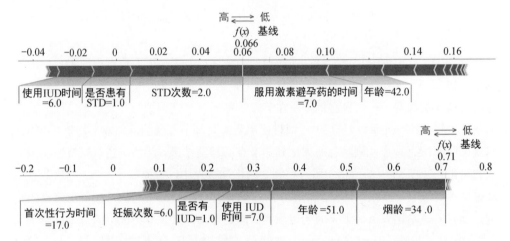

图 8-24　用于解释两个人预测患癌概率的 SHAP 值。作为基线，平均预测概率为 0.066。第一位女性的预测风险较低，为 0.06。"是否患有 STD"等增加风险的效应抵消了"年龄"等降低风险的效应。第二位女性的预测风险较高，为 0.71。年龄为 51 岁和烟龄为 34 年增加了她患癌症的预测概率

这些都是对单个预测的解释。Shapley 值可以组合成全局解释。如果对每个实例运行 SHAP，就会得到一个 Shapley 值矩阵。该矩阵的每个数据实例一行，每个特征一列。可以通过分析该矩阵中的 Shapley 值来解释整个模型。

8.6.5　SHAP 特征重要性

SHAP 特征重要性的原理很简单：Shapley 绝对值大的特征很重要。由于需要全局重要性，因此要对数据中每个特征的 Shapley 绝对值取平均值：

$$I_j = \frac{1}{n}\sum_{i=1}^{n} |\phi_j^{(i)}|$$

接下来，按照重要性的降序对特征进行排序，并绘制成图。图 8-25 显示了之前预测宫颈癌而训练的随机森林的 SHAP 特征重要性。

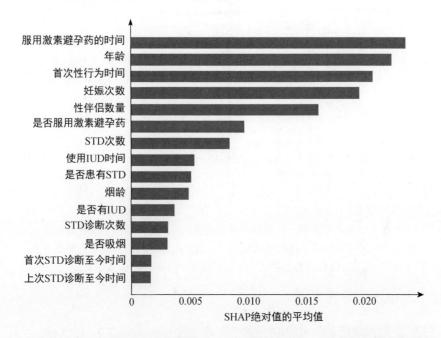

图 8-25　以 Shapley 绝对值的平均值衡量的 SHAP 特征重要性。"服用激素避孕药的时间"是最重要的特征，它使预测的患癌症绝对概率平均改变了 2.4%（*x* 轴为 0.024）

SHAP 特征重要性是置换特征重要性的一种替代方法。这两种重要性度量存在很大差异：置换特征重要性基于模型性能的下降，而 SHAP 特征重要性基于特征归因的大小。

特征重要性图很实用，但除了重要性，不包含其他信息。要获得更多信息，要看接下来的概要图。

8.6.6　SHAP 概要图

概要图结合了特征重要性和特征效应。概要图上的每个点都是一个特征和一个实例的 Shapley 值。*y* 轴上的位置由特征决定，*x* 轴上的位置由 Shapley 值决定。重叠点在 *y* 轴方向上抖动，因此可以了解每个特征的 Shapley 值的分布情况。特征根据其重要性排序，如图 8-26 所示。

在概要图中，可以初步看到特征值与预测影响之间的关系。但是，要想看到这种关系的确切形式，必须查看 SHAP 依赖关系图。

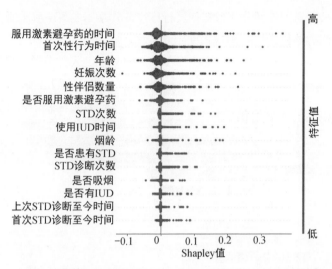

图 8-26 SHAP 概要图。服用激素避孕药的时间越短，预测的患癌症风险就
越低，而服用激素避孕药的时间越长，患癌症概率就越高。提醒：所有效应
都是对模型行为的描述，在现实世界中并不一定呈因果关系

8.6.7 SHAP 依赖关系图

SHAP 依赖关系图是最简单的全局可解释性图：1）选择一个特征；2）为每个数据实例绘制一个点，x 轴为特征值，y 轴为相应的 Shapley 值；3）完成。

在数学上，该图包含以下几点：$\{(x_j^{(i)}, \phi_j^{(i)})\}_{i=1}^n$。

图 8-27 显示了服用激素避孕药的时间的 SHAP 特征依赖关系。

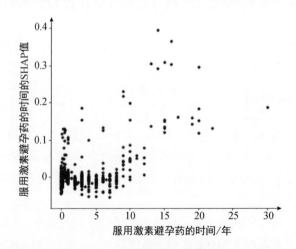

图 8-27 服用激素避孕药的时间的 SHAP 依赖关系图。与 0 年相比，年数越少，
预测患癌症概率越低，而年数越多，预测患癌症概率越高

SHAP 依赖关系图是部分依赖图和累积局部效应的替代图。部分依赖图和累积局部效应图显示的是平均效应，而 SHAP 依赖关系图在 y 轴上显示的是方差。特别是在交互作用的情况下，SHAP 依赖关系图在 y 轴上的分布会更加分散。可以通过突出显示这些特征交互作用来改进依赖关系图。

8.6.8　SHAP 交互作用值

在考虑单个特征效应后，交互效应是额外添加的特征效应。博弈论中的 Shapley 交互作用指数定义如下：

$$\phi_{i,j} = \sum_{S \subseteq \{i,j\}} \frac{|S|!(M-|S|-2)!}{2(M-1)!} \delta_{ij}(S)$$

当 $i \neq j$ 且

$$\delta_{ij}(S) = \hat{f}_x(S \cup \{i,j\}) - \hat{f}_x(S \cup \{i\}) - \hat{f}_x(S \cup \{j\}) + \hat{f}_x(S)$$

该公式减去了特征的主效应，使得在考虑了个体效应后，得到了纯交互效应。对所有可能的特征联盟 S 取平均值，就像计算 Shapley 值一样。当计算所有特征的 SHAP 交互作用值时，每个实例都会得到一个矩阵，维数为 $M \times M$，其中 M 是特征的数量。

如何使用交互指数？例如，自动交互作用最强的特征绘制 SHAP 依赖关系图，如图 8-28 所示。

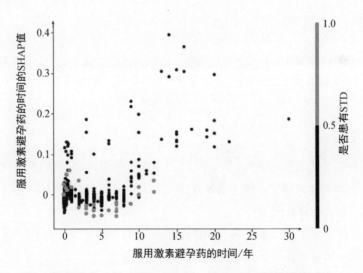

图 8-28　将交互可视化的 SHAP 依赖关系图。服用激素避孕药的时间与 STD 之间存在交互作用。在接近 0 年的情况下，出现 STD 会增加预测的患癌症风险。若服用激素避孕药多年，出现 STD 就会降低预测风险。同样地，这也不是因果模型。效应可能是由于混杂因素造成的（例如，STD 和较低的患癌症风险可能与就诊次数较多有关）

8.6.9　聚类 Shapley 值

可以借助 Shapley 值对数据进行聚类，目的是找到相似实例的组。通常来说，聚类是基于特征的。特征通常具有不同的尺度。例如，身高的测量单位可能是米，颜色强度从 0 到 100，而某些传感器的输出则在 –1 和 1 之间。难点在于如何计算具有这些不同的、不可比较的特征的实例之间的距离。

SHAP 聚类的工作原理是对每个实例的 Shapley 值进行聚类。这意味着可以通过解释相似性对实例进行聚类。所有 SHAP 值的单位相同，即预测空间的单位。可以使用任何聚类方法。下面的示例使用分层凝聚聚类对实例进行排序。

图 8-29 由许多力图组成，每个力图解释一个实例的预测。垂直旋转力图，并根据其聚类相似性并列排列。

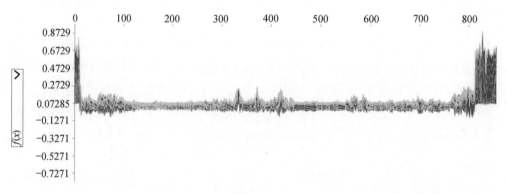

图 8-29　按解释相似度聚类的堆叠 SHAP 解释。*x* 轴上的每个位置都是一个数据实例。深色的 SHAP 值会增加预测结果，浅色的 SHAP 值会降低预测结果。有一个群组比较突出：右侧是预测患癌症风险较高的一组

8.6.10　优点

由于 SHAP 计算的是 Shapley 值，因此 SHAP 拥有 Shapley 值的所有优点：SHAP **具有博弈论的坚实理论基础**。预测结果在特征值之间分布合理。可以将实际预测结果与平均预测结果进行**对比解释**。

SHAP 连接了**局部代理模型和 Shapley 值**，因此有助于更好地理解这两种方法，它还有助于统一可解释机器学习领域。

SHAP 可以**快速实现基于树的模型**。这是 SHAP 受欢迎的关键，因为使用 Shapley 值的最大障碍是计算速度太慢。

通过快速计算，可以计算出全局模型可解释性的多个 Shapley 值。**全局可解释性方法**包括特征重要性、特征依赖性、交互作用、聚类和概要图。使用 SHAP，全局可

解释性与局部可解释性是一致的，因为 Shapley 值是全局可解释性的"原子单位"。如果将局部代理模型用于局部可解释性，而对全局可解释性使用部分依赖图和置换特征重要性，则缺乏通用的基础。

8.6.11　缺点

KernelSHAP 计算速度较慢。因此，当计算许多实例的 Shapley 值时，使用 KernelSHAP 是不切实际的。此外，所有全局 SHAP 方法（例如 SHAP 特征重要性）都需要计算很多实例的 Shapley 值。

KernelSHAP 忽略了特征之间的依赖性。大多数其他基于置换的解释方法也存在这个问题。通过用随机实例的值代替特征值，通常更容易从边际分布中进行随机采样。但是，如果特征具有依赖关系（如相关性），则会导致不可能的数据点权重过大的问题。TreeSHAP 通过对条件期望预测进行显式建模来解决这一问题。

TreeSHAP 可能会产生不直观的特征归因。虽然 TreeSHAP 解决了推断不可能数据点的问题，但它是通过改变值函数来实现的，因此会稍微改变游戏规则。TreeSHAP 依赖于条件期望预测来改变值函数。随着值函数的改变，对预测没有影响的特征也可能获得非零的 TreeSHAP 值。

Shapley 值的缺点同样适用于 SHAP：Shapley 值可能**会被误解**，而且需要访问数据才能为新数据计算 Shapley 值（TreeSHAP 除外）。

使用 SHAP **有可能产生故意误导的解释**，从而隐藏偏差[70]。对于创建解释的数据科学家来说，这并不是一个实际问题（如果想要创建误导性解释，甚至可能是一个优势）。对于 SHAP 解释的接收者来说，这是一个缺点：无法确定解释的真实性。

8.6.12　软件

作者在 Python 软件包 shap[①] 中实现了 SHAP。该实现适用于 Python 的 scikit-learn 机器学习库中基于树的模型。本章的示例也使用了 shap 包。SHAP 已集成到树增强框架 XGBoost[②] 和 LightGBM[③] 中。在 R 语言中，有 shapper 软件包和 fastshap[④] 软件包。SHAP 也包含在 R 语言中 xgboost 软件包中。

---

① 在 GitHub 中搜索"slundberg/shap"。

② 在 GitHub 中搜索"dmlc/xgboost/tree/master/python-package"。

③ 在 GitHub 中搜索"microsoft/LightGBM"。

④ 在 GitHub 中搜索"bgreenwell/fastshap"。

第 9 章
神经网络可解释性

本章重点介绍神经网络的解释方法，这些方法将神经网络学习到的特征和概念可视化，解释单个预测并简化神经网络。

深度学习获得成功，尤其是在涉及图像和文本任务时，例如图像分类和语言翻译。深度神经网络的发展始于 2012 年，当时深度学习方法赢得了 ImageNet 图像分类挑战赛[71]。从那时起，人们就见证了深度神经网络架构的寒武纪大爆发，趋势是深度神经网络具有越来越多的权重参数。

要利用神经网络进行预测，数据输入要经过多层与所学权重相乘的过程，还要经过非线性变换。根据神经网络的结构，一次预测可能涉及数百万次的数学运算。人类不可能了解从数据输入到预测的精确映射。必须考虑数百万个以复杂方式交互作用的权重，才能理解神经网络的预测。要解释神经网络的行为和预测，需要特定的解释方法。本章假设读者熟悉深度学习，包括卷积神经网络。

当然，也可以使用模型不可知方法，如局部模型或部分依赖图，但最好考虑专门为神经网络开发的解释方法，原因主要有两个：首先，神经网络在其隐藏层中学习特征和概念，需要特殊的工具来发现它们。其次，利用梯度可以实现比"从外部"观察模型的模型不可知方法更有计算效率的解释方法。此外，本书中的其他大多数方法都是用于解释表格数据的模型，对于图像和文本数据，需要不同的方法。

接下来的小节将介绍以下技术以回答不同问题。

- 学习特征：神经网络学习了哪些特征？
- 像素归因（显著性图）：每个像素对特定预测的贡献如何？
- 概念：神经网络学会了哪些更抽象的概念？
- 对抗性示例与反事实解释密切相关：如何欺骗神经网络？
- 有影响实例是一种更通用的方法，可以快速实现基于梯度的方法，如神经网络：训练数据点对某个预测的影响有多大？

9.1 学习特征

卷积神经网络从原始图像的像素中学习抽象特征和概念。特征可视化通过激活最大化将学习到的特征可视化。网络剖析用人类概念标记神经网络单元（如通道）。

深度神经网络在隐藏层中学习高级特征，这是深度神经网络的最大优势之一，可以减少对特征工程的需求。假设想用支持向量机建立一个图像分类器。原始像素矩阵并不是训练支持向量机的最佳输入，因此需要基于颜色、频域、边缘检测器等创建新特征。当使用卷积神经网络时，图像以原始形式（像素）输入网络。网络会对图像进行多次转换。首先，图像会经过许多卷积层。在这些卷积层中，网络逐层学习新的、越来越复杂的特征。然后，转换后的图像信息经过全连接层，转化为分类或预测信息，如图 9-1 所示。

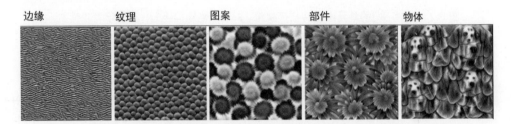

图 9-1[①]　在 ImageNet 数据集上训练的卷积神经网络（Inception V1）学习到的特征。
这些特征包括低卷积层中的简单特征和高卷积层中的更抽象特征

- 前面的卷积层学习边缘和简单纹理等特征。
- 后面的卷积层学习更复杂的纹理和图案等特征。
- 最后的卷积层学习物体或部件等特征。
- 全连接层学习将高级特征的激活连接到要预测的各个类别。

但如何才能真正获得这些幻觉图像呢？

9.1.1　特征可视化

特征可视化指的是将所学特征显性化的方法。神经网络单元的特征可视化是通过找到能使该单元激活最大化的输入来实现的。

"单元"既可以指单个神经元、通道（也称为特征图）、整个层，也可以指分类中的最终类概率神经元（或相应的 pre-softmax 神经元）。单个神经元是网络的原子单元，因此可以通过为每个神经元创建特征可视化特性来获取最多信息。但问题在于神经网络通常包含数百万个神经元。查看每个神经元的特征可视化将耗时过长。单元的通道（有时称为激活图）是特征可视化的不错选择，而且它可以将整个卷积层进行可视化，如图 9-2 所示。例如，谷歌的 DeepDream 使用层作为单位，反复将层的可视化特征添加到原始图像中，从而生成梦幻般的输入版本。

---

① 图片来自 Olah 等人（2017，CC-BY 4.0）。

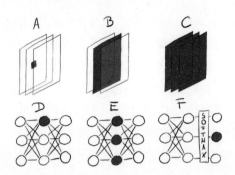

图 9-2　可对不同的单元进行特征可视化。A 表示卷积神经元，B 表示卷积通道，
C 表示卷积层，D 表示神经元，E 表示隐藏层，F 表示类概率神经元

1. 通过优化实现特征可视化

从数学角度来看，特征可视化是一个优化问题。假设神经网络的权重是固定的，这意味着网络已经经过训练。现在正在寻找一种新的图像，它能够最大化一个单元（这里是指单个神经元）的（平均）激活度：

$$\text{img}^* = \arg\max_{\text{img}} h_{n,x,y,z}(\text{img})$$

式中，函数 h 表示神经元的激活；img 表示网络的输入（图像）；x 和 y 表示神经元的空间位置；n 表示指定层；z 表示通道索引。通过第 n 层中整个通道 z 的平均激活度，可以求最大值：

$$\text{img}^* = \arg\max_{\text{img}} \sum_{x,y} h_{n,x,y,z}(\text{img})$$

在这个公式中，通道 z 中的所有神经元的权重相同。或者，也可以随机地进行最大化，这意味着神经元会乘以不同的参数，包括负方向。通过这种方法，可以研究神经元在通道内部是如何相互作用的。除了最大化激活，还可以最小化激活（相当于最大化负方向）。有趣的是，当最大化负方向时，同一个单元的特征会完全相反，如图 9-3 所示。

图 9-3　来自 mixed4d 预 relu 层的 Inception V1 神经元 484 的正激活和负激活。
虽然该神经元被车轮最大程度地激活，但似乎有眼睛的物体却产生了负激活

可以使用不同的方法来解决这个优化问题。例如，可以不生成新的图像，而是在训练图像中进行搜索，并选择能最大化激活的图像。这是一种有效的方法，但使用训练数据存在一个问题：图像上的元素可能是相关的，无法看到神经网络真正在寻找什么。如果某个通道的高激活率图像显示的是一只狗和一只网球，就无法知道神经网络关注的是狗还是网球，或者是两者。

另一种方法是从随机噪声开始生成新图像，如图 9-4 所示。为了获得有意义的可视化效果，图像通常会受到限制，例如只允许发生微小变化。为了减少特征可视化中的噪声，可以在优化步骤之前对图像进行抖动、旋转或缩放。其他正则化选项还包括频率惩罚（例如降低相邻像素的方差）或利用学习到的先验知识生成图像，例如利用生成对抗网络[72] 或去噪自动编码器[73]。

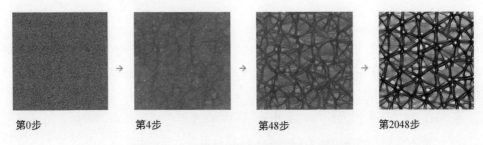

第0步　　　　　第4步　　　　　第48步　　　　　第2048步

图 9-4①　　从随机图像到激活最大化的迭代优化

如果想更深入地了解特征可视化，可以阅读 distill.pub 在线期刊，尤其是 Olah 等人[74] 的特征可视化文章。也可以参阅关于可解释性构件的文章[75]。

2. 与对抗性示例的联系

特征可视化与对抗性示例之间存在联系：这两种技术都能最大程度地激活神经网络单元。对于对抗性示例，要寻找对抗（错误）类神经元的最大激活度。两者的一个区别在于开始使用的图像：对于对抗性示例，就是要生成对抗性图像的图像。而对于特征可视化来说，根据不同的方法，它可以是随机噪声。

3. 文本和表格数据

Karpathy 等人主要关注用于图像识别卷积神经网络的特征可视化。从技术上讲，对于表格数据，没有什么能阻止最大程度地激活全连接神经网络神经元的输入；对于文本数据，也没有什么能阻止最大程度地激活循环神经网络神经元的输入。可以不再称之为特征可视化，因为"特征"就是表格数据的输入或文本。对于信贷违约预测，输入是先前的信贷数量、移动合同数量、地址和其他几十个特征。神经元学习到的特

① 图片来自 Olah 等人（2017，CC-BY 4.0）。

征就是这几十个特征的特定组合。对于循环神经网络，可视化网络所学到的内容会更好一些。Karpathy 等人[76]的研究表明，循环神经网络的神经元确实可以学习到可解释的特征。他们训练了一个字符级模型，该模型可以根据前面的字符预测序列中的下一个字符。一旦出现左括号"（"，其中一个神经元就会被高度激活，而当匹配的右括号"）"出现时，就会失活。其他神经元则在一行结束时激活，一些神经元在 URL 中激活。与卷积神经网络的特征可视化不同的是，这些示例不是通过优化找到的，而是通过研究训练数据中的神经元激活情况找到的。

有些图像似乎显示了一些众所周知的概念，例如狗鼻子或建筑物。但怎么能确定呢？网络剖析法将人类概念与单个神经网络单元联系起来。剧透一下：网络剖析需要额外的数据集，这些数据集需要人工标注人类概念。

9.1.2　网络剖析

Bau 和 Zhou 等人[77]提出的"网络剖析"方法量化了卷积神经网络单元的可解释性，它将卷积神经网络通道的高激活区域与人类概念（物体、部件、纹理、颜色……）联系起来。

正如在 9.1.1 节中所介绍的，卷积神经网络的通道可以学习新的特征。但这些可视化并不能证明某个单元已经学会了某个概念，也无法衡量一个单元检测摩天大楼的能力。在深入探讨网络剖析之前，必须先谈谈这项研究背后的重大预想：神经网络的单元（如卷积通道）可以学习分解的概念。

（卷积）神经网络是否能学习分解的特征？分解特征意味着单个网络单元可以检测到特定的现实世界概念。卷积通道 394 能检测到摩天大楼，通道 121 能检测到狗鼻子，通道 12 能检测到呈 30° 角的条纹……与分离网络相反的是完全纠缠网络。例如，在一个完全纠缠的网络中，不会有单独的"狗鼻子"单元，所有通道都有助于识别狗鼻子。

分解特征意味着网络的可解释性很高。假设有一个网络，它拥有完全独立的单元，这些单元都标有已知的概念。这就为追踪网络的决策过程提供了可能。例如，可以分析网络如何将狼与哈士奇进行分类。首先，确定"哈士奇"单元。可以检查该单元是否依赖于上一层中的"狗鼻子""蓬松的皮毛""雪"等单元。如果是，就知道它会将背景中有雪的哈士奇图像错误地分类为狼。在分解网络中，可以识别出有问题的非因果相关性；可以自动列出所有高度激活的单元及其概念，以解释单个预测；可以轻松发现神经网络中的偏差。例如，网络是否学习了"白皮肤"特征来预测工资？

剧透：卷积神经网络并不是完美解耦的。下面将更仔细地研究网络剖析算法，以了解神经网络的可解释性。

1. 网络剖析算法

网络剖析有三个步骤：第一步，获取带有人类标注视觉概念的图像，从条纹形状到摩天大楼；第二步，测量这些图像的卷积神经网络的通道激活；第三步，量化激活与标注概念的一致性。

图 9-5 直观展示了图像如何转发到通道并与标注的概念相匹配。

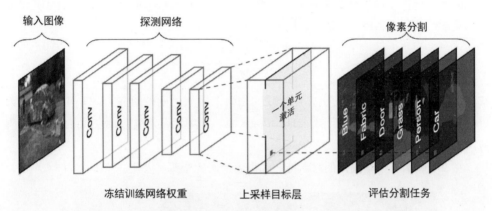

图 9-5　对于给定的输入图像和已训练的网络（固定权重），将图像正向传播到目标层，将激活度提升到与原始图像大小相匹配，然后将最大激活度与基本真实像素分割进行比较

• 步骤 1：Broden 数据集

收集数据是第一个困难但关键的步骤。网络剖析需要有像素标注的图像，并包含不同抽象层级的概念（从颜色到街景）。Bau 和 Zhou 等人结合了几个具有像素概念的数据集。他们将这一新数据集称为 "Broden"，代表广泛和密集标注的数据。Broden 数据集主要是在像素级层面进行分割，有些数据集则是对整个图像进行标注。Broden 数据集包含 60,000 张图片，1,000 多个不同抽象层级的视觉概念，包括 468 个场景、585 个物体、234 个部件、32 种材料、47 种纹理和 11 种颜色。

• 步骤 2：检索网络激活

接下来，创建每个通道和每幅图像的最高激活区域的掩码。此时尚未涉及概念标注。对于每个卷积通道 k：

- 对于 Broden 数据集中的每张图像 x，将图像 x 正向传播到包含通道 k 的目标层；提取卷积通道 k 的像素激活 $A_k(x)$。
- 计算所有图像像素激活分布 α_k 的分布。
- 确定激活 α_k 的 0.995 四分位水平 T_k，这意味着图像 x 中通道 k 所有激活度的 0.5% 大于 T_k。

- 对于 Broden 数据集中的每幅图像 x，将激活图 $A_k(x)$ 的分辨率（可能较低）缩放为图像 x 的分辨率，将结果称为 $S_k(x)$；对激活图进行二值化处理，像素的激活与否取决于它是否超过激活阈值 T_k，新的掩码为 $M_k(x) = S_k(x) \geq T_k(x)$。

• 步骤 3：激活 - 概念对齐

完成步骤 2 后，每个通道和图像都有一个激活掩码。这些激活掩码标记了一些高度激活区域。对于每个通道，要找到激活该通道的人类概念。通过将激活掩码与所有标注的概念进行比较，以找到概念。用"交并比"（Intersection over Union，IoU）得分来量化激活掩码 k 和概念掩码 c 之间的对齐：

$$\text{IoU}_{k,c} = \frac{\sum |M_k(x) \bigcap L_c(x)|}{\sum |M_k(x) \bigcap L_c(x)|}$$

式中，|·| 表示集合的基数。交并比比较的是两个区域之间的对齐。$\text{IoU}_{k,c}$ 可以解释为单位 k 检测概念 c 的精确度。当 $\text{IoU}_{k,c} > 0.04$ 时，称单元 k 为概念 c 的检测器。这一阈值由 Bau 和 Zhou 等人选定。

图 9-6 展示了单幅图像的激活掩码和概念掩码的交集和并集。

图 9-6 通过比较人类基准标注和高度激活像素来计算出"交并比"

图 9-7 显示了一个检测狗的单元。

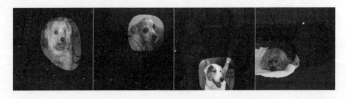

图 9-7 inception_4e 通道 750 的激活掩码，它检测 IoU=0.203 的狗

2. 实验

网络剖析的作者在不同的数据集（ImageNet、Places205、Places365）上从头开始训练了不同的网络架构（AlexNet、VGG、GoogleNet、ResNet）。ImageNet 包含来自 1000 个物体类别的 160 万张图像。Places205 和 Places365 包含来自 205/365 个不同场景的 240 万 /160 万张图像。作者还对 AlexNet 进行了自监督训练，如预测视频帧顺序或图像着色。对于其中许多不同的设置，作者计算了唯一概念检测器的数量，以此来衡量可解释性。以下是部分研究结果：

- 这些网络检测出现在较低层次的低级概念（颜色、纹理），以及较高层次的高级概念（部件、物体）中。
- 批量归一化减少了独特概念检测器的数量。
- 许多神经单元会检测到相同的概念。例如，当使用 IoU ≥ 0.04 作为检测分界线时，在 ImageNet 上训练的 VGG 中有 95 个（！）狗通道（在 convo 中为 4 个，conv5_3 中有 91 个，参见项目网站）。
- 增加层中通道的数量可增加可解释单元的数量。
- 随机初始化（使用不同的随机种子进行训练）导致可解释单元的数量略有不同。
- ResNet 是唯一概念检测器数量最多的网络架构，其次是 VGG、GoogleNet，最后是 AlexNet。
- Places356 的唯一概念检测器数量最多，其次是 Places205，最后是 ImageNet。
- 随着训练迭代次数的增加，唯一概念检测器的数量也会增加。
- 与根据监督任务训练的网络相比，自监督任务训练的网络具有更少的唯一概念检测器。
- 在迁移学习中，通道的概念会发生变化。例如，狗探测器变成了瀑布探测器。这种情况发生在一个模型中，该模型最初是为了对物体进行分类而训练的，后来进行了微调以对场景进行分类。
- 在其中一项实验中，针对在 ImageNet 上训练的 VGG 网络，作者将通道投射到一个新的旋转基础上。"旋转"并不意味着图像自身受到旋转。"旋转"的意思是将 conv5 层的 256 个通道作为原始通道的线性组合，计算出 256 个新通道。在此过程中，通道会发生纠缠。旋转会降低可解释性，即与概念一致的通道数量会减少。旋转的目的是保持模型的性能不变。第一个结论：卷积神经网络的可解释性取决于轴。这意味着通道的随机组合不太可能检测到独特的概念。第二个结论：可解释性与判别力无关。通道可以通过正交变换进行转换，而判别力保持不变，但可解释性会降低。

网络剖析作者还将网络剖析用于生成对抗网络，读者可以在该项目的网站上找到针对生成对抗网络的网络剖析。

9.1.3 优点

通过特征可视化，**可以深入了解神经网络的工作原理**，尤其是在图像识别方面。鉴于神经网络的复杂性和不透明性，特征可视化是分析和描述神经网络的重要一步。通过特征可视化，可以了解到神经网络首先学习简单的边缘和纹理检测器，然后在高层学习更抽象的部件和物体检测器。网络剖析扩展了这些观点，因此可测量网络单元的可解释性。

通过网络剖析，**可以自动将单元与概念联系起来**，这非常方便。

特征可视化是一种很好的工具，能以非技术性的方式传达神经网络的工作原理。

通过网络剖析，**还可以检测分类任务中类别之外的概念**。但是，需要包含有像素标注概念的图像数据集。

特征可视化可以与特征归因方法**相结合**，特征归因方法可以解释哪些像素对分类很重要。将特征可视化与特征归因方法结合起来，就能在解释单个分类的同时，局部可视化参与分类的已学特征。

9.1.4 缺点

许多特征可视化图像根本无法解释，原因是它们包含了一些无法用语言或思维概念来描述的抽象特征。在显示训练数据的同时，显示特征可视化图像会有所帮助。这些图像仍然无法揭示神经网络的反应，只能说明"图像中可能有黄色"。即使进行了网络剖析，有些通道也无法与人类的概念联系起来。例如，在 ImageNet 上训练的 VGG 的 conv5_3 层有 193 个通道（共 512 个）无法与人类概念相匹配。

即使"仅"可视化通道激活，**也需要了解太多单元**。以 Inception V1 架构为例，在 9 个卷积层中已经有超过 5000 个通道。如果还想显示负激活以及训练数据中使通道激活最大或最小的几张图像（比如 4 张正图像和 4 张负图像），就必须显示超过 5 万张图像。至少知道——多亏了网络剖析——不需要研究随机方向。

可解释性的错觉？ 特征可视化会产生一种错觉，使人类误以为了解神经网络在做的事情。但我们真的了解神经网络中发生了什么吗？即使看了成百上千个特征可视化图像，也无法理解神经网络。神经网络通道之间的交互作用非常复杂，正激活和负激活互不相关，多个神经元可能会学习到非常相似的特征，而对于许多特征，并没有等同的人类概念。绝不能因为看到第 7 层的神经元 349 被雏菊激活，就误以为自己完全理解了神经网络。网络剖析表明，像 ResNet 或 Inception 这样的架构都有对某些概念做出反应的单元。但 IoU 并没有那么大，很多单元往往对同一概念做出反应，有些单元则对任何概念都不做出反应。这些通道并没有被完全分开，因此不能孤立地解释它们。

网络剖析**需要在像素级别上用概念标注的数据集**。这些数据集需要花费大量的精力来收集，因为每个像素都需要标注，这通常需要在图像上的对象周围绘制线段来实现。

网络剖析只将人类的概念与通道的正激活对齐，而非与通道的负激活对齐。正如特征可视化所显示的那样，负激活似乎与概念有关。这可以通过另外查看激活的较低分位数来确定。

9.1.5　软件和其他实现

有一个名为 Lucid[①] 的特征可视化开源实现方案，可以使用 Lucid 在 GitHub 网站上提供的链接，在浏览器中试用它，而无须使用额外的软件。其他实现包括用于 TensorFlow 的 tf_cnnvis[②]、用于 Keras 的 Keras Filters[③] 和用于 Caffe 的 DeepVis[④]。

9.2　像素归因

像素归因（显著性图）方法是通过神经网络突出显示与某个图像分类相关的像素，如图 9-8 所示为显著性图解释示例。

图 9-8　显著性图解释示例，其中像素按其对分类的贡献着色

---

① 在 GitHub 中搜索 "tensorflow/lucid"。

② 在 GitHub 中搜索 "InFoCusp/tf_cnnvis"。

③ 在 GitHub 中搜索 "jacobgil/keras-filter-visualization"。

④ 在 GitHub 中搜索 "yosinski/deep-visualization-toolbox"。

本章后面将介绍这幅图像的具体情况。像素归因方法有多种名称：敏感度图、显著性图、像素归因图、基于梯度的归因方法、特征相关性、特征归因和特征贡献。

像素归因虽然是特征归因的一个特例，但适用于图像。根据每个输入特征对预测结果的改变程度（负面或正面），特征归因对每个预测结果进行归因。特征可以是输入像素、表格数据或文字。SHAP、Shapley 值和局部代理模型是特征归因方法的示例。

现在认为神经网络可以输出长度为 C 的向量作为预测结果。

其中包括 $C = 1$ 时的回归。神经网络对图像 I 的输出称为 $S(I) = [S_1(I), \cdots, S_C(I)]$。所有这些方法都将 $x \in \mathbb{R}^p$（可以是图像像素、表格数据、单词……）和 p 个特征作为输入，并为每个输入特征输出一个相关性得分作为解释 $R^c = [R_1^c, \cdots, R_p^c]$，$c$ 表示第 c 个输出 $S_C(I)$ 的相关性。

像素归因的方法很多，令人眼花缭乱。有两种不同的归因方法：

- **基于闭塞或扰动的方法**：像 SHAP 和局部代理模型这样的方法会操作图像的某些部分来生成解释（模型不可知）。
- **基于梯度**：许多方法计算预测结果（或分类得分）相对于输入特征的梯度。基于梯度的方法（有很多）大多在梯度的计算方法上有所不同。

这两种方法的共同点是，解释的大小与输入图像相同（或至少可以有意义地投射到输入图像上），并为每个像素分配一个值，该值可解释为像素与该图像的预测或分类的相关性。

关于像素归因方法的另一个有用的分类是基线问题：

- **纯梯度方法**显示像素的变化是否会改变预测结果，例如 Vanilla 梯度和 Grad-CAM。纯梯度归因的解释是：如果增加像素的颜色值，则预测的类别概率会上升（正梯度）或下降（负梯度）。梯度的绝对值越大，该像素变化的影响就越大。
- **路径归因法**比较当前图像与参考图像，参考图像可以是人工"零"图像，如完全灰色的图像。在像素之间分配实际预测值与基线预测值之间的差值。基线图像也可以是多张图像——图像分布。这类方法包括基于特定模型的梯度方法（如 Deep Taylor 和积分梯度法），以及模型不可知方法（如局部代理模型和SHAP）。有些路径归因方法是"完备的"，即所有输入特征的相关性得分之和是图像预测与参考图像预测之间的差值，例如 SHAP 和积分梯度法。对于路径归因方法，解释总是相对于基线进行的：实际图像与基线图像的分类分数之间的差异取决于像素。参考图像（分布）的选择对解释有很大的影响。通常的假设是使用"中性"图像（分布）。

在这点上，通常会直观地解释这些方法的原理，但最好还是从 Vanilla 梯度法开始，因为它很好地展示了许多其他方法所遵循的一般方法。

9.2.1 Vanilla 梯度法（显著性图）

Vanilla 梯度法（Vanilla Gradient）是由 Simonyan 等人[78]提出的，是首批像素归因方法之一。如果已经了解反向传播算法，理解 Vanilla 梯度法的原理就非常简单（他们称自己的方法为"图像特定类显著性"，但我更偏爱 Vanilla 梯度法）。计算感兴趣的类别相对于输入像素的损失函数梯度。这样就能得到输入特征从负值到正值的大小分布图。

这种方法的秘诀是：

- 对感兴趣的图像进行正向传递。
- 计算相关类别得分相对于输入像素的梯度：

$$E_{grad}(I_0) = \frac{\delta S_C}{\delta I}\big|_{I=I_0}$$

在这里，将所有其他类设置为零。

- 将梯度可视化。既可以显示绝对值，也可以分别突出负贡献和正贡献。

更正式地说，有一张图像 I，卷积神经网络对于类别 c 打分 $S_C(I)$，该分数是图像的一个高度非线性函数。使用梯度的原理是，可以通过应用一阶泰勒展开来近似该分数

$$S_C(I) \approx w^T I + b$$

式中，w 表示得分的导数：

$$w = \frac{\delta S_C}{\delta I}\big|_{I_0}$$

由于整流线性单元（Rectifying Linear Unit，ReLU）等非线性单元会"去除"符号，因此关于如何对梯度进行反向传递，还存在一定的模糊性。因此，当进行反向传递时，不知道应该分配正激活还是负激活。使用 ASCII 艺术技巧，ReLU 函数看起来是这样的：定义为 $X_{n+1}(x) = \max(0, X_n)$ 从 X_n 层到 X_{n+1} 层。这意味着，当神经元的激活值为零时，不知道该反向传播哪个值。在 Vanilla 梯度法中，这种模糊性的解决方法如下：

$$\frac{\delta f}{\delta X_n} = \frac{\delta f}{\delta X_{n+1}} \cdot I(X_n > 0)$$

式中，I 表示按元素排列的指示函数，当下层的激活为负时，I 为 0；当激活为正或零时，I 为 1。Vanilla 梯度法将当前反向传播到第 $n+1$ 层的梯度提取出来，然后将下层激活为负的梯度设为零。

来看一个例子，假设有 X_n 层和 $X_{n+1} = \text{ReLU}(X_{n+1})$ 层。在 X_n 层的虚拟激活为

$$\begin{pmatrix} 1 & 0 \\ -1 & -10 \end{pmatrix}$$

这些就是在 X_{n+1} 处的梯度

$$\begin{pmatrix} 0.4 & 1.1 \\ -0.5 & -0.1 \end{pmatrix}$$

那么 X_n 处的梯度为

$$\begin{pmatrix} 0.4 & 0 \\ 0 & 0 \end{pmatrix}$$

正如 Avanti 等人 [79] 所解释的，Vanilla 梯度法存在饱和问题。在使用 ReLU 时，当激活度低于零时，激活度的上限为零，不再发生变化，激活度达到饱和状态。例如层的输入是两个神经元，权重都为 −1，偏差为 1。当通过 ReLU 层时，如果两个神经元的权重之和小于 1，则激活值为神经元 1+ 神经元 2。如果两个神经元之和大于 1，则激活将保持激活值为 1 的饱和状态。此时梯度为零，Vanilla 梯度法表示这个神经元不再重要。

现在，我们可以继续学习另一种方法了——DeconvNet。

9.2.2　DeconvNet

Zeiler 和 Fergus[80] 提出的 DeconvNet 与 Vanilla 梯度法几乎相同。DeconvNet 的目标是反转神经网络，论文提出了反转过滤层、池化层和激活层。如果仔细阅读这篇论文，就会发现它与 Vanilla 梯度法截然不同，但除了 ReLU 层的反转，DeconvNet 与 Vanilla 梯度法是等价的。Vanilla 梯度法可以看作 DeconvNet 的泛化。通过 ReLU，DeconvNet 反向传播梯度时做出了不同的选择：

$$R_n = R_{n+1} I (R_{n+1} > 0)$$

式中，R_n 和 R_{n+1} 表示层重构；I 表示指示函数。当从第 n 层反向传递到第 $n-1$ 层时，DeconvNet 会"记住"第 n 层中哪些激活度在正向传播中设置为 0，并在第 $n-1$ 层中设置为 0。在层 x 中为负值的激活在层 $n-1$ 中被设置为 0。前面例子中的梯度 X_n 变为

$$\begin{pmatrix} 0.4 & 1.1 \\ 0 & 0 \end{pmatrix}$$

9.2.3　Grad-CAM

Grad-CAM 为卷积神经网络决策提供可视化解释。与其他方法不同的是，梯度不

是一直反向传播到图像的，而是（通常）传播到最后一个卷积层，以生成一个粗略的定位图，突出图像的重要区域。

梯度加权类激活图（Gradient-weighted Class Activation Map，Grad-CAM）是基于神经网络的梯度形成的。与其他技术一样，Grad-CAM 为每个神经元分配一个相关决策的相关性分数。这个相关决策可以是类别预测（在输出层中找到），但理论上也可以是神经网络中的其他层。Grad-CAM 将这些信息反向传播到最后一个卷积层。Grad-CAM 可用于不同的卷积神经网络：全连接层、结构化输出（如描述）和多任务输出，以及强化学习。

先直观地了解一下 Grad-CAM。Grad-CAM 的目标是了解卷积层"查看"图像的哪些部分，以进行特定分类。提示：卷积神经网络的第一个卷积层将图像作为输入，并输出编码所学特征的特征图（参见 9.1 节）。更高层次的卷积层也是如此，但输入的是前一个卷积层输出特征图。为了了解卷积神经网络如何做出决策，Grad-CAM 分析了后面的卷积层的特征图中哪些区域得以激活。最后一个卷积层中有 k 个特征图，将它们分别称为 $A_1, A_2, \cdots, A_k$。如何通过特征图"了解"卷积神经网络是如何进行某种分类的呢？在第一种方法中，可以直接可视化每个特征图的原始值，求出特征图的平均值，然后将其叠加到图像上。这样做没有任何帮助，因为特征图编码了所有类别的信息，但感兴趣的是某个类别。Grad-CAM 必须确定 k 个特征图中的每个特征图对于感兴趣的类别 c 有多重要。必须先用梯度对每个特征图的每个像素进行加权，然后再对特征图进行平均。这样就能得到一张热力图，突出显示对所关注类别有积极影响或消极影响的区域。该热力图通过 ReLU 函数处理，即将所有负值设为零。Grad-CAM 通过 ReLU 函数去除所有负值，只关注对所选类别 c 有贡献的部分，而不关注其他类别。像素一词在这里可能会引起误解，因为特征图比图像小（因为有池化单元），但会映射回原始图像。然后，出于可视化目的，将 Grad-CAM 图缩放至区间 [0,1]，并将其叠加到原始图像上。

来看看 Grad-CAM 的方法，其目标是找到定位图，其定义如下：

$$L_{\text{Grad-CAM}}^c \in \mathbb{R}^{u \times v} = \underset{\text{选择正值}}{\text{ReLU}}\left(\sum_k \alpha_k^c A^k \right)$$

式中，u 表示解释的宽度；v 表示高度；c 表示感兴趣的类别。

- 通过卷积神经网络正向传播输入图像。
- 获取所关注类别的原始分数，即 softmax 层之前神经元的激活度。
- 将所有其他类别的激活值设为零。
- 将感兴趣类的梯度反向传播到全连接层之前的最后一个卷积层 $\dfrac{\delta y^c}{\delta A^k}$。

- 根据类别对每个特征图"像素"加权。指数 i 和 j 指的是宽度和高度：

$$\alpha_k^c = \overbrace{\frac{1}{Z}\sum_i\sum_j}^{\text{全局平均池化}} \quad \underbrace{\frac{\delta y^c}{\delta A_{ij}^k}}_{\text{通过反向进行梯度计算}}$$

这意味着梯度是全局池化的。

- 计算特征图的平均值，并根据梯度对每个像素加权。
- 对平均后的特征图应用 ReLU。
- 可视化，即将数值缩放至 0 至 1 的区间。将图像放大并叠加到原始图像上。
- Guided Grad-CAM 的额外步骤，即使用引导反向传播对热力图进行乘法运算。

9.2.4 Guided Grad-CAM

从 Grad-CAM 的描述中可以猜到，定位非常不精准，因为与输入图像相比，最后的卷积特征图的分辨率不够精准。相比之下，其他归因技术会一直反向传播到输入像素。因此，它们要详细得多，可以展示对预测贡献最大的单个边缘或点。这两种方法的融合称为"Guided Grad-CAM"。这种方法非常简单。可以为一幅图像计算 Grad-CAM 解释和另一种归因方法（如 Vanilla 梯度法）的解释。然后用双线性插值法对 Grad-CAM 输出进行上采样，再将两个图按元素相乘。Grad-CAM 就像一个镜头，聚焦于像素归因图的特定部分。

9.2.5 SmoothGrad

Smilkov 等人[81]提出的 SmoothGrad 的原理是，通过添加噪声并对这些人为的噪声梯度进行平均，降低基于梯度的解释的噪声。SmoothGrad 并不是一种独立的解释方法，而是基于梯度的解释方法的扩展。

SmoothGrad 的原理如下：

- 通过添加噪声，生成多个版本的相关图像。
- 为所有图像创建像素归因图。
- 平均像素归因图。

没错，就是这么简单。为什么要这样做呢？理论上来说，导数在小尺度上波动很大。在训练过程中，神经网络没有保持梯度平滑的动力，它们的目标是对图像进行正确的分类。对多个图平均处理，可以"平滑"这些波动：

$$R_{sg}(x) = \frac{1}{N}\sum_{i=1}^{n} R(x + g_i)$$

式中，$g_i \sim N(0, \sigma^2)$ 是从高斯分布中采样的噪声向量。理想的噪声水平取决于输入图像和输入网络。作者建议噪声水平为 10% ~ 20%，这意味着 $\sigma / (x_{\max} - x_{\min})$ 应介于 0.1 和 0.2 之间。极限值 $x_{\min}$ 和 $x_{\max}$ 指的是图像的最小像素值和最大像素值。另一个参数是样本数 n，建议使用 $n = 50$，因为超过这个数值的效果会递减。

9.2.6 示例

举例说明这些图的外观以及这些方法的定性比较。此处使用的网络是 VGG-16[82]，它是在 ImageNet 上训练的，因此可以区分 20,000 多个类别。对于以下图像，将为分类得分最高的类别创建解释。

图 9-9 所示为图像和神经网络对它们的分类。

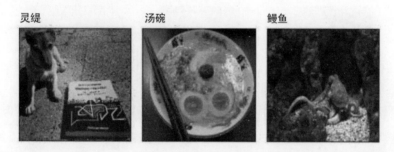

图 9-9　归类为"灵缇"的狗、归类为"汤碗"的拉面汤和归类为"鳗鱼"的章鱼的图像

左边的图片是一只忠心的狗在守卫着 *Interpretable Machine Learning* 图书，它分类为"灵缇"的狗概率为 35%（看来" Interpretable Machine Learning "并不是 20,000 个类别之一）。中间的图片显示了一碗美味的拉面汤，被正确分类为"汤碗"的概率为 50%。右边的图片显示的是海底章鱼，被错误归类为"鳗鱼"的概率高达 70%。

图 9-10 所示为用于解释分类的像素归因或显著性图。遗憾的是，这看起来似乎有点混乱。不过，从狗开始查看各个解释。Vanilla 梯度法和 Vanilla 梯度法 +SmoothGrad 突出了狗，这是有道理的。但它们同时也突出显示了书本周围的一些区域，这就很奇怪了。Grad-CAM 只突出了书的区域，这就完全说不通了。从这里开始，情况变得有点混乱。Vanilla 梯度法似乎对汤碗和章鱼（或网络认为的鳗鱼）都无法解释。两张图片看起来似乎是直视太阳看久了的残影（请不要直视太阳）。SmoothGrad 帮助很大，至少区域更加清晰。在汤的例子中，一些配料被突出显示，如鸡蛋和肉，还有筷子周围的区域。在章鱼图片中，主要突出了动物本身。对于汤碗，Grad-CAM 突出显示了鸡蛋的部分，由于某种原因，还突出显示了碗的上半部分。Grad-CAM 对章鱼的解释更加混乱。

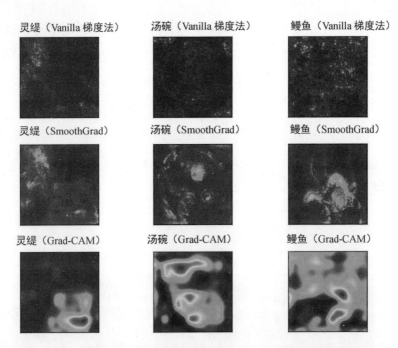

图 9-10 Vanilla 梯度法、SmoothGrad 和 Grad-CAM 的像素归因或显著性图

从这里已经可以看出，要评估是否信任这些解释是非常困难的。首先，需要考虑图像的哪些部分包含与图像分类相关的信息。但接下来，还需要考虑神经网络的分类依据。也许就像 SmoothGrad 表示的那样，汤碗是根据鸡蛋和筷子的组合得以正确分类的？又或者，如 Grad-CAM 所示，神经网络识别的是碗的形状和一些配料？在此不得而知。

这就是所有这些方法的最大问题，没有解释的基准，只能先拒绝明显不合理的解释（即使在这一步，也没有很强的信心。神经网络的预测过程非常复杂）。

9.2.7 优点

解释很直观，便于我们快速识别图像。特别是当方法只突出重要像素时，很容易立即识别出图像的重要区域。

基于梯度的方法通常**比模型不可知方法的计算速度更快**。例如，局部代理模型和 SHAP 也可用于解释图像分类，但计算成本较高。

有许多方法可供选择。

9.2.8 缺点

与大多数解释方法一样，**很难知道一个解释是否正确**，而且评估的很大一部分只是定性的。

像素归因法非常**脆弱**。Ghorbani 等人 [83] 的研究表明，在图像中引入微小的（对抗性）扰动，虽然仍能得出相同的预测结果，但却会导致截然不同的像素突出显示为解释结果。

Kindermans 等人 [84] 也表明，这些像素归因方法**非常不可靠**。他们在输入数据中加入了恒定偏移，即在所有图像中加入相同的像素变化。他们比较了两个网络，一个是原始网络，另一个是"移位"网络，"移位"网络改变了第一层的偏置，以适应恒定的像素偏移。两个网络产生的预测结果相同。此外，两者的梯度也相同。但解释发生了变化，这是一个不可取的特性。他们研究了 DeepLift、Vanilla 梯度法和积分梯度法。

论文 *Sanity checks for saliency maps*[85] 研究了显著性方法是**否对模型和数据不敏感**。不敏感性是非常不可取的，因为这意味着"解释"与模型和数据无关。对模型和训练数据不敏感的方法类似于边缘检测器。边缘检测器只是突出图像中强烈的像素颜色变化，与预测模型或图像的抽象特征无关，也不需要训练。测试的方法包括 Vanilla 梯度法、梯度 x 输入、积分梯度法、引导反向传播、Guided Grad-CAM 和 SmoothGrad（使用 Vanilla 梯度法）。Vanilla 梯度法和 Grad-CAM 通过了不敏感性检查，而引导反向传播和 Guided Grad-CAM 未通过不敏感性检查。然而，Tomsett 等人（2020）[86] 发表了一篇名为 *Sanity checks for caliency metrics* 的论文，批评了合理性检查论文。他们发现，评估指标缺乏一致性。因此，又回到了起点……评估可视化解释仍然很困难。这给实践者带来了很大困难。

总之，这是一个**非常不理想的状态**。必须再等一等，等待对这一主题的更多研究。请不要再发明新的显著性方法，而是要更仔细地研究如何评估这些方法。

9.2.9 软件

有几种软件可以实现像素归因方法。本例使用了 tf-keras-vis。最全面的库之一是 iNNvestigate[①]，它实现了 Vanilla 梯度法、SmoothGrad、DeconvNet、引导反向传播、PatternNet 和 LRP 等。DeepExplain 工具箱[②] 实现了很多方法。

9.3 检测概念[③]

至此，我们遇到过很多通过特征归因来解释黑盒模型的方法。然而，基于特征的

---

① 在 GitHub 中搜索"albermax/innvestigate"。

② 在 GitHub 中搜索"marcoancona/DeepExplain"。

③ 本节作者为加州大学戴维斯分校的 Fangzhou Li。

方法存在一些局限性。首先，就可解释性而言，特征并不一定对用户友好。例如，图像中单个像素的重要性并不能传达太多有意义的解释。其次，特征数量限制了基于特征的解释的表现力。

基于概念的方法解决了上述两个局限性。概念可以是任何抽象概念，如一种颜色、一个物体，甚至一个想法。对于任何用户定义的概念，尽管神经网络没有明确地使用给定的概念进行训练，但基于概念的方法可以检测到网络学习到的潜在空间中嵌入的概念。换句话说，基于概念的方法可以生成不受神经网络特征空间限制的解释。

本章将主要讨论 Kim 等人的"Testing with Concept Activation Vectors"论文 [87]。

9.3.1　TCAV：使用概念激活向量进行测试

提出 TCAV 是为神经网络生成全局可解释性，但从理论上讲，它也适用于任何可以进行方向导数的模型。对于任何给定的概念，TCAV 都能测量该概念对模型预测某类结果的影响程度。例如，TCAV 可以回答"条纹"概念如何影响将图像分类为"斑马"的模型等问题。由于 TCAV 描述的是概念与类之间的关系，而不是解释单一的预测，因此它为模型的整体行为提供了有效的全局可解释性。

1. 概念激活向量

概念激活向量（Concept Activation Vector，CAV）是神经网络层激活空间中概括概念的数字表示。CAV 表示为 v_l^C，取决于概念 C 和神经网络层 l，其中 l 也称为模型的瓶颈。要计算概念 C 的 CAV，首先需要准备两个数据集：代表 C 的概念数据集和由任意数据组成的随机数据集。例如，要定义"条纹"概念，可以收集条纹物体的图像作为概念数据集，而随机数据集是一组没有条纹的随机图像。接下来，以隐藏层 l 为目标，训练二元分类器，将概念数据集产生的激活与随机数据集产生的激活区分开来。这个训练好的二元分类器的系数向量就是 CAV v_l^C。实际上，可以使用支持向量机或逻辑回归模型作为二元分类器。最后，在给定图像输入 x 的情况下，通过计算预测结果在单位 CAV 方向上的方向导数，可以衡量其"概念敏感度"：

$$S_{C,k,l}(x) = \nabla h_{l,k}(\hat{f}_l(x)) \cdot v_l^C$$

式中，$\hat{f}_l$ 表示将输入 x 映射到第 l 层的激活向量上；$h_{l,k}$ 表示将激活向量映射到类别 k 的对数输出上。

从数学上讲，$S_{C,k,l}(x)$ 的符号只取决于 $h_{l,k}(\hat{f}_l(x))$ 梯度与 v_l^C 之间的夹角。如果角度大于 90°，则 $S_{C,k,l}(x)$ 为正值；如果角度小于 90°，$S_{C,k,l}(x)$ 则为负值。由于梯度 $\nabla h_{l,k}$ 指向的方向能以最快的速度使输出最大化，因此概念灵敏度 $S_{C,k,l}$ 直观地表明 v_l^C 是否指

向能使 $h_{l,k}$ 最大化的类似方向。因此，$S_{C,k,l}(x) > 0$ 可以解释为概念 C 鼓励模型将 x 划分到类别 k 中。

2. 使用 CAV 进行测试

上文介绍了如何计算单个数据点的概念敏感度，但我们的目标是得出一个全局可解释性，表明整个类别的整体概念敏感度。TCAV 采用的一种非常直接的方法是计算概念敏感度为正的输入与某类输入数量的比率：

$$TCAV_{Q,C,k,l} = \frac{|x \in X_k : S_{C,k,l}(x) > 0|}{|X_k|}$$

回到例子，我们感兴趣的是在将图像分类为"斑马"时，"条纹"的概念是如何影响模型的。首先，收集标记为"斑马"的数据，并计算每张输入图像的概念敏感度。然后，在预测"斑马"类别时，"条纹"概念的 TCAV 分数就是概念敏感度为正的"斑马"图像数量除以"斑马"图像总数。换句话说，如果 C = striped 和 k = zebra 的 TCAV 值等于 0.8，则表示"斑马"类别中 80% 的预测受"条纹"概念的积极影响。

这看起来很不错，但如何知道 TCAV 分数是否有意义呢？毕竟 CAV 是通过用户选择的概念和随机数据集训练出来的。如果用于训练 CAV 的数据集不好，解释就会产生误导，最后毫无用处。因此，利用一个简单的统计显著性测试，以帮助 TCAV 变得更加可靠。也就是说，在保持概念数据集不变的情况下，使用不同的随机数据集来训练多个 CAV，而不是只训练一个 CAV。一个有意义的概念应该产生具有一致 TCAV 分数的 CAV。更详细的测试步骤如下所示。

- 收集 N 个随机数据集，建议 N 至少为 10。
- 固定概念数据集，使用 N 个随机数据集的每个数据集计算 TCAV 分数。
- 将 N 个 TCAV 分数与随机 CAV 生成的其他 N 个 TCAV 分数进行双侧 t 检验。

通过选择一个随机数据集，随机 CAV 可以作为概念数据集来获得。

如果有多个假设，建议在此应用多重假设校正方法。原论文使用的是 Bonferroni 校正方法，这里的假设数等于要测试的概念数。

9.3.2 示例

下面来看 TCAV 在 GitHub[①] 上的一个示例（见图 9-11）。继续之前使用的"斑马"类示例，该示例显示了"条纹""之字形""点状"概念的 TCAV 评分结果，如图 9-11 所示。使用的图像分类器是 Inception V3[88]，这是一个使用 ImageNet 数据训练的卷积

---

① 在 GitHub 中搜索"tensorflow/tcav/blob/master/Run_TCAV.ipynb"。

神经网络。每个概念或随机数据集包含 50 幅图像，使用 10 个随机数据集进行统计显著性检验，显著性水平为 0.05。没有使用 Bonferroni 校正方法，因为只有几个随机数据集，但在实践中建议添加校正以避免错误发现。

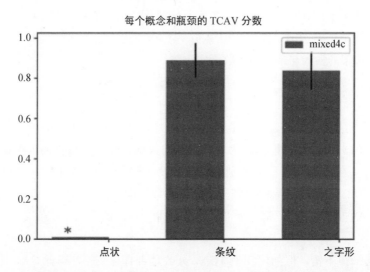

图 9-11　测量预测"斑马"模型的三个概念的 TCAV 分数的示例。目标瓶颈是一个名为"mixed4c"的图层。"点状"上方的星号表示"点状"未通过统计显著性检验，即 P 值大于 0.05。"条纹"和"之字形"都通过了检验，这两个概念有助于模型根据 TCAV 识别"斑马"图像。图像模型源自 TCAV GitHub

在实践中，希望在每个数据集中使用 50 张以上的图像来训练更好的 CAV。还想使用 10 个以上的随机数据集，以进行更好的统计显著性测试。可以将 TCAV 应用于多个瓶颈，以获得更全面的观察结果。

9.3.3　优点

由于用户只需收集数据来训练他们感兴趣的概念，因此 **TCAV 不要求用户具备机器学习的专业知识**，它有助于领域专家评估复杂的神经网络模型。

TCAV 的另一个独特之处在于它具有**可定制性**，这得益于 TCAV **超越特征归因的解释**。只要概念数据集能够定义概念，用户就可以研究任何概念。换句话说，用户可以根据自己的需要，控制解释复杂性和可解释性之间的平衡：如果领域专家非常了解问题和概念，可以使用更复杂的数据来塑造概念数据集，从而生成更精细的解释。

最后，TCAV 将生成概念与任何类别相关联的**全局可解释性**。全局可解释性可以让你了解整体模型的行为是否正确，而局部可解释性通常无法做到这一点。因此，TCAV 用来识别模型训练过程中出现的潜在"缺陷"或"盲点"：也许模型学会了对某个概念进行不恰当的加权。如果用户能识别出这些学习不当的概念，就可以利用这些知识来**改进自己的模型**。比方说，有一个分类器预测"斑马"的准确性很高。但 TCAV 显示，该分类器对"点状"而非"条纹"的概念更为敏感。这可能表明分类器由一个不平衡的数据集训练而成，可以通过在训练数据集中添加更多"条纹斑马"图像或更少的"点状斑马"图像来改进模型。

9.3.4 缺点

在较浅层的神经网络中，TCAV **表现不佳**。正如许多论文[89]指出的，深层中的概念更容易分离。如果网络太浅，其各层无法清晰地分离概念，因此 TCAV 不适用。

由于 TCAV 需要**额外注释概念数据集**，因此对于没有现成标注数据的任务来说，成本可能会非常高。在注释成本高昂的情况下，可以使用 ACE 替代 TCAV。

TCAV 因具备可定制性而备受赞誉，但**很难适用于过于抽象或笼统的概念**。这主要是因为 TCAV 是通过相应的概念数据集来描述概念的。概念越抽象或越笼统，如"幸福"，就需要越多的数据来训练该概念的 CAV。

虽然 TCAV 在应用于图像数据方面很受欢迎，**但是在文本数据和表格数据方面的应用相对有限**。

9.3.5 其他基于概念的方法

近年来，基于概念的方法越来越受欢迎，有很多新方法都受到了概念的启发。在此简要介绍这些方法，如果对其感兴趣，建议阅读论文原文。

基于概念的自动解释（Automated Concept-based Explanation，ACE）[90]看作 TCAV 的自动化版本。ACE 会浏览一个类别的一组图像，并根据图像片段的聚类自动生成概念。

概念瓶颈模型（Concept Bottleneck Model，CBM）[91]是内在可解释性的神经网络。CBM 类似于编码器 - 解码器模型，前半部分将输入映射为概念，后半部分使用映射的概念预测模型输出。这样，瓶颈层的每个神经元激活度就代表了一个概念的重要性。此外，用户还可以操作瓶颈层的神经元激活来生成模型的反事实解释。

概念白化（Concept Whitening，CW）[92]是另一种生成内在可解释性的图像分类器的方法。要使用 CW，可以用 CW 层代替归一化层（如批量归一化层）。如果用户希望将预训练好的图像分类器转化为本质上可解释的分类器，同时保持模型的性能，CW 就非常实用。在很大程度上，CW 受到了白化转换的启发，如果想了解更多有关 CW 的信息，强烈建议研究白化转换背后的数学知识。

9.3.6　软件

TCAV 的官方 Python 库需要使用 Tensorflow，网上也有其他版本。也可以在 tensorflow/tcav[①] 上访问易于使用的 Jupyter Notebook。

9.4　对抗性示例

对抗性示例（Adversarial Example）是一种具有微小、故意特征扰动的实例，会导致机器学习模型做出错误的预测。建议先阅读 8.3 节，因为两者的概念非常相似。对抗性示例是反事实示例，其目的是欺骗模型，而不是解释模型。

为什么对对抗性示例感兴趣？难道它们只是机器学习模型的副产品，没有实际意义吗？答案显然是"否"。对抗性示例使机器学习模型容易受到攻击，例如以下情况。

一辆自动驾驶汽车因为无视停车标志而撞向了另一辆汽车。有人在标志上贴了一张图片，对人类来说，这看起来像一个沾了点灰尘的停车标志，但对汽车的标志识别软件来说，它是禁止停车的标志。

垃圾邮件检测器没有将邮件归类为垃圾邮件。垃圾邮件被设计成类似于正常邮件，但目的是欺骗收件人。

由机器学习驱动的扫描仪用于在机场扫描行李箱中的武器。有人开发了一种刀具，让系统认为它是一把雨伞，从而躲过检测。

下面来看看创建对抗性示例的一些方法。

9.4.1　方法和示例

创建对抗性示例的技术有很多，大多数方法都建议尽量缩小对抗性示例与要处理的示例之间的距离，同时将预测结果转移到期望的（对抗性）结果上。有些方法需要访问模型的梯度，这当然只适用于基于梯度的模型，如神经网络；其他方法只需要访问预测函数，这使得这些方法模型不可知。本节的方法侧重于使用深度神经网络的图像分类器，因为这一领域的研究很多，对抗性图像的可视化非常有教育意义。对抗性图像样本是指具有故意扰动像素的图像，目的是在应用时欺骗模型。这些样本表明，在人眼看来无害的图像可以多么容易地欺骗用于目标识别的深度神经网络。如果还没有看过这些对抗性样本，你可能会大吃一惊，因为预测结果的变化对于人类观察者来说是无法理解的。对抗性示例对机器而言就像光学幻觉。

①在 GitHub 中搜索" tensorflow/tcav/tree/master "。

1. 我的狗出现了问题

Szegedy 等人[93] 在他们的作品 *Intriguing Properties of Neural Networks* 中使用了一种基于梯度的优化方法，为深度神经网络寻找对抗性示例，如图 9-12 所示。

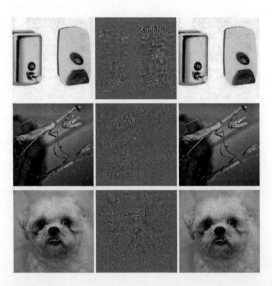

图 9-12[①]　Szegedy 等人的 AlexNet 对抗性示例。左列中的所有图像都被正确分类。中间一列显示了添加到图像中的错误（放大），导致右列图像全部（错误地）被归类为"鸵鸟"

这些对抗性示例是通过最小化以下关于 *r* 的函数生成的：

$$\mathrm{Loss}(\hat{f}(\boldsymbol{x}+\boldsymbol{r}),l)+c\cdot|\boldsymbol{r}|$$

式中，*x* 表示图像（用像素向量表示）；*r* 表示为创建对抗性图像，图像像素的变化量（*x* + *r* 生成新图像）；*l* 表示期望的结果类别；参数 *c* 用于平衡图像之间的距离和预测之间的距离。第一项是对抗性示例的预测结果与期望类别 *l* 之间的距离，第二项是对抗性示例与原始图像之间的距离。这种公式与损失函数几乎相同，生成反事实解释。*r* 有额外的约束，以便像素值保持在 0 和 1 之间。作者建议使用盒式约束 L-BFGS 来解决这个优化问题，这是一种使用梯度的优化算法。

2. 干扰的熊猫：快速梯度符号法

Goodfellow 等人[94] 发明了快速梯度符号法，用于生成对抗性图像。梯度符号法利用底层模型的梯度来寻找对抗性示例。通过在每个像素点上增加或减去一个小误差 ϵ 来处理原始图像 *x*。是增加还是减去 ϵ，取决于像素的梯度符号是正还是负。在梯度方向上添加误差意味着故意改变图像，使得模型分类失败。

---

① 图片来自 Szegedy 等人 , CC-BY 3.0。

下式描述了快速梯度符号法的核心：

$$x' = x + \epsilon \cdot \text{sign}(\nabla_x J(\boldsymbol{\theta}, \boldsymbol{x}, \boldsymbol{y}))$$

式中，$\nabla_x J$ 表示模型损失函数相对于原始输入像素向量 $\boldsymbol{x}$ 的梯度；$\boldsymbol{y}$ 表示 $\boldsymbol{x}$ 的真实标签向量；$\boldsymbol{\theta}$ 表示模型参数向量。在梯度向量（与输入像素向量一样长）中，只需要符号：如果像素强度增加会增加损失（模型产生的误差），则梯度的符号为正（+1）；如果像素强度降低会增加损失，则梯度的符号为负（−1）。当神经网络以线性方式处理输入像素强度与类别得分之间的关系时，就会出现这种漏洞。特别是偏向线性的神经网络架构，如 LSTM、maxout 网络、带有 ReLU 激活单元的网络或其他线性机器学习算法（如逻辑回归），都容易受到梯度符号法的攻击。攻击是通过外推法进行的。输入像素强度和类别得分之间的线性关系导致了对异常值的脆弱性，即将像素值移动到数据分布以外的区域可能会欺骗模型。这些对抗性示例不仅针对特定的神经网络架构，事实证明，可以重复使用对抗性示例来欺骗在同一任务上训练过的不同体系架构的网络。

Goodfellow 等人建议在训练数据中添加对抗性示例，以学习稳健的模型。

3．水母……不，是浴缸：单像素攻击

Goodfellow 及其同事提出的方法需要改变很多像素，哪怕只是一点点。但如果只能改变一个像素呢？能欺骗机器学习模型吗？Su 等人[95] 的研究表明，实际上可以通过改变单个像素来欺骗图像分类器，如图 9-13 所示。

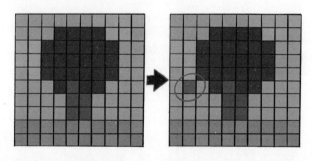

图 9-13　通过故意改变单个像素，可以欺骗在 ImageNet 上训练的神经网络，
使其预测类别错误，而不是原始类别

与反事实类似，单像素攻击会寻找一个修改后的示例 x'，该示例与原始图像 $\boldsymbol{x}$ 非常接近，但却将预测结果改为对抗性结果。不过，接近的定义有所不同：只有一个像素可能发生变化。单像素攻击使用差分进化来找出要改变的像素以及改变方式。差分进化受到了生物物种进化的启发。称为候选解的个体所组成的群体一代一代地重组，直到找到解决方案。每个候选方案都包含一个像素修改，并由五个元素组成的向量表示：X 坐标、Y 坐标和红色、绿色、蓝色（RGB）值。例如，搜索从 400 个候选解（像

素修改建议）开始，并使用以下公式从父代创建新一代的候选解（子代）：

$$x_i(g+1) = x_{r_1}(g) + F \cdot (x_{r_2}(g) - x_{r_3}(g))$$

式中，每个 x_i 表示候选解的一个元素（X 坐标、Y 坐标、红色、绿色或蓝色）；g 表示当前生成的像素；F 表示缩放参数（设为 0.5）；r_1、r_2 和 r_3 表示不同的随机数。每个新的子代候选解都是一个具有位置和颜色五个属性的像素，而每个属性都混合了三个随机父像素。

如果其中一个候选解是一个对抗性示例，即被归类为不正确的类别，或者达到了用户指定的最大迭代次数，则停止子代创建。

4．一切都是烤面包机：对抗补丁

我最喜欢的方法之一是将对抗性示例带入物理现实中。Brown 等人[96] 设计了一种可打印的标签，可以贴在物体旁边，让它们看起来将图像分类为烤面包机，如 9-14 所示。

图 9-14①　一张贴纸能让在 ImageNet 上训练的 VGG16 分类器将香蕉图像分类为烤面包机

该方法不同于迄今为止针对对抗性示例提出的方法，因为它消除了对抗性图像必须非常接近原始图像这一限制。取而代之的是，该方法使用可以呈现任何形状的补丁完全替换了图像的一部分。补丁的图像针对不同的背景图像进行优化，补丁在图像上的位置不同，有时移动，有时变大或变小，有时旋转，使得补丁在多种情况下都能发挥作用。最后，这种经过优化的图像可以打印出来，用来欺骗图像分类器。

永远不要带着 3D 打印的乌龟去枪战——即使计算机认为这是个好主意：稳健的对抗性示例。

下一种方法是在烤面包机的基础上添加另一个维度。Athalye 等人[97]3D 打印了一

———————————
① 图片来自 Brown 等人（2017）。

只乌龟，使得从几乎所有可能的角度，都被深度神经网络视为步枪。是的，你没有看错。在人类看来像乌龟的实物，在计算机看来却像步枪，如图 9-15 所示。

图 9-15　Athalye 等人创建了一只 3D 打印的乌龟，TensorFlow 的标准预训练
Inception V3 分类器将其识别为步枪

　　作者找到了一种为二维分类器创建三维对抗性示例的方法，这种方法在转换方面具有对抗性，例如旋转、放大等所有的可能性。其他方法，如快速梯度法，在图像旋转或视角改变时不再起作用。Athalye 等人提出了 EOT（Expectation Over Transformation）算法，这是一种生成对抗性示例的方法，甚至在图像变换时也能发挥作用。EOT 算法的原理是在多种可能的变换中优化对抗性示例。EOT 不是最小化对抗性示例与原始图像之间的距离，而是在选定的可能变换分布下，将两者之间的预期距离保持在某个阈值以下。变换下的预期距离可以写成

$$\mathbb{E}_{t \sim T}[d(t(\boldsymbol{x}'), t(\boldsymbol{x}))]$$

式中，$\boldsymbol{x}$ 表示原始图像；$t(x)$ 表示变换后的图像（如旋转图像）；$\boldsymbol{x}'$ 表示对抗性示例；$t(\boldsymbol{x}')$ 表示变换后的版本。除了处理转换分布，EOT 方法还沿用了熟悉的模式，即把寻找对抗性示例作为一个优化问题。试图找到一个对抗性示例 $\boldsymbol{x}'$，使所选类 y_t（例如"步枪"）在可能的变换分布 T 中的概率最大化：

$$\arg\max_{\boldsymbol{x}'} \mathbb{E}_{t \sim T}[\log P(y_t \mid t(\boldsymbol{x}'))]$$

　　该方法的限制：在所有可能的变换中，对抗性示例 $\boldsymbol{x}'$ 与原始图像 $\boldsymbol{x}$ 之间的预期距离必须低于某个阈值：

$$\mathbb{E}_{t \sim T}[d(t(\boldsymbol{x}'), t(\boldsymbol{x}))] < \epsilon, \ \boldsymbol{x} \in [0,1]^d$$

我认为应该关注这种方法所带来的其他可能性。其他方法都是基于对数字图像的处

理。然而，这些 3D 打印的稳健对抗性示例可以插入任何真实场景，欺骗计算机对物体进行错误分类。相反，如果有人制造了一把外形酷似乌龟的步枪，会发生什么呢？

5. 蒙蔽的对手：黑盒攻击

想象一下：你可以通过 Web API 访问出色的图像分类器，可以从模型中获得预测结果，但无法访问模型参数；可以在沙发上方便地发送数据，我的服务会响应相应的分类。大多数对抗性攻击都不是专为这种情况而设计的，因为它们需要访问底层深度神经网络的梯度来找到对抗性示例。Papernot 及其同事[98]的研究表明，可以在没有内部模型信息和不访问训练数据的情况下创建对抗性示例。这种（几乎）零知识攻击被称为黑盒攻击，具体步骤为：

- 步骤 1，从一些与训练数据来自同一领域的图像开始。例如，如果要攻击的分类器是数字分类器，则使用数字图像。这需要领域知识，但不需要访问训练数据。
- 步骤 2，从黑盒中获取当前图像集的预测。
- 步骤 3，在当前图像集上训练一个代理模型（例如神经网络）。
- 步骤 4，使用启发式方法创建一组新的合成图像，该方法会检查对当前图像应向哪个方向处理像素，使得模型输出更大的方差。
- 步骤 5，重复步骤 2 至步骤 4，进行预定义的迭代。
- 步骤 6，使用快速梯度法（或类似方法）为代理模型创建对抗性示例。
- 步骤 7，用对抗性示例攻击原始模型。

代理模型的目的是接近黑盒模型的决策边界，但不一定要达到相同的准确性。

论文作者通过攻击在各种云机器学习服务器上训练的图像分类器来测试这种方法。这些服务根据用户上传的图像和标签训练图像分类器。软件自动训练模型——有时使用用户未知的算法并部署模型。分类器会对上传的图像进行预测，但模型本身无法检查或下载图像。作者能够为各种供应商找到对抗性示例，其中高达 84% 的对抗性示例被错误分类。

如果要欺骗的黑盒模型不是神经网络，这种方法也能奏效。这包括没有梯度的机器学习模型，如决策树。

9.4.2　网络安全视角

机器学习处理的是已知的未知因素：根据已知分布预测未知数据点。防御攻击涉及未知因素：从未知的对抗性输入分布中稳健地预测未知数据点。随着机器学习被集成到越来越多的系统中，如自动驾驶汽车或医疗设备，它们也正在成为攻击的切入点。即使机器学习模型在测试数据集上的预测是 100% 正确的，也可能会发现有对抗性示例会欺骗模型。机器学习模型对网络攻击的防御是网络安全领域的一个新内容。

Biggio 等人 [99] 对十年来关于对抗机器学习的研究进行了回顾，本节以此为基础。网络安全是一场军备竞赛，攻击者和防御者不相上下。

网络安全有三条黄金法则：了解你的对手，积极主动，保护自己。

不同的应用程序有不同的对手。试图通过电子邮件诈骗他人钱财的人是电子邮件服务用户和供应商的对手。供应商希望保护其用户，让他们能继续使用其邮件程序，而攻击者则希望让人们给他们钱。了解对手就意味着了解他们的目标。假设不知道这些垃圾邮件发送者的存在，而滥用电子邮件服务的唯一行为就是发送盗版音乐，防御方法就会不同（例如，扫描附件中的版权材料，而不是分析文本中的垃圾邮件指标）。

积极主动意味着积极地测试和识别系统的弱点。当积极尝试用对抗性示例欺骗模型，然后对其进行防御时，就是积极主动的。使用解释方法了解哪些特征是重要的，以及特征如何影响预测，也是了解机器学习模型弱点的主动方法。作为数据科学家，在这个危险的世界中，你是否信任你的模型，而从未关注超越测试数据集的预测能力？是否分析过模型在不同情况下的表现，确定最重要的输入，检查某些示例的预测解释？是否尝试过寻找对抗性输入？机器学习模型的可解释性在网络安全中发挥着重要作用。被动与主动正好相反，被动意味着等到系统受到攻击时才去了解问题所在并采取一些防御措施。

如何保护机器学习系统免受对抗性示例的攻击？一种积极主动的方法是使用对抗性示例对分类器进行迭代再训练，也称为对抗性训练。其他方法基于博弈论，如学习特征的不变变换或稳健优化（正则化）。另一种方法是使用多个分类器，并让它们对预测结果进行投票（集成），但这并不能保证有效，因为它们都可能受到类似对抗性示例的影响。另一种效果也不好的方法是梯度掩膜，它通过使用近邻分类器代替原始模型来构建一个对梯度没有起到作用的模型。

可以根据攻击者对系统的了解程度来区分攻击类型。攻击者可能完全了解系统（白盒攻击），这意味着他们知道模型的所有信息，如模型类型、参数和训练数据；攻击者可能部分了解系统（灰盒攻击），这意味着他们可能只知道特征表示和所用模型的类型，但无法访问训练数据或参数；攻击者可能根本不了解系统（黑盒攻击），这意味着他们只能以黑盒方式查询模型，但无法访问训练数据或模型参数。根据信息程度的不同，攻击者可以使用不同的技术来攻击模型。正如在示例中看到的，即使在黑盒情况下，也可以创建对抗性示例，使得隐藏关于数据和模型信息不足以抵御攻击。

鉴于攻击者和防御者之间猫鼠游戏的性质，我们将看到这一领域的大量发展和创新，试想一下不断演变的多种类型的垃圾邮件就知道了。已有针对机器学习模型的新攻击方法，也提出了针对这些新攻击的新防御措施。为了躲避最新的防御措施，人们又开发出了更强大的攻击手段，层出不穷。本节希望能让你认识到对抗性示例的问题，以及只有通过主动研究机器学习模型，才能发现并弥补弱点。

9.5 有影响实例

机器学习模型最终是训练数据的产物，删除其中一个训练实例会影响生成的模型。如果训练实例从训练数据中被删除后，会大大改变模型的参数或预测结果，就称该实例为"有影响的"实例。通过识别有影响实例，可以"调试"机器学习模型，并更好地解释其行为和预测。

本章将展示两种识别有影响实例的方法，即删除诊断和影响函数。这两种方法都基于稳健统计，后者提供的统计方法受异常值或违反模型假设的影响较小。稳健统计还提供了衡量数据估计值的稳健程度的方法，如平均估计值或预测模型的权重。

假设想要估算城市居民的平均收入，于是在街上随机询问十个人他们的收入是多少。除样本可能非常糟糕这一事实外，一个人对平均收入估计能有多大影响？要回答这个问题，可以通过忽略一个答案来重新计算平均值，或者通过"影响函数"从数学上推导出平均值可能受到的影响。通过删除法，重新计算十次平均值，每次删除一份收入报表，然后测量平均估计值的变化程度。如果变化很大，说明删去的实例具有很大的影响。第二种方法是以无限小的权重增加其中一人的权重，这相当于计算统计量或模型的一阶导数。这种方法也被称为"无限小方法"或"影响函数"。顺便提一下，由于平均值与单个值呈线性比例关系，因此平均估计值会受到单个值的强烈影响。更稳健的选择是中位数（一半人收入较高，另一半人收入较低），因为即使样本中收入最高的人收入高出十倍，得出的中位数也不会改变。

删除诊断和影响函数也可应用于机器学习模型的参数或预测，以更好地理解其行为或解释单个预测。在介绍这两种查找有影响实例的方法之前，将研究异常值和有影响实例之间的区别。

1. 异常值

异常值是指与数据集中其他实例距离较远的实例。"距离远"是指与所有其他实例的距离（例如欧氏距离）非常长。在新生儿数据集中，一个体重为 6kg 的新生儿会被视为异常值。在以支票账户为主的银行账户数据集中，专门的贷款账户（负余额大，交易次数少）会被视为异常值。图 9-16 显示了一维分布的异常值。

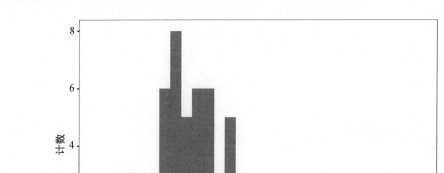

图 9-16　特征 x 遵循高斯分布，在 $x = 8$ 处有一个异常值

　　异常值可能是感兴趣的数据点，例如批评。当异常值对模型产生影响时，它也是一个有影响实例。

2．有影响实例

　　有影响实例是指删除某一数据实例对训练模型有很大的影响。从训练数据中移除特定实例后重新训练模型，模型参数或预测变化越大，则说明该实例的影响就越大。实例是否对训练好的模型有影响，还取决于实例对目标值 y 的取值。图 9-17 显示了线性回归模型的一个有影响实例。

3．为什么有影响实例有助于理解模型

　　解释有影响实例的关键原理是将模型参数和预测追溯到起点——训练数据。学习器（即生成机器学习模型的算法）是一种函数，它获取由特征 x 和目标 y 组成的训练数据，并生成机器学习模型。例如，决策树的学习器就是一种选择划分特征和划分值的算法。神经网络的学习器使用反向传播来寻找最佳权重。

　　如果在训练过程中将实例从训练数据中移除，模型参数或预测结果会发生什么变化。这与其他可解释性方法不同，后者分析的是当处理要预测的实例特征时，预测会发生怎样的变化，例如部分依赖图或特征重要性。有影响实例并不将模型视为固定不变的模型，而是将其视为训练数据的函数。有影响实例可以帮助回答有关全局模型行为

和单个预测的问题。哪些是对模型参数或整体预测最有影响实例？哪些是对某个预测影响最大的实例？有影响实例显示模型在哪些实例上可能会出现问题，应该检查哪些训练实例是否有错误，并初步了解模型的稳健性。如果某个实例对模型的预测和参数有很大的影响，可能就不会信任该模型。至少，这将促使进一步研究。

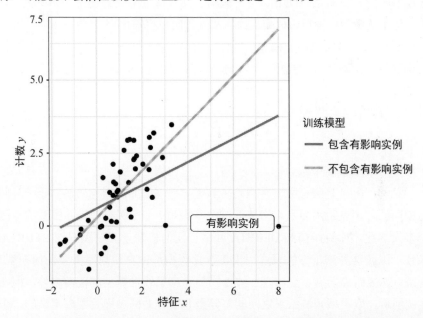

图 9-17　具有一个特征的线性模型。在完整数据上训练一次，在无影响的实例的情况下训练一次。移除有影响实例后，拟合斜率（权重 / 系数）发生了巨大变化

如何找到有影响实例？有两种方法可衡量影响：第一种方法是从训练数据中删除实例，在简化的训练数据集上重新训练模型，并观察模型参数或预测的差异（可以是单个实例，也可以是整个数据集）；第二种方法是通过模型参数的梯度近似参数变化，从而增加数据实例的权重。删除方法更容易理解，并且会引申出权重增加的方法，因此下面从前者开始介绍。

9.5.1　删除诊断

统计学家已经在有影响实例领域做了大量研究，尤其是针对（广义）线性回归模型。当搜索"有影响的观察"时，第一个搜索结果是关于 DFBETA 和库克距离等度量。DFBETA 衡量删除实例对模型参数的影响。**库克距离**[100] 衡量删除实例对模型预测的影响。对于这两种方法，必须反复训练模型，每次都要删除个别实例。将包含所有实例的模型参数或预测结果与从训练数据中删除一个实例后的模型参数或预测结果进行比较。

DFBETA 的定义如下：

$$\text{DFBETA}_i = \boldsymbol{\beta} - \boldsymbol{\beta}^{(-i)}$$

式中，$\boldsymbol{\beta}$ 表示在所有数据实例上训练模型时的权重向量；$\boldsymbol{\beta}^{(-i)}$ 表示在没有实例 i 的情况下训练模型时的权重向量。DFBETA 只适用于具有权重参数的模型，如逻辑回归或神经网络，但不适用于决策树、树集成、某些支持向量机等模型。

库克距离是针对线性回归模型发明的，并且存在对广义线性回归模型的近似值。训练实例的库克距离定义为当第 i 个实例从模型训练中移除时，预测结果的平方差之和（按比例）：

$$D_i = \frac{\sum_{j=1}^{n}(\hat{y}_j - \hat{y}_j^{(-i)})^2}{p \cdot \text{MSE}}$$

式中，分子是模型预测中包含第 i 个实例与不包含第 i 个实例之间的平方差，是整个数据集的总和。分母是特征数 p 乘以均方误差。无论去除哪个实例 i，分母对所有实例都是相同的。库克距离显示，当从训练中移除第 i 个实例时，线性模型的预测输出会发生多大变化。库克距离和 DFBETA 可用于任何机器学习模型吗？ DFBETA 需要模型参数，因此这种测量方法只适用于参数化模型；库克距离不需要任何模型参数。有趣的是，库克距离通常不会出现在线性模型和广义线性模型的范畴之外，但在移除特定实例前后，取模型预测结果之间的差异是非常普遍的。库克距离定义的一个问题是 MSE，它对所有类型的预测模型（例如分类）都没有意义。

可以将对模型预测最简单的影响度量写为

$$\text{Influence}^{(-i)} = \frac{1}{n}\sum_{j=1}^{n}\left|\hat{y}_j - \hat{y}_j^{(-i)}\right|$$

这个表达式基本上就是库克距离的分子，不同之处在于，用绝对差值代替平方差相加。这是本书做的选择，因为它对后面的例子有意义。删除诊断度量的一般形式包括选择一个度量（如预测结果），并计算在所有实例上训练的模型与删除实例时的度量之差。

可以很容易地将影响细分，从而解释第 i 个训练实例对实例 j 的预测结果的影响：

$$\text{Influence}_j^{(-i)} = \left|\hat{y}_j - \hat{y}_j^{(-i)}\right|$$

这也适用于模型参数差异或损失差异。在下面的示例中，将使用这些简单的影响度量。

在下面的示例中，给定风险因素，训练支持向量机预测宫颈癌，并测量哪些训练实例对整体和特定预测影响最大。由于癌症预测是一个分类问题，因此用预测患癌症概率的差异来衡量影响。如果从模型训练中去除某个实例，该实例在数据集中的预测概率平均会大幅上升或下降，则说明该实例具有影响。要测量所有 858 个训练实例的影响，需要在所有数据上训练一次模型，然后重新训练 858 次（训练数据的大小），每次删除一个实例。

影响最大的实例的影响约为 0.01，这意味着如果删除第 540 个实例，预测概率平均变化 1%。考虑到患癌症的平均预测概率为 6.4%，这一变化是相当大的。在所有可能的删除实例中，影响的平均值为 0.2%。知道哪些数据实例对模型的影响最大，对调试数据非常有用。是否存在有问题的实例？是否存在测量误差？有影响实例是首先应该检查是否存在误差的实例，因为其中的每个误差都会极大地影响模型预测。

除了模型调试，还能学到一些知识来更好地理解模型吗？仅仅打印出影响最大的前 10 个实例并没有什么用处，因为这只是一个包含许多特征的实例表。只有当有好的方法来表示实例时，所有返回实例作为输出的方法才有意义。但是，为了更好地理解哪些实例的影响更大，可以问"是什么将有影响实例与无影响实例区分开来？"可以将这个问题转化为回归问题，并将实例的影响作为其特征值的函数来建模。可以从第 4 章中自由选择任何模型。在这个例子中，本书选择了一棵决策树（见图 9-18），它显示来自 35 岁及以上女性的数据对支持向量机的影响最大。在数据集中的所有女性中，858 位女性中有 153 位年龄在 35 岁以上。在 7.1 节中，已经看到 40 岁以后的患癌症预测概率急剧上升，而 7.5 节也提到年龄是最重要的特征之一。由影响分析可知，在预测较高年龄段的患癌症概率时，模型变得越来越不稳定，这本身就是有价值的信息。这意味着在这些情况下出现的误差会对模型产生很大影响。

第一次影响分析揭示了总体上最有影响实例。现在，选择一个实例，即第 7 个实例，希望通过找出最有影响的训练数据实例来解释其预测结果。这就像一个反事实问题：如果在训练过程中省略实例 i，实例 7 的预测结果会发生怎样的变化？对所有实例重复这一删除操作。然后，选择在训练中省略实例 7 时对其预测变化最大的训练实例，并用它们来解释模型对该实例的预测。选择解释实例 7 的预测是因为它是预测患癌症概率最高（7.35%）的实例，因此值得深入分析。可以将对预测第 7 个实例影响最大的前 10 个实例以表格形式打印出来。这并不是很有用，因为看不出什么信息。同样地，更有意义的做法是通过分析有影响实例和无影响实例的特征，找出它们之间的区别。使用经过训练的决策树，根据特征预测影响程度，但实际上只找到一种结构，而没有真正得出预测。图 9-19 的决策树显示了哪类训练实例对预测第 7 个实例影响最大。

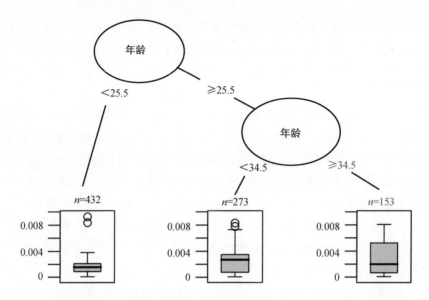

图 9-18　一棵决策树，用于模拟实例的影响与其特征之间的关系。树的最大深度设置为 2

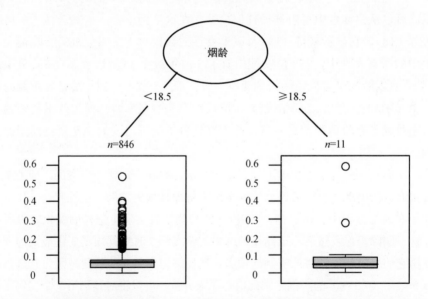

图 9-19　解释哪些实例对预测第 7 个实例影响最大的决策树。吸烟 18.5 年或更长时间的
女性数据对第 7 个实例的预测影响较大，患癌症概率的绝对预测值平均改变了 11.7%

　　烟龄在 18.5 年或更长时间的女性，其数据实例对第 7 个实例的预测影响很大。第
7 个实例背后的女性烟龄为 34 年。数据中有 11 名女性（1.40%）的烟龄为 18.5 年或更
长。如果在收集其中一位女性的烟龄时出现任何错误，都会对第 7 个实例的预测结果
产生巨大影响。当删除 663 号实例时，预测结果发生了极端的变化。据称该患者烟龄

为 22 年，与决策树的结果一致。如果删除 663 号实例，第 7 个实例的预测概率将从 7.35% 变为 66.60%！

如果仔细观察影响最大的实例的特征，就会发现另一个可能的问题。数据显示，该女性 28 岁，烟龄为 22 年。要么这是一个非常极端的案例，她真的从 6 岁开始吸烟，要么这是一个错误数据，我倾向于相信后者。当然，在这种情况下，必须质疑数据的准确性。

这些例子表明，识别有影响实例有助于调试模型。这种方法存在的一个问题是，模型需要针对每个训练实例进行重新训练。整个重新训练过程可能会相当缓慢，因为如果有数千个训练实例，就必须重新训练模型数千次。假设模型的训练需要一天时间，而有 1000 个训练实例，那么在不并行化的情况下，计算有影响实例将需要近 3 年的时间。在本章的其余部分，将展示一种无须重新训练模型的方法。

9.5.2　影响函数

你：我想知道训练实例对特定预测的影响。

研究人员：你可以删除训练实例，重新训练模型，然后比较预测结果的差异。

你：很好！但有没有不用重新训练的方法？那样会花很多时间。

研究人员：你是否有一种模型，其损失函数与其参数是二次可微分的？

你：我用逻辑损失训练了一个神经网络。

研究人员：那么，你可以用影响函数来近似计算实例对模型参数和预测结果的影响。**影响函数**是衡量模型参数或预测结果对训练实例依赖程度的度量。这种方法不是删除实例，而是通过微小的步长提高实例在损失函数中的权重。该方法利用梯度和 Hessian 矩阵，围绕当前模型参数对损失函数进行近似计算。损失加权类似于删除实例。

你：太好了，这正是我需要的！

Koh 和 Liang[101] 提出了使用影响函数来衡量实例对模型参数或预测结果的影响的方法。与删除诊断类似，影响函数将模型参数和预测结果追溯到相关的训练实例。然而，该方法不是删除训练实例，而是近似计算实例在经验风险（训练数据的损失总和）中权重变化对模型的影响。

影响函数方法要求对模型参数的损失梯度进行计算，这只适用于某些机器学习模型。逻辑回归、神经网络和支持向量机满足这个条件，而随机森林等基于树的方法不满足。影响函数有助于理解模型行为、调试模型和发现数据集中的错误。

下文将解释影响函数的原理和数学运算。

1.影响函数的数学原理

影响函数的关键思想是通过微小的步长 ϵ 来提高训练实例的损失权重，从而得到新的模型参数：

$$\hat{\boldsymbol{\theta}}_{\epsilon,z} = \arg\min_{\theta \in \Theta}(1-\epsilon)\frac{1}{n}\sum_{i=1}^{n}L(z_i,\hat{\boldsymbol{\theta}}) + \epsilon L(z,\hat{\boldsymbol{\theta}})$$

式中，$\hat{\boldsymbol{\theta}}$ 表示模型参数向量；$\hat{\boldsymbol{\theta}}_{\epsilon,z}$ 表示对 z 进行极小量 ϵ 加权后的参数向量；L 表示训练模型时使用的损失函数；z_i 表示训练数据；z 表示训练实例，我们希望对其进行加权以模拟删除。这个公式的原理是：如果将训练数据中的某个实例 z_i 增加一点权重（ϵ），同时相应地降低其他数据实例的权重，损失会发生多大变化？为了优化这一新的综合损失，参数向量会是怎样的？参数的影响函数，即增加训练实例 z 的权重对参数的影响，可以通过以下方式计算：

$$I_{\text{up,params}}(z) = \frac{\mathrm{d}\hat{\boldsymbol{\theta}}_{\epsilon,z}}{\mathrm{d}\epsilon}\bigg|_{\varepsilon=0} = -\boldsymbol{H}_{\hat{\theta}}^{-1}\nabla_{\hat{\theta}}L(z,\hat{\boldsymbol{\theta}})$$

最后一个表达式 $\nabla_{\hat{\theta}}L(z,\hat{\boldsymbol{\theta}})$ 是加权训练实例对参数的损失梯度。梯度是训练实例损失变化率，它表示将模型参数 $\hat{\boldsymbol{\theta}}$ 改变一点时，损失会产生多大的变化。梯度向量中的正值表示相应模型参数的微小增加会增加损失，而负值表示参数的增加会减少损失。第一部分 $\boldsymbol{H}_{\hat{\theta}}^{-1}$ 是逆 Hessian 矩阵（损失相对于模型参数的二阶导数）。Hessian矩阵表示梯度的变化率，或表示为损失，即损失变化率的变化率。可以使用以下方法估算：

$$\boldsymbol{H}_{\hat{\theta}} = \frac{1}{n}\sum_{i=1}^{n}\nabla_{\hat{\theta}}^2 L(z_i,\hat{\boldsymbol{\theta}})$$

更浅显地说，Hessian 矩阵记录了损失在某一点的弯曲程度。Hessian 矩阵是一个矩阵，而不仅仅是一个向量，因为它描述的是损失的曲率，而曲率取决于我们观察的方向。如果参数较多，实际计算 Hessian 矩阵会非常耗时。Koh 和 Liang 提出了一些高效计算的技巧，这超出了本章的讨论范围。如上述公式所述，更新模型参数相当于在估计模型参数周围形成二次展开后，执行单个牛顿步。

这个影响函数公式的原理是什么？该公式来自围绕参数 $\hat{\boldsymbol{\theta}}$ 形成的二次展开式。这意味着实际上我们并不知道，或者说计算实例 z 被移除或加权后的损失究竟会如何变化过于复杂。我们利用当前模型参数设置下的陡度（梯度）和曲率（Hessian 矩阵）信息，对函数进行局部近似。有了这个损失近似值，就可以计算出如果对实例 z 进行加权，新的参数大致是什么样子：

$$\hat{\boldsymbol{\theta}}_{-z} \approx \hat{\boldsymbol{\theta}} - \frac{1}{n}I_{\text{up,params}}(z)$$

近似参数向量基本上是原始参数减去 z 损失的梯度（因为要减少损失），再乘以曲率（乘以逆 Hessian 矩阵），然后乘以 $1/n$，因为这是单个训练实例的权重。

图 9-20 显示了加权的工作原理。x 轴显示的是模型参数，y 轴显示的是实例 z 加权后的损失。为了便于演示，这里的模型参数是一维的，但实际上通常是高维的。我们不知道删除 z 后损失会发生怎样的变化，但通过损失的一阶导数和二阶导数，可以在当前模型参数周围建立二次近似值，并假定实际损失就是这样。

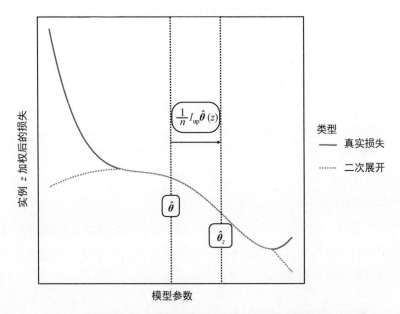

图 9-20　通过对当前模型参数周围的损失进行二次展开来更新模型参数（x 轴），并将 $1/n$ 向实例 z 的损失（y 轴）改善最大的方向移动。实例 z 在损失中的加权近似于删除 z 并在减少的数据上训练模型时的参数变化

实际上不需要计算新参数，但可以使用影响函数来衡量 z 对参数的影响。

当提高训练实例 z 的权重时，预测结果会发生怎样的变化？既可以计算新参数，然后使用新参数化的模型进行预测，也可以直接计算实例 z 对预测的影响，因为可以使用链式规则计算影响：

$$
\begin{aligned}
I_{\text{up,loss}}(z, z_{\text{test}}) &= \left. \frac{\mathrm{d}L(z_{\text{test}}, \hat{\boldsymbol{\theta}}_{\epsilon, z})}{\mathrm{d}\epsilon} \right|_{\epsilon=0} \\
&= \left. \nabla_{\hat{\boldsymbol{\theta}}} L(z_{\text{test}}, \hat{\boldsymbol{\theta}})^{\mathrm{T}} \frac{\mathrm{d}\hat{\boldsymbol{\theta}}_{\epsilon, z}}{\mathrm{d}\epsilon} \right|_{\epsilon=0} \\
&= -\nabla_{\hat{\boldsymbol{\theta}}} L(z_{\text{test}}, \hat{\boldsymbol{\theta}})^{\mathrm{T}} \boldsymbol{H}_{\hat{\boldsymbol{\theta}}}^{-1} \nabla_{\hat{\boldsymbol{\theta}}} L(z, \hat{\boldsymbol{\theta}})
\end{aligned}
$$

公式的第一行表示，当增加实例 z 的权重并得到新参数 $\hat{\boldsymbol{\theta}}_{\epsilon,z}$ 时，用测试实例损失的变化来衡量训练实例对某个预测 z_{test} 的影响。对于公式的第二行，应用了导数链式法则，得到了测试实例的损失相对于参数的导数乘以 z 对参数的影响。在第三行中，用参数的影响函数来代替表达式。第三行中的第一项 $\nabla_{\boldsymbol{\theta}} L(z_{\text{test}}, \hat{\boldsymbol{\theta}})^{\text{T}}$ 是测试实例相对于模型参数的梯度。

有这样一个公式很好，是显示事实的科学且准确的方法。但直观了解公式的含义非常重要。$I_{\text{up,loss}}$ 公式指出，训练实例 z 对预测实例 z_{test} 的影响函数是"实例对模型参数变化的强烈反应"×"当提高实例 z 的权重时参数的变化程度"。该公式的另一种解读方式是：影响与训练和测试损失的梯度大小呈正比。训练损失的梯度越大，对参数的影响越大，对测试预测的影响也越大。测试预测的梯度越大，测试实例的可影响性就越大。整个结构也可以看作对训练实例和测试实例之间相似性（由模型学习到的）的衡量。

2．影响函数的应用

影响函数有很多应用，其中一些已在本节中介绍。

3．了解模型行为

不同的机器学习模型有不同的预测方式，即使两个模型具有相同的性能，它们根据特征进行预测的方式也可能不同，因此会在不同的场景中失败。通过识别有影响实例来了解模型的特定弱点，有助于在头脑中形成机器学习模型行为的"心智模型"。

4．处理领域不匹配／调试模型错误

处理领域不匹配与更好地理解模型行为密切相关。领域不匹配意味着训练数据和测试数据的分布不同，这会导致模型在测试数据上表现不佳。影响函数可以识别导致错误的训练实例。假设训练了一个预测模型，用于预测接受手术的患者的情况。所有这些病人都来自同一家医院。现在，在另一家医院使用该模型，发现它对许多病人的疗效并不好。当然，你假设两家医院的病人是不同的，如果看看他们的数据，就会发现他们在很多特征上是不同的。但究竟是哪些特征或实例"破坏"了模型呢？同样地，有影响实例也是回答这个问题的好方法。以一个新病人为例，该模型对其做出了错误的预测，找出并分析最有影响实例。例如，这可能表明第二家医院的病人平均年龄较大，而训练数据中最有影响实例是第一家医院的少数老年病人，模型只是缺乏数据来学习如何很好地预测该亚组的数据。结论是，该模型需要针对更多年龄较大的患者进行训练，以便应用于第二家医院。

5. 修复训练数据

如果对检查正确性的训练实例数量有限制，那么如何有效选择呢？最好的方法是选择最有影响实例，因为根据定义，它们对模型的影响最大。即使有一个实例的值明显不正确，但如果该实例没有影响，而只需要预测模型的数据，那么检查有影响实例是更好的选择。例如，要训练一个模型来预测病人应该继续住院还是提前出院。我们希望确保模型是稳健的，并能做出正确的预测，因为错误地让病人出院可能会造成不良后果。由于病人的病历可能非常混乱，所以对数据质量没有十足的信心。但是，检查病人信息和更正信息可能会非常耗时，因为一旦报告了需要检查的病人，医院实际上就需要派人仔细查看所选病人的病历，这些病历可能是手写的，放在某个档案室里。检查一个病人的数据可能需要一个小时或更长的时间。考虑到这些成本，只检查少数重要数据是合理的。最好的方法是选择对预测模型影响较大的患者。Koh 和 Liang[101] 的研究表明，这种类型的选择比随机选择或损失最大或分类错误的选择要好得多。

9.5.3　识别有影响实例的优点

删除诊断和影响函数方法与第 8 章介绍的主要基于特征扰动的方法截然不同。对有影响实例的研究强调了训练数据在学习过程中的作用，这使得影响函数和删除诊断**成为机器学习模型的最佳调试工具之一**。在本书介绍的技术中，它们是唯一能够帮助识别实例的技术，主要用来识别错误的实例。

删除诊断是模型不可知的，这意味着该方法可应用于任何模型。此外，基于导数的影响函数也适用于多种模型。

可以使用这些方法来**比较不同的机器学习模型**，更好地理解它们的不同行为，而不仅仅是比较预测性能。

本章并没有讨论这个话题，但**通过导数的影响函数也可以用来创建对抗性训练数据。当模型在这些经过处理的实例上训练时**，就无法正确预测某些测试实例。与 9.4 节的方法不同的是，这种攻击发生在训练期间，也称为"中毒攻击"。如果你感兴趣，请阅读 Koh 和 Liang[101] 的论文。

对于删除诊断和影响函数，考虑的是预测的差异；而对于影响函数，考虑的是损失的增加。但实际上，**这种方法适用于任何形式的问题**：当删除或增加实例 z 的权重时，……会发生什么变化？"……"可以替换为你想要的模型的任何函数。你可以分析训练实例对模型整体损失的影响程度，分析训练实例对特征重要性的影响程度。当分析训练决策树时，通过选择哪个特征来训练实例，这种方式对第一次划分有一定程度的影响。

我们还可以识别有影响实例组[102]。

9.5.4 识别有影响实例的缺点

删除诊断的计算成本非常高昂，因为它们需要重新训练。历史证明，计算机资源在不断增加，一项 20 年前在资源方面难以实施的计算，现在可以很容易地在智能手机上完成。在笔记本计算机上，几秒钟或几分钟就能训练出拥有数千个训练实例和数百个参数的模型。因此，可以假设 10 年后即使使用大型神经网络，删除诊断也能顺利进行。

影响函数是删除诊断的一个很好的替代方法，但适用于具有与参数相关的二阶可扩散损失函数的模型，如神经网络。它们不适用于随机森林、提升树或决策树等基于树的方法。即使模型有参数和损失函数，损失也可能是不可微的。但对于最后一个问题，有一个小窍门：例如，当底层模型使用铰链损失（Hinge loss）而非可微损失（Differentiable loss）时，使用可微损失来替代计算影响。对于影响函数来说，损失被替代为问题损失的平滑版本，但模型仍然可以用非平滑损失进行训练。

影响函数只是近似值，因为该方法在参数周围二次展开。这种近似可能是错误的，当去除一个实例时，其影响实际上会更高或更低。Koh 和 Liang[101] 对一些实例的研究表明，影响函数计算出的影响度接近于实例删除后实际重新训练模型时得到的影响度。但并不能保证近似值总是如此接近。

并**没有一个明确的影响度量分界线来判定一个实例有影响与否**。按影响对实例进行排序很有用，但如果不仅能对实例进行排序，还能区分有无影响，那就更好了。例如，如果为一个测试实例确定了前 10 个最有影响的训练实例，那么其中有些可能并不具有影响，因为可能只有前 3 个实例才真正具有影响。

9.5.5 软件和替代方案

删除诊断的实现非常简单，可以查看本章示例的代码①。对于线性模型和广义线性模型，许多影响度量（如库克距离）都可以在 R 的 stats 包中实现。

Koh 和 Liang 在他们的论文中发布了影响函数的 Python 代码，见 GitHub 仓库①。遗憾的是，这"只是"论文的代码，而不是一个经过维护和文档化的 Python 模块。代码的重点是 TensorFlow 库，因此不能直接应用于其他框架（如 scikit-learn）的黑盒模型。

---

① 在 GitHub 中搜索 "christophM/interpretable-ml-book"。

① 在 GitHub 中搜索 "kohpangwei/influence-release"。

第 10 章
透视水晶球

可解释机器学习的未来是什么？本章可以看作一次思辨性的探讨，是对可解释机器学习发展前景的主观猜测。我虽然一开始以悲观的短篇故事作为本书的开头，但最后我想用一个比较乐观的前景作为本书结尾。

我的"预测"基于三个前提。

1. **数字化：任何（有用的）信息都将数字化**

想想数字货币和在线交易，想想电子书、音乐和视频，想想有关我们的环境、人类行为、工业生产过程等的所有感官数据。一切数字化的驱动力是：廉价计算机 / 传感器 / 存储器、规模效应（赢家通吃）、新的商业模式、模块化价值链和成本压力等。

2. **自动化：当一项任务可以实现自动化，且自动化成本低于长期执行该任务的成本时，这项任务就会实现自动化**

甚至在引入计算机之前，就已经实现了一定程度的自动化。例如，织布机实现了织布自动化，蒸汽机实现了马力自动化。但计算机和数字化将自动化提高到了一个新的水平。简单地说，可以编写 for 循环程序、编写 Excel 宏、自动回复电子邮件等，这些都说明了个人可以实现自动化的程度。自动售票机可以自动购买火车票（不再需要收银员），自动洗衣机可以自动洗衣，长期指令可以自动付款等。任务自动化可以节省时间和金钱，因此在经济和个人方面都有巨大的动力去实现自动化。目前，能看到语言翻译自动化、驾驶自动化，甚至小范围内的科学发现自动化。

3. **指定错误：无法完美地指定一个目标及其所有约束条件**

想想瓶中精灵，它总是从字面上实现你的愿望："我想成为世界上最富有的人！"你成了最富有的人，但副作用是你持有的货币因通货膨胀而贬值。

"我想幸福地度过余生！"接下来的 5 分钟你感到非常快乐，然后精灵杀死了你。

"我希望世界和平！"精灵杀死了所有人类。

我们指定的目标不正确，要么是因为不知道所有的限制因素，要么是因为无法衡量这些限制因素。以公司为例，说明目标制定的不完善。公司的目标很简单，就是为股东赚钱，但这一目标并不能反映真正追求的目标及其所有的约束条件。例如，我们不会欣赏一家为了赚钱而杀人、在河流中投毒或自行印发钞票的公司。人类发明了法律、法规、制裁、合规程序、工会等，来修补不完美的目标规范。你可以亲身体验的另一个例子是"回形针"，在这个游戏中，操作一台机器，目标是生产尽可能多的回形针。警告：这会让人上瘾。我不想过多地破坏它，但假设事情很快就会失控。在机器学习中，目标规范的不完善来自不完善的数据抽象（有偏差的人群、测量误差……）、无约束的损失函数、对约束的不了解、训练数据和应用数据之间的分布偏移等。

虽然数字化正在推动自动化，但是不完善的目标规范与自动化之间存在冲突。这种冲突的部分原因在于解释方法。

预测的舞台已经搭建好了，水晶球也准备好了，现在来看看这个领域可能会走向何方！

10.1 机器学习的未来

没有机器学习，就没有可解释的机器学习。因此，在讨论可解释性之前，我们必须先展望机器学习的发展方向。

机器学习（或"人工智能"）伴随着许多承诺和期望。但是，从一个不那么乐观的观察开始：虽然科学界开发出了许多花哨的机器学习工具，但根据我的经验，将它们整合到现有流程和产品中却相当困难。这并不是因为不可能，而只是因为公司和机构需要时间才能跟上。在当前的人工智能热潮中，企业纷纷开设"人工智能实验室""机器学习部门"，并聘请"数据科学家""机器学习专家""人工智能工程师"等，但根据我的经验，现实情况却令人沮丧。很多时候，公司甚至没有所需的数据，而数据科学家却要空等几个月。有时，由于媒体的报道，公司对人工智能和数据科学抱有很高的期望，数据科学家根本无法满足他们的期望。往往没有人知道如何将数据科学家整合到现有结构中，还有许多其他问题。这就引出了我的第一个预测。

1. 机器学习将缓慢而稳定地发展

数字化在不断推进，自动化的诱惑也在不断增加。即使机器学习的应用之路缓慢而漫长，机器学习也在不断地从科学走向业务流程、产品和现实应用。

需要更好地向非专业人士解释，哪些类型的问题可以制定为机器学习问题。很多高薪聘请的数据科学家，他们不应用机器学习，而是执行 Excel 计算或传统的商业智能报告和 SQL 查询。但是，已经有一些公司成功地使用了机器学习，其中大型互联网公司走在了前列。需要找到更好的方法，将机器学习整合到流程和产品中，对员工进行培训，并开发易于使用的机器学习工具。我相信，机器学习将变得更加易于使用：

现在已经可以看到，机器学习正变得越来越容易使用，例如通过云服务。一旦机器学习趋于成熟，这个蹒跚学步的孩子已经迈出了第一步。

2．机器学习将推动很多事情的发展

根据"凡是可以自动化的东西都将实现自动化"的原则，我得出结论：只要有可能，任务都将被表述为预测问题，并通过机器学习加以解决。机器学习是自动化的一种形式，至少可以成为自动化的一部分。目前，由人类完成的许多任务都会被机器学习取代。以下是一些利用机器学习实现部分自动化的任务示例：

- 分类 / 决策 / 完成文件（如在保险公司、法律部门或咨询公司）；
- 数据驱动决策，例如信贷申请；
- 药物发现；
- 流水线的质量控制；
- 自动驾驶汽车；
- 疾病诊断；
- 翻译。在本书中，我使用了一种名为 DeepL 的翻译服务，该服务由深度神经网络驱动，通过将句子从英语翻译成德语再翻译回英语，从而优化句子；

……

机器学习的突破不仅是通过更好的计算机、更多的数据、更好的软件来实现的，也是通过可解释性工具来实现的。

3．可解释性工具促进了机器学习的应用

基于"机器学习模型的目标永远不可能完美指定"这一前提，可解释机器学习对于缩小错误指定的目标与实际目标之间的差距十分必要。在许多领域和行业，可解释性将成为采用机器学习的催化剂。一些传闻证据：我接触过的很多人都不使用机器学习，因为他们无法向他人解释模型。我相信，可解释性将解决这一问题，并使机器学习对要求具有一定透明度的组织和个人具有吸引力。除了对问题的错误定义外，许多行业都需要可解释性，可能是出于法律原因、规避风险或是深入了解底层任务。机器学习实现了建模过程的自动化，让人类离数据和底层任务更远了一些：这增加了在实验设计、训练分布选择、采样、数据编码、特征工程等方面出现问题的风险。解释工具可以更容易地发现这些问题。

10.2 可解释性的未来

下面预测机器学习可解释性的未来。

1．重点将放在模型不可知可解释性工具上

当可解释性与底层机器学习模型脱钩时，自动化可解释会容易得多。模型不可知可解释性的优势在于其模块性。可以轻松地替换底层机器学习模型，同样可以轻松地更换解释方法。出于这些原因，模型不可知方法可以更好地扩展。因此，从长远来看，模型不可知方法将更占据主导地位。但内在可解释性的方法也将占有一席之地。

2．机器学习将实现自动化，并具有可解释性

模型训练的自动化是一种显而易见的趋势，这包括自动工程和特征选择、自动超参数优化、不同模型的比较以及模型的集成或堆叠。结果是建立最佳预测模型。当使用模型不可知的解释方法时，可以将其自动应用于自动机器学习过程中产生的任何模型。在某种程度上，也可以实现第二步的自动化：自动计算特征重要性、绘制部分依赖图、训练代理模型等。没有人会阻止自动计算所有这些模型解释。实际的解释工作仍然需要人来完成。想象一下：你上传一个数据集，指定预测目标，然后按下一个按钮，最佳预测模型就会被训练出来，程序会给出模型的所有解释。现在已经有了第一批产品，我认为对于许多应用来说，使用这些自动化机器学习服务就足够了。如今，任何人都可以在不懂 HTML、CSS 和 JavaScript 的情况下建立网站，但仍存在许多 Web 开发人员。同样地，我相信每个人都能在不懂编程的情况下训练机器学习模型，但仍然需要机器学习专家。

3．不是分析数据，而是分析模型

原始数据本身总是无用的（我故意夸大其词。实际情况是，你需要深入了解数据才能进行有意义的分析）。我不关心数据，我关心的是数据中包含的知识。可解释机器学习是从数据中提炼知识的好方法。你可以对模型进行广泛的探究，模型会自动识别特征是否以及如何与预测相关（许多模型都有内置的特征选择功能），模型可以自动检测关系的表现形式，如果训练正确，最终的模型是对现实的很好近似。

许多分析工具已经基于数据模型（因为它们是基于分布假设的）：

- 简单的假设检验，如学生 t 检验；
- 对混杂因素进行调整的假设检验（通常是广义线性模型）；
- 方差分析（ANOVA）；
- 相关系数（标准化线性回归系数与皮尔逊相关系数有关）；
- ……

这些其实并不是什么新鲜事。那么，为什么要从分析基于假设的透明模型转向分析无假设的黑盒模型呢？因为做出所有这些假设都是有问题的：它们通常是错误的（除非你相信世界上大部分事物都遵循高斯分布），难以检查，非常不灵活，难以自动

化。在许多领域，与黑盒机器学习模型相比，基于假设的模型在未触及的测试数据上的预测性能通常更差。这只适用于大数据集，因为具有良好假设的可解释模型在小数据集上的表现往往优于黑盒模型。黑盒机器学习方法需要大量数据才能很好地发挥作用。随着一切事物变得数字化，将拥有越来越大的数据集，因此机器学习方法变得更具吸引力。我们不做假设，而是尽可能接近现实（同时避免训练数据过拟合）。我认为，应该开发统计学中用于回答问题的所有工具（假设检验、相关性度量、交互作用度量、可视化工具、置信区间、p 值、预测区间、概率分布），并为黑盒模型重新编写这些工具。在某种程度上，这些已经在发生：

- 以经典线性模型为例：标准化回归系数已经是一种特征重要性度量。有了置换特征重要性度量，就有了一个适用于任何模型的工具。
- 在线性模型中，系数衡量的是单一特征对预测结果的影响。这种方法的广义版本就是部分依赖图。
- 测试 A 好还是 B 好？为此，也可以使用部分依赖功能。据我所知，还没有针对任意黑盒模型的统计检测。

4. 数据科学家将使自己自动化

我相信，数据科学家最终会让自己自动完成许多分析和预测任务。要实现这一点，任务必须定义明确，而且必须有一些例行程序和流程。如今，这些例行程序和流程还不存在，但数据科学家及其同事正在研究它们。随着机器学习成为许多行业和机构不可或缺的一部分，许多任务都将实现自动化。

5. 机器人和程序将自我解释

需要对大量使用机器学习的机器和程序配备更直观的界面。举几个例子：一辆自动驾驶汽车会报告它为什么会突然停车（"70% 的概率是因为一个孩子横穿马路"）；一个信用违约程序会向银行员工解释信贷申请被拒的原因（"申请人有太多的信用卡，工作不稳定"）；一个机械臂会解释它为什么会把物品从传送带上移到垃圾桶里（"物品底部有一个裂口"）。

6. 可解释性可以促进机器智能研究

可以想象，通过对程序和机器如何解释自身进行更多的研究，可以提高对智能的理解，并且更好地创造智能机器。

最后，所有这些预测都是推测，真正的未来还需我们实际探索。你要形成自己的观点，并继续学习！

参 考 文 献

[1] TIM M. Explanation in artificial intelligence: Insights from the social sciences. arXiv Preprint , 2017. arXiv:1706.07269.

[2] BEEN K, KHANNA R, KOYEJO O O. Examples are not enough, learn to criticize! Criticism for interpretability. Advances in Neural Information Processing Systems. Curran Associates Inc., Red Hook, NY, USA, 2016, 2288–2296.

[3] MURDOCH W J, SINGH C, KUMBIER K, et al. Definitions, methods, and applications in interpretable machine learning. Proceedings of the National Academy of Sciences, 2019, 116(44): 22071-22080.

[4] FINALE D-V, KIM B. Towards a rigorous science of interpretable machine learning. ML, 2017: 1-13.

[5] HEIDER F, MARIANNE S. An experimental study of apparent behavior. The American Journal of Psychology, 1944, 57 (2): 243–259.

[6] LIPTON Z C. The mythos of model interpretability. arXiv Preprint, 2016. arXiv:1606.03490.

[7] ROBNIK-SIKONJA M,MARKO B. Perturbation-based explanations of prediction models. Human and Machine Learning. Springer, Cham, 2018: 159-175.

[8] LIPTON P. Contrastive explanation. Royal Institute of Philosophy Supplements, 1990, 27: 247-266.

[9] KAHNEMAN D, AMOS T. The simulation heuristic. Stanford Univ CA Dept of Psychology, 1981.

[10] ŠTRUMBELJ E, IGOR K. A general method for visualizing and explaining black-box regression models. International Conference on Adaptive and Natural Computing Algorithms. Berlin, Springer, 2011: 21–30.

[11] NICKERSON R S. Confirmation Bias: A ubiquitous phenomenon in many guises. Review of General Psychology, 1998, 2 (2): 175.

[12] HADI F-T, GAMA J. Event labeling combining ensemble detectors and background knowledge. Progress in Artificial Intelligence. Berlin Heidelberg, Springer, 2013: 1–15. DOI:10.1007/s13748-013-0040-3.

[13] TÚLIO C A, LOCHTER J V, ALMEIDA T A, et al. Tubespam: comment spam filtering on YouTube. In Machine Learning and Applications (ICMLA). IEEE 14th International Conference, 2015: 138–143.

[14] FERNANDES K, JAIME S C, JESSICA F. Transfer learning with partial observability applied to cervical cancer screening. Iberian conference on pattern recognition and image analysis. Springer, Cham, 2017: 243-250.

[15] JEROME F, HASTIE T, TIBSHIRANI R. The elements of statistical learning. New York: Springer series in statistics, 2019: 2001.

[16] JEROME F , HASTIE T, TIBSHIRANI R. The elements of statistical learning. New York:

Springer series in statistics, 2019: 2001.

[17] HOLTE R C. Very simple classification rules perform well on most commonly used datasets. Machine learning, 1993, 11(1) : 63-90.

[18] COHEN W W. Fast effective rule induction. Machine Learning Proceedings, Morgan Kaufmann, 1995: 115-123.

[19] BENJAMIN L , RUDIN C, MCCORMICK T H, et al. Interpretable classifiers using rules and Bayesian analysis: Building a better stroke prediction model. The Annals of Applied Statistics, 2015, 9,(3): 1350-1371.

[20] BORGELT C. An implementation of the FP-growth algorithm. Proceedings of the 1st International Workshop on Open Source Data Mining Frequent Pattern Mining Implementations - OSDM'05, 2015: 1-5.

[21] YANG, H Y, RUDIN C, SELTZER M. Scalable Bayesian rule lists. Proceedings of the 34th International Conference on Machine Learning, 2017, 70: 3921-3930.

[22] JOHANNES F ,GAMBERGER D, LAVRAČ N. Foundations of rule learning. Springer Science & Business Media, 2012.

[23] JEROME H F , POPESCU B E. Predictive learning via rule ensembles. The Annals of Applied Statistics. JSTOR , 2018, 2(3): 916-954.

[24] FOKKEMA M, CHRISTOFFERSEN B. Pre: Prediction rule ensembles, 2017.

[25] TULIO R M, SINGH S, GUESTRIN C. Model-agnostic interpretability of machine learning. ICML Workshop on Human Interpretability in Machine Learning, 2016.

[26] AGNAR A, PLAZA E. Case-based reasoning: Foundational issues, methodological variations, and system approaches. AI communications, 1994, 7(1): 39-59.

[27] BEEN K, KHANNA R, KOYEJO O O. Examples are not enough, learn to criticize! Criticism for interpretability. Advances in Neural Information Processing Systems, 2016: 2280-2288.

[28] FRIEDMAN J H. Greedy function approximation: A gradient boosting machine. Annals of statistics, 2001: 1189-1232.

[29] GREENWELL B M, BRADLEY C B, ANDREW J M. A simple and effective modelbased variable importance measure. arXiv. preprint 2018. arXiv:1805.04755.

[30] ZHAO Q Y, TREVOR H. Causal interpretations of black-box models. Journal of Business & Economic Statistics, 2017: 1-10.

[31] APLEY D W, ZHU J Y. Visualizing the effects of predictor variables in black box supervised learning models. Journal of the Royal Statistical Society: Series B (Statistical Methodology), 2020, 82(4) : 1059-1086.

[32] ULRIKE G. Model-Agnostic Effects Plots for Interpreting Machine Learning Models. Reports in Mathematics, Physics and Chemistry: Department II, Beuth University of Applied Sciences Berlin, 2020.

[33] JEROME F H, POPESCU B E. Predictive learning via rule ensembles. The Annals of Applied

Statistics. JSTOR, 2018, 2(3): 916–954.

[34] ALAN I, PARNELL A, HURLEY C. Visualizing Variable Importance and Variable Interaction Effects in Machine Learning Models. arXiv preprint, 2021. arXiv:2108.04310.

[35] GILES H. Discovering additive structure in black box functions. Proceedings of the tenth ACM SIGKDD international conference on Knowledge discovery and data mining, 2004: 575-580.

[36] BRANDON G M, BOEHMKE B C, MCCARTHY A J. A simple and effective modelbased variable importance measure. arXiv preprint, 2018. arXiv:1805.04755.

[37] GILES H. Discovering additive structure in black box functions. Proceedings of the tenth ACM SIGKDD international conference on Knowledge discovery and data mining, 2004: 575-580.

[38] GILES H. Generalized functional anova diagnostics for high-dimensional functions of dependent variables. Journal of Computational and Graphical Statistics, 2007, 16(3): 709-732.

[39] APLEY D W, ZHU J. Visualizing the effects of predictor variables in black box supervised learning models. Journal of the Royal Statistical Society: Series B (Statistical Methodology), 2020, 82(4): 1059-1086.

[40] CARUANA R, LOU Y, GEHRKE J, et al. Intelligible models for healthcare: Predicting pneumonia risk and hospital 30-day readmission. Proceedings of the 21th ACM SIGKDD international conference on knowledge discovery and data mining. Association for Computing Machinery. New York, NY, USA, 2015: 1721-1730.

[41] LEO B. Random Forests. Machine Learning, 2001, 45 (1): 5-32.

[42] AARON F, RUDIN C, DOMINICI F. All models are wrong, but many are useful: Learning a variable's importance by studying an entire class of prediction models simultaneously. arXiv preprint, 2018. arXiv : 1801.01489.

[43] WEI P F, LU ZH ZH, SONG J W. Variable importance analysis: a comprehensive review. Reliability Engineering & System Safety, 2015, 142 : 399-432.

[44] BEEN K, KHANNA R, KOYEJO O O. Examples are not enough, learn to criticize! Criticism for interpretability. Advances in Neural Information Processing Systems, 2016: 2280-2288.

[45] KARTHIK S G, AMIT D, GUILLERMO C, et al. Efficient Data Representation by SelectingPrototypes with Importance Weights. ArXiv preprint, 2019. arXiv: 1707.01212.

[46] KAUFMAN L, PETER R. Clustering by means of medoids. Proceeding of Statistical Data Analysis Based on the L1 Norm Conference, Neuchatel, 1987: 405-416.

[47] ALEX G, KAPELNER A, BLEICH J, et al. Peeking inside the black box: Visualizing statistical learning with plots of individual conditional expectation. Journal of Computational and Graphical Statistics, 2015, 24, (1): 44-65.

[48] RIBEIRO M T, SAMEER S, CARLOS G. Why should I trust you?: Explaining the predictions of any classifier. Proceedings of the 22nd ACM SIGKDD international conference on knowledge discovery and data mining. ACM, 2016: 1135-1144.

[49] ALVAREZ-MELIS D, TOMMI S J. On the robustness of interpretability methods. arXiv preprint,

2018. arXiv:1806.08049.

[50] SLACK D, SOPHIE H, EMILY JIA, et al. Fooling lime and shap: Adversarial attacks on post hoc explanation methods. Proceedings of the AAAI/ACM Conference on AI, Ethics, and Society, 2020: 180-186.

[51] WACHTE S, BRENT M, CHRIS R. Counterfactual explanations without opening the black box: Automated decisions and the GDPR, 2017, 31: 841.

[52] DANDL S, CHRISTOPH M, MARTIN B, et al. Multi-objective counterfactual explanations. // BÄCK T. et al, 2020. Parallel Problem Solving from Nature – PPSN XVI. PPSN 2020. Lecture Notes in Computer Science. Springer, Cham, 2020: 12269.

[53] DEB K, AMRIT P, SAMEER A, et al. A fast and elitist multiobjective genetic algorithm: NSGA-II. IEEE Transactions on Evolutionary Computation, 2002, 6(2): 182- 197.

[54] VAN L A, JANIS K. Interpretable counterfactual explanations guided by prototypes. arXiv preprint, 2019. arXiv:1907.02584.

[55] KARIMI A, GILLES B, BORJA B, et al. Model-agnostic counterfactual explanations for consequential decisions. Proceedings of the Twenty Third International Conference on Artificial Intelligence and Statistics, PMLR, 2020, 108: 895-905.

[56] MOTHILAL R K, AMIT S, CHENHAO T. Explaining machine learning classifiers through diverse counterfactual explanations. Proceedings of the 2020 Conference on Fairness, Accountability, and Transparency, 2020.

[57] LAUGEL T, MARIE-J L, CHRISTOPHE M, et al. Inverse classification for comparison-based interpretability in machine learning. arXiv preprint, 2017. arXiv:1712.08443.

[58] RIBEIRO M T, SAMEER S, CARLOS G. Anchors: High-precision model-agnostic explanations. AAAI Conference on Artificial Intelligence. AAAI Press, Article, 2018, 187: 1527–1535.

[59] MARCO T R, SAMEER S, CARLOS G. Anchors: high-precision model-agnostic explanations. AAAI Conference on Artificial Intelligence. AAAI Press, Article, 2018, 187: 1527–1535.

[60] EMILIE K, SHIVARAM K. Information complexity in bandit subset selection. Proceedings of Machine Learning Research. JMLR: Workshop and Conference Proceedings, 2013, 30: 1-24.

[61] SHAPLEY L S. A value for n-person games. Contributions to the Theory of Games, 1953, 2(28): 307-317.

[62] ERIK Š, KONONENKO I. Explaining prediction models and individual predictions with feature contributions. Knowledge and information systems, 2014, 41(3): 647-665.

[63] SCOTT M L, LEE S I. A unified approach to interpreting model predictions. Advances in Neural Information Processing Systems, 2017: 4765-4774.

[64] SUNDARARAJAN M, AMIR N. The many Shapley values for model explanation. arXiv preprint, 2019. arXiv:1908.08474.

[65] JANZING D, LENON M, PATRICK B. Feature relevance quantification in explainable AI: A causal problem. International Conference on Artificial Intelligence and Statistics. Palermo, Italy.

PMLR, 2020, 108: 2907-2916.

[66] STANIAK M, PRZEMYSLAW B. Explanations of model predictions with live and breakDown packages. arXiv preprint, 2018. arXiv:1804.01955 .

[67] LUNDBERG SCOTT M, SU-IN L. A unified approach to interpreting model predictions. Advances in Neural Information Processing Systems, 2017: 4765-4774.

[68] SUNDARARAJAN M, AMIR N. The many Shapley values for model explanation. arXiv preprint, 2019. arXiv:1908.08474.

[69] JANZING D, LENON M, PATRICK B. Feature relevance quantification in explainable AI: A causal problem. International Conference on Artificial Intelligence and Statistics, 2020.

[70] SLACK D, SOPHIE H, EMILY J, et al. Fooling lime and shap: Adversarial attacks on post hoc explanation methods. Proceedings of the AAAI/ACM Conference on AI, Ethics, and Society, 2020: 180-186.

[71] RUSSAKOVSKY O, DENG J, SU H, et al. ImageNet large scale visual recognition challenge. International Journal of Computer Vision, 2015, 115(3): 211–252.

[72] NGUYEN A, ALEXEY D, JASON Y, et al. Synthesizing the preferred inputs for neurons in neural networks via deep generator networks. Red Hook, NY, USA, Curran Associates Inc., 2016: 3395–3403.

[73] NGUYEN A, JEFF C, YOSHUA B, et al. Plug & play generative networks: Conditional iterative generation of images in latent space. Proceedings of the IEEE Conference on Computer Vision and Pattern Recognition. Honolulu, HI, USA, 2017: 3510-3520. DOI: 10.1109/CVPR.2017.374.

[74] OLAH C, ALEXANDER M, LUDWIG S. Feature visualization. Distill, 2017, 2(11): e7.

[75] OLAH C, ARVIND S, IAN J, et al. The building blocks of interpretability. Distill, 2018, 3(3): e10.

[76] KARPATHY A, JUSTIN J, LI F F. Visualizing and understanding recurrent networks. arXiv preprint, 2015. arXiv:1506.02078.

[77] DAVID B, ZHOU B L, KHOSLA A, et al. Network dissection: Quantifying interpretability of deep visual representations. Proceedings of the IEEE conference on computer vision and pattern recognition. Honolulu, HI, USA, CVPR, 2017: 3319-3327.

[78] KAREN S, VEDALDI A, ZISSERMAN A. Deep inside convolutional networks: Visualising image classification models and saliency maps. arXiv preprint, 2013. arXiv:1312.6034.

[79] SHRIKUMAR A, PEYTON G, ANSHUL K. Learning important features through propagating activation differences. Proceedings of the 34th International Conference on Machine Learning. JMLR. Org, 2017, 70: 3145–3153.

[80] ZEILER M D, ROB F. Visualizing and understanding convolutional networks. European conference on computer vision. Lecture Notes in Computer Science, Springer, Cham, 2014: 8689.

[81] SMILKOV D, et al. SmoothGrad: removing noise by adding noise. arXiv preprint, 2017. arXiv:1706.03825.

[82] KAREN S, ZISSERMAN A. Very deep convolutional networks for large-scale image

recognition. arXiv preprint, 2014. arXiv:1409.1556.

[83] GHORBANI A, ABUBAKAR A, ZOU J. Interpretation of neural networks is fragile. Proceedings of the AAAI Conference on Artificial Intelligence, 2019, 33: 3681–3688.

[84] KINDERMANS P J, SARA H, JULIUS A, et al. The (un) reliability of saliency methods. Explainable AI: Interpreting, Explaining and Visualizing Deep Learning, Springer, Cham, 2019: 267-280.

[85] ADEBAYO J, JUSTIN G, MICHAEL M, et al. Sanity checks for saliency maps. arXiv preprint, 2018. arXiv:1810.03292.

[86] TOMSETT R, DAN H, SUPRIYO C. Sanity checks for saliency metrics. Proceedings of the AAAI Conference on Artificial Intelligence, 2020, 34(04): 6021-6029.

[87] BEEN K, WATTENBERG M, GILMER J. Interpretability beyond feature attribution: Quantitative testing with concept activation vectors (tcav). International conference on machine learning. PMLR, 2018: 2668-2677.

[88] SZEGEDY C, VINCENT V, SERGEY I, et al. Rethinking the inception architecture for computer vision. Proceedings of the IEEE conference on computer vision and pattern recognition, 2016: 2818-2826.

[89] GUILLAUME A , BENGIO Y. Understanding intermediate layers using linear classifier probes. arXiv preprint, 2016. arXiv:1610.01644.

[90] AMIRATA G, WEXLER J, ZOU J. Towards automatic concept-based explanations. Advances in Neural Information Processing Systems, 2019, 832: 9277–9286.

[91] WEI P K, NGUYEN T, TANG S Y, et al. Concept bottleneck models. International Conference on Machine Learning, 2020, 119: 5338-5348.

[92] ZHI C H, BEI Y J, RUDIN C. Concept whitening for interpretable image recognition. Nature Machine Intelligence, 2020, 2,(12): 772-782.

[93] CHRISTIAN S, ZAREMBA W, SUTSKEVER L. Intriguing properties of neural networks. arXiv preprint, 2013. arXiv:1312.6199.

[94] GOODFELLOW I J, SHLENS J, SZEGEDY C. Explaining and harnessing adversarial examples. arXiv preprint, 2014. arXiv:1412.6572.

[95] SU, J W, VARGAS D V, SAKURAI K. One pixel attack for fooling deep neural networks. IEEE Transactions on Evolutionary Computation. IEEE, 2019, 23(5): 828-841.

[96] TOM B B, MAN D, ROY A. Adversarial patch. arXiv preprint, 2017. arXiv:1712.09665.

[97] ANISH A, SUTSKEVER I. Synthesizing robust adversarial examples, arXiv preprint, 2017. arXiv:1707.07397.

[98] NICOLAS P, MCDANIEL P, GOODFELLOW I, et al. Practical black-box attacks against machine learning. Proceedings of the 2017 ACM on Asia Conference on Computer and Communications Security. New York, NY, USA: Association for Computing Machinery, 2017: 506-519.

[99] BATTISTA B, ROLI F. Wild Patterns: Ten years after the rise of adversarial machine learning. Pattern Recognition, 2018, 84 : 317-331.

[100] DENNIS C R. Detection of influential observation in linear regression. Technometrics, 1977, 19(1) : 15-18.

[101] WEI P K, LIANG P. Understanding black-box predictions via influence functions. arXiv preprint, 2017. arXiv:1703.04730.

[102] WEI K P, ANG K-S, TEO H H, et al. On the accuracy of influence functions for measuring group effects. arXiv preprint, 2019. arXiv:1905.13289.

致谢

写这本书的过程（现在仍然）充满乐趣，但它也是一项艰巨的工作，我很高兴能得到大家的支持。

我最想感谢的是 Katrin，她付出了大量时间和精力对全书内容进行校对，发现了许多我永远也发现不了的拼写错误和前后矛盾之处。非常感谢她的支持。

非常感谢所有的特邀作者。我真的惊讶于他们对本书的兴趣。多亏了他们的努力，本书的内容才得以完善！Tobias Goerke 和 Magdalena Lang 撰写了 8.4 节。Fangzhou Li 撰写了 9.3 节。Susanne Dandl 对 8.3 节做了很大改进。Verena Haunschmid 撰写了 8.2 节。我还要感谢所有直接在 GitHub[①] 上提供反馈和修正意见的读者！

此外，还要感谢所有创作插图的人：封面由我的朋友 YvonneDoinel 设计。8.5 节中的插图和 9.4 节中的乌龟示例由 Heidi Seibold 创作。4.6 节中的图由 Verena Haunschmid 制作。

还要感谢一直支持我的妻子和家人。特别是我的妻子，她经常听我喋喋不休地谈论这本书，帮我做了很多关于写书的决定。

我出版这本书的方式有点不走寻常路。首先，不仅有平装本和电子书，还有一家网站，这家网站完全免费。用来制作这本书的软件叫 bookdown，是由谢益辉编写的，他创建了很多 R 软件包，可以轻松地将 R 代码和文本结合起来。非常感谢！我把这本书出版，这对我获得反馈和实现盈利有很大的帮助。我还要感谢你，亲爱的读者，感谢你在本书并非出自著名出版社的情况下，仍然选择阅读这本书。

非常感谢巴伐利亚州科学与艺术部在巴伐利亚数字化中心（ZD.B）和巴伐利亚数字化转型研究所（bidt）对我的可解释机器学习研究的资助。

---

① 在 GitHub 中搜索 "christophM/interpretable-ml-book/graphs/contributors"。